計算力学レクチャーコース

固有値計算と特異値計算

一般社団法人 日本計算工学会 編

長谷川秀彦・今村俊幸・山田 進・櫻井鉄也・
荻田武史・相島健助・木村欣司・中村佳正 著

丸善出版

第2期の刊行にあたって

　理工学における力学現象を理解・解明するための，理論，実験に次ぐ第3の方法として登場した「計算力学」(Computational Mechanics) は，CAE (Computer Aided Engineering) の概念の下で数値シミュレーションによるものつくりの高度化を実現する基盤技術として，産業界で日常的に利用されています．また，力学は自然現象を記述する最も基本的な原理の一つであることから，計算力学の応用分野はものつくりの分野にとどまらず，防災・減災・環境，生命科学，医療などの分野にも広がり，計算力学を利用した技術の実用化が進んでいます．このような計算力学の広がりは，使いやすいソフトウェアの開発と普及およびコンピュータ性能の飛躍的向上によるものですが，適切な結果が確実に得られる頑強で成熟した技術には至っていないのが現状です．したがって，計算力学を活用する研究者や技術者は，計算対象の物理に対する知識と経験に加えて数値シミュレーションに対する幅広い素養が必要とされるとともに，計算力学の理論や技術の一層の発展も期待されるところです．

　一般社団法人日本計算工学会では，このような背景を受けて，有用で発展が期待される計算力学手法に着目し，“基礎理論からプログラミングに至るまでを例題を通じて詳しく解説する” ことで，読者が “その手法を深く理解するとともに独自のコード開発が可能となること” をコンセプトとした，「計算力学レクチャーシリーズ」(全9巻) を刊行しました．このシリーズに対しては，幸いにも読者の皆様からのご好評をいただくとともに，続刊を望む声が寄せられました．このようなご要望に応えるために，そのコンセプトを継承するシリーズ「計算力学レクチャーコース」を企画し，これまで4巻を刊行してきました．

　今回，計算力学レクチャーコースの第2期として，固有値解析，非線形並列有

ii   第 2 期の刊行にあたって

限要素法，ボクセル解析に関する解説書が刊行される運びとなりました．執筆陣
は，それぞれの分野の第一線の研究者であり，応用分野でもリーダーとしての役
割を果たしている方々です．このシリーズがこれまで同様に計算力学に携わる学
生・実務者・研究者にとって有用な書となるとともに，計算力学分野のさらなる
進展に繋がることを信じて止みません．

2019 年 11 月

一般社団法人日本計算工学会会長　山　田　貴　博
(横浜国立大学大学院環境情報研究院教授)

序　　文

　コンピュータがより大規模かつ高速になると，より精緻なシミュレーションが可能になる．天気予報でいうなら，より狭い地域での予測ができたり，より長期にわたる予想ができたりすることである．コンピュータの進化は，このような量的な側面に限らず，質的な側面でも変化をもたらし，今までは実行が困難だった処理がたやすくできるようになっている．

　固有値計算と特異値計算は，コンピュータの進化によって現実的になりつつある手法である．もちろん，昔から使われている定番の固有値計算アルゴリズムはあり，これまでもブラックボックスとして使われてきた．それが，コンピュータパワーの増大によって，より大きな問題，より精緻な解析へと向かっている．対象によっては，これまでのアルゴリズムの守備範囲外のものもあるし，適切なアルゴリズムと高速な実装を用いれば，それこそ手軽に解けてしまう問題もあるだろう．注意しなければいけないのは，そうはいっても固有値解析と特異値解析は反復解法であり，行列サイズでおおよその計算時間がわかるというわけにはいかず，同じサイズの問題でも値が少し違っただけで，計算困難になったりする．

　コンピュータの進化が止まったわけではないし，アルゴリズム開発もこれで十分というわけではない．しかし，現状をまとめて示すことで，様々なニーズなり，利用時の様々な知見を集め，将来へ向けての改善につなげることも重要だと思う．正直な話，本書の内容は発展途上であり，将来もこの路線が続くのかは未知の部分も少なからずある．しかし「現時点ではベスト」の内容を収めようと努力したつもりであり，著者たちを信じて大いに活用していただきたい．本書の内容を利用することで得られた多様な知見から本書がバージョンアップされ，この分野のよりよい発展に寄与できれば幸いである．

iv　序　文

　この本は，2016 年冬，日本計算工学会教育・出版理事の東京都市大学 宮地英生教授から，「東大の O 先生からお願いした計算工学のシリーズものの出版はどうなっていますか？」というメールをもらったことに始まる．執筆者候補リストには，今村，山田，長谷川が載っていたらしく，O 先生は前の 2 人に，そして宮地先生は私にコンタクトをしてきた．学会が考えるターゲットは大規模固有値解析で，出版社を説得できる企画書からつくれという．最初は，数学的背景と並列計算に関連したアルゴリズムを密行列 (2 章，今村) と疎行列 (3 章，山田) に分けてまとめればよいとふんでいた．その後，だんだんと欲がでてきて，新しい話題であるとか，より発展的な話題も収めたいと考えるようになってきた．そこで，櫻井–杉浦法 (4 章，櫻井)，反復改良法 (5 章，荻田・相島)，特異値問題 (6 章，今村)，高精度特異値分解 (7 章，木村・中村) なども含めて内容を大幅に拡充させることにした．これらの章の担当者には，かなり無理をいって引き受けていただいた．本来，著者間のことを書いたりはしないのだけど，書かなければいけないほどの無理をきいていただいた．ここで深く感謝の意を表しておきたい．

　新たな章が増えるということは，一般に出版が遅れることにほかならない．影ながら暖かく見守ってくださったであろう O 先生，最後まで忍耐強く叱咤激励し続けた宮地先生と丸善出版株式会社企画・編集部萩田小百合さんに，お詫びとともに，深く感謝します．また，長谷川の原稿の問題点を指摘してくださった筑波大学 井ノ口順一教授と東京理科大学 石渡恵美子教授にも感謝します．

2019 年 11 月

筑波大学　長谷川秀彦

プログラムファイルのダウンロード

(1) プログラムのダウンロード方法

プログラムのソースコード (以下，プログラムという) は，丸善出版株式会社の Web ページからダウンロードできます．

https://www.maruzen-publishing.co.jp/info/n19678.html

同ページ内にある

ファイルダウンロード

をクリックすると，圧縮ファイル (zip 形式) がダウンロードできます．圧縮ファイルの解凍時に必要なパスワードは以下のとおりです．

パスワード：eigenvalue

(2) プログラム一覧

以下のプログラムは FORTRAN または FORTRAN90 のソースプログラムです．

関連章	ファイル名	概　　要
1 章	MatrixComp.pdf	1 章プログラムの詳細な仕様．文献 [12] "プログラム仕様 9 対称行列用固有値解析 I" の再掲．
1 章	MURA1T.FOR, MURA1.FOR	村田法を用いて対称正定値帯行列の固有値を求める
1 章	MURA2T.FOR, MURA2.FOR	村田法を用いて対称正定値帯行列の固有値と固有ベクトルを求める
1 章	EIGV2T.FOR, EIGV2.FOR	スツルム 2 分法・逆反復法を用いて対称正定値帯行列の固有値と固有ベクトルを求める
1 章	EIGV3T.FOR, EIGV3.FOR	スツルム 2 分法・同時逆反復法を用いて対称正定値帯行列の固有値と固有ベクトルを求める
1 章	EIGV4T.FOR, EIGV4.FOR	スツルム 2 分法・同時逆反復法を用いて対称正定値帯行列を係数とする一般固有値問題を解く
1 章	EIGV1T.FOR, EIGV1.FOR	ハウスホルダー 3 重対角化・2 分法・逆反復法を用いて対称正定値密行列の固有値と固有ベクトルを求める

vi   プログラムファイルのダウンロード

関連章	ファイル名	概　　要
1 章	JACOBIT.FOR, JACOBI.FOR	ヤコビ法を用いて対称密行列の固有値と固有ベクトルを求める
3 章	lanczos.f90	最大固有値と対応する固有ベクトルをランチョス法で求める. LAPACK が必要
3 章	lobpcg.f90	最小固有値と対応する固有ベクトルを LOBPCG 法で求める. LAPACK が必要

注) これらのプログラムを使用して得られた結果に対して，著者および出版社は責任を負うものではないことをあらかじめご了承ください．また，プログラムのダウンロードサービスは予告なく終了することもあります．これらのプログラム，あるいはこれを改変したものを教育・研究以外の目的で使用される場合は，必ず小社までご相談くださいますようお願い申し上げます．

目　　次

1 あらまし 1
  1.1 固有値問題 1
  1.2 固有値と固有ベクトルの性質 5
  1.3 どの固有値が必要か 7
  1.4 アルゴリズム概観 9
    1.4.1 密行列の場合 12
    1.4.2 帯行列の場合 13
    1.4.3 疎行列の場合 15
  1.5 固有値と固有ベクトルの品質 17
  1.6 固有値問題ソフトウェア 18
  1.7 プログラム 20

2 密行列の固有値計算 23
  2.1 単一固有値の計算法 23
    2.1.1 最大固有値の計算法 (べき乗法) 23
    2.1.2 最小固有値の計算法 (逆反復法) 25
    2.1.3 2番目，3番目の固有値の計算法 25
  2.2 ヤコビ法 27
    2.2.1 ヤコビ法のアルゴリズム 27
    2.2.2 ヤコビ法の収束 28
    2.2.3 固有ベクトルの計算 29
  2.3 QR法 30

viii 目 次

2.3.1	QR 分解	30
2.3.2	QR 法のアルゴリズム	31
2.3.3	QR 法の収束	31
2.3.4	原点シフトによる加速	33
2.3.5	陰的ダブルシフト QR 法	34
2.3.6	固有ベクトルの計算	35

2.4 ハウスホルダー 3 重対角化を用いる方法 36

2.4.1	ハウスホルダー変換	36
2.4.2	ハウスホルダー QR 分解	37
2.4.3	エルミート行列の 3 重対角化	38
2.4.4	ハウスホルダー逆変換	41
2.4.5	ハウスホルダー順変換に対する性能改善	44
2.4.6	3 重対角行列の固有値計算	49

2.5 非対称行列の固有値計算 62

2.6 一般化固有値問題 64

2.6.1	B が対称正定値の場合	64
2.6.2	一 般 の 場 合	65
2.6.3	QZ 法	66

2.7 非線形固有値問題 68

2.7.1	非線形固有値問題の解法	70

2.8 最新のアルゴリズム 71

2.8.1	MRRR 法	71
2.8.2	スペクトラル分割統治法	74

3 疎行列の固有値計算 **77**

3.1 レイリー–リッツ法 77

3.2 非対称行列の解法 78

3.2.1	アーノルディ法	78
3.2.2	ヤコビ–ダビッドソン法	83

3.3 対称行列の解法 85

	目 次	ix

$\qquad$ 3.3.1　ランチョス法 85

$\qquad$ 3.3.2　LOBPCG 法 92

3.4　量子力学に現れる固有値問題 99

$\qquad$ 3.4.1　ハバードモデルのハミルトニアン 100

$\qquad$ 3.4.2　ハミルトニアンの固有値計算 102

3.5　プ ロ グ ラ ム 104

4　櫻井－杉浦法 **105**

4.1　行列のスペクトル分解 105

4.2　周回積分による固有ベクトルの抽出 108

4.3　数値積分による近似 115

4.4　非線形固有値問題への適用 121

4.5　櫻井–杉浦法のアルゴリズム 122

5　反 復 改 良 法 **127**

5.1　連立 1 次方程式に対する反復改良法 127

$\qquad$ 5.1.1　ア ル ゴ リ ズ ム 127

$\qquad$ 5.1.2　数 値 実 験 128

5.2　固有値問題に対する反復改良法 129

$\qquad$ 5.2.1　ア ル ゴ リ ズ ム 129

$\qquad$ 5.2.2　数 値 実 験 131

5.3　実対称行列の全固有ベクトルに対する反復改良法 132

$\qquad$ 5.3.1　固 有 分 解 133

$\qquad$ 5.3.2　ア ル ゴ リ ズ ム 135

$\qquad$ 5.3.3　収 束 定 理 138

$\qquad$ 5.3.4　数 値 実 験 138

6　特 異 値 問 題 **141**

6.1　特 異 値 の 性 質 141

$\qquad$ 6.1.1　他の数値計算との関係 144

6.2　特異値計算アルゴリズム 147

x　目　　次

	6.2.1	2重対角化アルゴリズム	147
	6.2.2	2重対角化アルゴリズム (ブロック版)	149
	6.2.3	2重対角行列の特異値計算	149

7　高精度特異値分解 **157**

　7.1　QD 法 157

　7.2　陽的シフトつき QD 法 164

　7.3　DQDS 法 167

　　　7.3.1　実　装　の　概　略 167

　　　7.3.2　シ　フ　ト　戦　略 169

　　　7.3.3　収束判定条件の設計 173

　7.4　OQDS 法 176

　　　7.4.1　特異ベクトル計算 176

　　　7.4.2　OQDS 法の行列要素表示 179

　　　7.4.3　シ　フ　ト　戦　略 182

　　　7.4.4　ギブンス回転と一般化ギブンス回転の実装 183

　　　7.4.5　収束判定条件の設計 186

　7.5　プ　ロ　グ　ラ　ム 187

参　考　文　献 **189**

索　　　　引 **197**

1 あ ら ま し

固有値・固有ベクトルを求めることは，行列に隠されたシステムの構造を明らかにすることであり，自然科学，工学，社会科学，データサイエンスなど，あらゆる分野で使われている[1]．固有値・固有ベクトルを計算するアルゴリズムの立場では，行列をつくりだしたモデルの情報はいっさい与えられず，行列として与えられた $n \times n$ の数値と格闘して謎を解き明かすのみである．

本章では，コンピュータに固有値と固有ベクトルを計算させるための予備知識，場面に応じた計算アルゴリズムの使い方，計算の心構えなどを簡単に述べる．

1.1 固 有 値 問 題

n 次の正方行列 A に対して

$$A\boldsymbol{v} = \lambda\boldsymbol{v} \tag{1.1}$$

を満足する値 λ と $\boldsymbol{0}$ (ゼロベクトル) でないベクトル $\boldsymbol{v}$ が存在するとき，λ を A の**固有値** (eigenvalue)，$\boldsymbol{v}$ を λ に対応する**固有ベクトル** (eigenvector) という．この関係は

$$(A - \lambda I)\boldsymbol{v} = \boldsymbol{0} \tag{1.2}$$

とも書ける．連立 1 次方程式にも見えるが，λ と $\boldsymbol{v}$ が未知数であり，このままでは解くことができない．

式 (1.1) を標準固有値問題 (Standard Eigenvalue Problems) といい，A がエルミート (対称) の場合を Hermitian eigenproblems (HEP)，そうでない場合を Non-Hermitian eigenproblems (NHEP) などという[2]．もう 1 つ行列が関係した

$$A\boldsymbol{v} = \lambda B\boldsymbol{v} \tag{1.3}$$

$- 1 -$

2   1 あ ら ま し

を一般化固有値問題 (Generalized Eigenvalue Problems; GEP) あるいは一般固有値問題といい，A, B がエルミートかつ B が正定値の場合を Generalized Hermitian eigenproblems (GHEP)，そうでない場合を Generalized non-Hermitian eigenproblems (GNHEP) などという．式 (1.3) の一般固有値問題は，$B = LL^\mathsf{T}$ と分解できれば

$$Av = \lambda Bv = \lambda LL^\mathsf{T} v \tag{1.4}$$

となり，この両辺に左から L^{-1} を作用させれば

$$L^{-1}Av = \lambda L^{-1}LL^\mathsf{T}v \tag{1.5}$$

$$L^{-1}AL^{-\mathsf{T}}u = \lambda u, \qquad u = L^\mathsf{T}v \tag{1.6}$$

となって，対称性を維持したままで標準固有値問題にできる．あるいは両辺に左から B^{-1} を作用させれば

$$B^{-1}Av = \lambda B^{-1}Bv = \lambda v \tag{1.7}$$

といった対称性の保証はない標準固有値問題にできる．したがって，一般固有値問題を標準固有値問題用のアルゴリズムで解くこともできる．

　線形代数の教科書[3-6]では，ゼロベクトルでない v に対して $(A - \lambda I)v = \mathbf{0}$ となることから，$A - \lambda I$ が非正則あるいは特異となるような λ を求め，そのような λ に対して式 (1.1) を満足する固有ベクトル $v \neq \mathbf{0}$ を求める．$A - \lambda I$ が非正則となるときは $\det(A - \lambda I) = 0$ なので，この式を満足する λ を求めればよい．$\det(\lambda I - A)$ を展開して得られた λ についての n 次多項式 $f(\lambda) = \det(\lambda I - A)$ を**特性多項式** (characteristic polynomial)，$f(\lambda) = 0$ を**特性方程式** (characteristic equation) という．固有値を求めることは，特性方程式の解を求めることである．

　n 次方程式には，重複を含め，複素数の範囲で n 個の解が存在する．そこで，固有値を λ_1，λ_2，$\cdots$，λ_n，対応する固有ベクトルを v_1，v_2，$\cdots$，v_n と書けば

$$Av_i = \lambda_i v_i \qquad (i = 1, 2, \cdots, n) \tag{1.8}$$

となる．この n 本の関係を行列形式で書けば

$$\begin{pmatrix} & \\ & A & \\ & \end{pmatrix} \begin{pmatrix} \boldsymbol{v}_1 & \cdots & \boldsymbol{v}_n \end{pmatrix} = \begin{pmatrix} \boldsymbol{v}_1 & \cdots & \boldsymbol{v}_n \end{pmatrix} \begin{pmatrix} \lambda_1 & & O \\ & \ddots & \\ O & & \lambda_n \end{pmatrix}$$

となる．ここで $(\boldsymbol{v}_1,\ \boldsymbol{v}_2,\ \cdots,\ \boldsymbol{v}_n)$ を V，固有値を対角にならべた行列

$$\Lambda = \begin{pmatrix} \lambda_1 & & O \\ & \ddots & \\ O & & \lambda_n \end{pmatrix}$$

とすれば

$$AV = V\Lambda \tag{1.9}$$

である．このような V が存在して，正則ならば

$$V^{-1}AV = \Lambda \tag{1.10}$$

となる．これは，行列 A が適当な正則行列 V によって対角化できることを意味する．$A = V\Lambda V^{-1}$ と書いて，A の**固有分解** (eigendecomposition, spectral decomposition) ということもある．

式 (1.1) に対して，正則行列 P を用いて $\boldsymbol{v} = P\boldsymbol{u}$ としよう．式 (1.1) は

$$AP\boldsymbol{u} = \lambda P\boldsymbol{u} \tag{1.11}$$

と書ける．両辺に左から P^{-1} を作用させれば

$$P^{-1}AP\boldsymbol{u} = \lambda P^{-1}P\boldsymbol{u} = \lambda\boldsymbol{u} \tag{1.12}$$

となって，$P^{-1}AP$ の固有値は A の固有値と変わらないことがわかる．対応する固有ベクトルは $\boldsymbol{u} = P^{-1}\boldsymbol{v}$ になる．このような変換 $P^{-1}AP$ を**相似変換** (similarity transformation) という．

式 (1.8) において，すべての固有値 λ_i が実数で，固有ベクトル $\boldsymbol{v}_i$ が互いに直交し，長さ 1 に正規化されていると V は直交行列 (orthogonal matrix) となり，関係 $V^\mathsf{T}V = I$ を満足する．このとき，式 (1.10) は，直交行列 V による対角化，あるいは直交変換による対角化

$$V^\mathsf{T}AV = \Lambda \tag{1.13}$$

4　1　あ　ら　ま　し

となる.

　すべての行列において相似変換で固有値は不変に保たれるが,　相似変換あるいは直交変換による対角化が可能かどうかは行列による.

　A が正方行列でなく,　矩形行列 $m \times n \ (m > n)$ のとき,　行列 A は $m \times m$ の直交行列 U,　$m \times n$ の対角行列 Σ,　$n \times n$ の直交行列 V を用いて

$$A = U\Sigma V^{\mathsf{T}} \tag{1.14}$$

と分解できる.　これを**特異値分解** (Singular Value Decomposition; SVD あるいは full SVD) という.

$$\Sigma = \begin{pmatrix} \sigma_1 & & & O \\ & \sigma_2 & & \\ & & \ddots & \\ O & & & \sigma_n \end{pmatrix}$$

であり,　σ_i を**特異値** (singular value),　$\boldsymbol{u}_i$ を σ_i に対応する左特異ベクトル (left singular vector),　$\boldsymbol{v}_i$ を σ_i に対応する右特異ベクトル (right singular vector) という.　特異値 σ_i は $A^{\mathsf{T}}A$ の固有値 λ_i の平方根であり,　ふつうは

$$\sigma_1 \geq \cdots \geq \sigma_n \geq 0$$

とする[6].

　$\mathrm{rank}\,(A) = r$ のとき,　$\sigma_{r+1} = \cdots = \sigma_n = 0$ となるので,　Σ の 1 行から r 行までを Σ^*,　U の 1 列から r 列までを U^*,　V の 1 列から r 列までを V^* とすると式 (1.14) は

$$AV^* = U^*\Sigma^* \tag{1.15}$$

$$\begin{pmatrix} \\ A \\ \\ \end{pmatrix}\begin{pmatrix} \boldsymbol{v}_1 & \cdots & \boldsymbol{v}_r \end{pmatrix} = \begin{pmatrix} \boldsymbol{u}_1 & \cdots & \boldsymbol{u}_r \end{pmatrix}\begin{pmatrix} \sigma_1 & & O \\ & \ddots & \\ O & & \sigma_r \end{pmatrix}$$

となり,　これを reduced SVD という.　この式をベクトルごとに書き下せば

$$A\boldsymbol{v}_j = \sigma_j \boldsymbol{u}_j \qquad (j = 1, \cdots, r) \tag{1.16}$$

となって，固有値問題の一般化になっていることがわかる．

また，式 (1.15) の転置をとり，左から V^*，右から U^* を作用させると

$$A^\mathsf{T} U^* = V^* \Sigma^* \tag{1.17}$$

となる (対角行列は対称行列でもある)．この式をベクトルごとに書き下せば

$$A^\mathsf{T} \boldsymbol{u}_j = \sigma_j \boldsymbol{v}_j \qquad (j = 1, \cdots, r) \tag{1.18}$$

である．式 (1.16) に左から A^T を作用させ，式 (1.18) を使うと

$$A^\mathsf{T}(A\boldsymbol{v}_j) = A^\mathsf{T}(\sigma_j \boldsymbol{u}_j) = \sigma_j{}^2 \boldsymbol{v}_j \tag{1.19}$$

となる．$A^\mathsf{T}A$ の固有値が $\sigma_j{}^2$，すなわち A の特異値 σ_j の 2 乗であることが確認できる．

なお，コンピュータで数値解を求める場合，小さな行列の場合を除いて，特性方程式を解く方法は用いない．特性方程式をつくるために n 次の行列からすべての係数を求める手間 $O(n!)$ はあまりにも大きく，かつ係数を正確に求めるのは困難であり，しかも導出された n 次方程式のすべての解をニュートン法などで正確に求めるのも困難なためである．固有値と固有ベクトルの計算では，行列の性質をうまく活用し，高精度かつ高速に求められる手法が使われる．

1.2　固有値と固有ベクトルの性質

A を n 次の正方行列，λ を A の固有値，$\boldsymbol{v}$ を λ に対応する固有ベクトルとする．このとき，固有値には以下の特徴がある[1, 3–6]．

- 固有値 λ は，複素数の範囲で重複を含めて n 個存在する．
- 行列 A が非正則ならば，固有値 0 が存在する．
- 行列 A が正定値ならば，すべての固有値は正である．
- 単位行列は，重複度 n の固有値 1 をもつ．
- 直交行列は，固有値 1 をもつ．
- 対角行列の固有値は，対角の値そのものである．
- 上三角行列 (下三角行列) の固有値は，対角の値そのものである．

6   1 あらまし

- 転置行列 A^T の固有値は，行列 A の固有値 λ と等しい．
- 逆行列 A^{-1} の固有値は，行列 A の固有値 λ の逆数 λ^{-1} になる．
- $\det(A) = \lambda_1 \cdots \lambda_n$ となる．
- $\operatorname{tr}(A) = a_{1,1} + \cdots + a_{n,n} = \lambda_1 + \cdots + \lambda_n$ となる．

固有ベクトル $\boldsymbol{v}$ に関しては以下の特徴がある．

- 定数倍 $k\boldsymbol{v}$ も固有ベクトルになる．
- $\boldsymbol{v}$ は $A - \alpha I$ の固有ベクトルになる (α は定数)．
- $\boldsymbol{v}$ は逆行列 A^{-1} の固有ベクトルになる．
- A^k の固有値は λ^k で，固有ベクトルは $\boldsymbol{v}$ である．

　行列 A そのもの，あるいは A に相似変換を施したものが，対角行列なり，三角行列になれば，対角要素の値として固有値が求まる．

　固有ベクトルには定数倍の任意性がある．ふつう，コンピュータプログラムでは，2 ノルム $\|\boldsymbol{v}\|_2 = 1$ となる結果を返すが，それでも $\pm$ の任意性が残る．

　行列の値が実数でも，固有値が実数になるとは限らない．固有値が複素数になれば，固有ベクトルも複素数になる．したがって，実数の行列に対する固有値・固有ベクトル計算であっても，結果の固有値と固有ベクトルが複素数になることを考えなければならない．固有値が複素数の場合，固有値は 2 次元平面に分布し，原点から同一距離でも異なる位置に固有値が存在する．なにより，コンピュータプログラムは複素数での計算を前提としなければならない．

　一方，行列が実数で，かつ対称であれば，固有値，固有ベクトルとも実数であることが保証される[7,8]．しかも，行列が半正定値であれば，負の固有値は存在しない．そのため実対称行列に対しては，多くの数値解法が開発されており，比較的容易に固有値・固有ベクトルの計算ができる．しかし，手強い行列も存在し，一筋縄ではいかないことは覚悟しておいたほうがよい．

a.　ゲルシュゴリンの円板定理

　正方行列 A に対して，対角要素を中心として非対角要素の絶対値和を半径とする複素平面上の円板の和集合中に A の固有値が存在する．これをゲルシュゴリン (Gershgorin) の円板定理とよぶ[6,9]．

定理 1.1 (ゲルシュゴリンの円板定理) 正方行列 A の固有値は，以下で定義される円板 C_k の和集合 $\bigcup\limits_{k=1}^{n} C_k$ に含まれる．

$$C_k := \left\{ z \in \mathbb{C} \ \middle| \ |z - a_{kk}| \le \sum_{j \ne k} |a_{kj}| \right\} \qquad (1.20)$$

実対称行列の場合，固有値の存在範囲は実軸上の区間として定まる．広めの区間になることが多いが，加減算のみで求められるため広く利用されている．

b. シルベスターの慣性則

n 次実対称行列 A の正の固有値の個数を $\pi(A)$，ゼロ固有値の個数を $\zeta(A)$，負の固有値の個数を $\mu(A)$ とする．重複固有値は重複したものも別々に数えて，$n = \pi(A) + \zeta(A) + \mu(A)$ である．整数の 3 つ組 $(\pi(A), \zeta(A), \mu(A))$ を対称行列 A の符号指数とよぶ．

定理 1.2 (シルベスターの慣性則) 実対称行列 A の符号指数 $(\pi(A), \zeta(A), \mu(A))$ は，正則行列 S によって変換された $B = S^{\mathsf{T}}AS$ において保存される[6, 9]．つまり

$$\pi(A) = \pi(B), \qquad \zeta(A) = \zeta(B), \qquad \mu(A) = \mu(B) \qquad (1.21)$$

S が直交行列でなければ A と B の固有値は異なるが，それでも正負の固有値の個数は変わらないことを示している．

1.3 どの固有値が必要か

いま，A を実対称行列とする．どのような固有値・固有ベクトルが必要だろうか?

- 最大固有値 (と対応する固有ベクトル)
- 最小固有値 (と対応する固有ベクトル)
- α に近い固有値 (と対応する固有ベクトル)
- α から β までの固有値 (と対応する固有ベクトル)
- k 番目の固有値 (と対応する固有ベクトル)
- k 番目から l 番目の固有値 (と対応する固有ベクトル)

8   1 あ ら ま し

- すべての固有値
- すべての固有値とすべての固有ベクトル
- すべての固有ベクトル

固有ベクトル $\boldsymbol{v}$ が求まっているなら，**レイリー商** (Rayleigh quotient) を用いれば，固有値

$$\lambda = \frac{(\boldsymbol{v}, A\boldsymbol{v})}{(\boldsymbol{v}, \boldsymbol{v})}$$

は容易に求められる．しかし，固有値が定まっての固有ベクトルであり，任意の固有ベクトルを求めるアルゴリズムは存在しない．

絶対値最大の固有値と対応する固有ベクトルを求めるには**べき乗法** (power method)，絶対値最小の固有値と対応する固有ベクトルを求めるには**逆反復法** (inverse iteration) が使える．これらは行列 A または逆行列 A^{-1} を任意のベクトルに何度も作用させ，絶対値としての最大固有値または最小固有値に対応する固有ベクトルに収束させる方法である．固有ベクトルから固有値を計算するにはレイリー商を用いる．実際は逆行列を用いず，方程式 $A\boldsymbol{y} = \boldsymbol{x}$ を解くことで，$\boldsymbol{y} = A^{-1}\boldsymbol{x}$ を計算する．ここでは，連立 1 次方程式に対する多様な解法が利用できる．

値 α に近い固有値に対応する固有ベクトルを計算するには，シフトした行列 $A - \alpha I$ に逆反復法を用いればよい．$A - \alpha I$ に対する逆反復法は，$\lambda - \alpha$ がもっとも 0 に近くなるような固有値 λ に対応した固有ベクトルに収束するので，収束した固有ベクトルからレイリー商を計算して $\lambda - \alpha$ を求める．たまたま α そのものが固有値だった場合は，連立 1 次方程式が解けず (逆行列が存在せず)，逆反復法が破綻するが，α から少しでも離れた値を用いれば逆反復法は使える．なにより，すでに固有値はわかっている．

区間 $[\alpha, \beta]$ が指定された場合，その区間内の固有値分布がわからない限り，シフト点の選びようはなく，逆反復法だけですべての固有値・固有ベクトルを求めるのは難しい．

しかし，値 α 以下に何個の固有値が存在するかはしらべられる．k 番目を特定するのは難しいかもしれないが，2 分法を使えば固有値の大まかな分布がしらべられる．つまり，すべての固有値 λ_k に対して，固有値の存在区間 $[\alpha_k, \beta_k]$ がわか

る．存在区間が十分に狭く，その区間に固有値が 1 つだけなら，逆反復法で対応する固有ベクトルが求められる．求められた固有ベクトルにレイリー商を用いて固有値を再計算すれば，λ_k に正しく収束しているか，隣接する λ_{k-1}, λ_{k+1} に収束したのかも確認できるだろう．

このような単純な方法がうまくいくのは，固有値が重複していない，あるいは数値的に近接していないときに限られる．悪条件が潜んでいる可能性がある場合は，目的とするのが 1 組の固有値・固有ベクトルだったとしても，範囲を少しだけ広げて，いくつかの隣接する固有値・固有ベクトルの組を計算させ，目的が達成されているかを確認すべきだろう．アルゴリズムの都合上，指定された区間 $[\alpha, \beta]$ 内の固有値と固有ベクトルの計算は難易度が高く，すべての固有値と固有ベクトルの計算は比較的容易で，たとえば最小固有値から 100 組の固有値と固有ベクトルの計算，最大固有値から 100 組の固有値と固有ベクトルの計算などがそれに続く．

使用するアルゴリズムにもよるが，固有値の計算は，全固有値であっても相対的に短時間で終わる．一方，全固有ベクトルを計算するには，数倍以上の計算時間と，もとの行列と同じサイズの作業メモリが必要になる．アルゴリズムの都合と計算コストの関係をよく考える必要がある．

1.4 アルゴリズム概観

ここでは，実数の範囲で計算が完結する実対称行列に対するアルゴリズムについて概観する．

固有値計算の基本となっているのは，「相似変換 $S^{-1}AS$ で固有値が不変であること」である．固有値を求めることは，相似変換を何度も作用させて対角行列にすること (対角化: diagonalization) であるが，この操作は行列の値に依存し，定められた回数の演算で終了するという保証はない[9]．これは，連立 1 次方程式に対するガウスの消去法のような，解が存在すれば n によって定まる有限回の演算で解に到達できる方法とは異なる．ガウスの消去法は，演算精度の影響は受けるが，$O(n^3)$ の決められた演算回数で解に到達できるアルゴリズムであり，**直接法** (direct method) とよばれる．それに対して，収束することはわかっているが，何

10   1 あ ら ま し

表 1.1　直交変換・低次元化

方　　法	対　象	処　理　内　容
ハウスホルダー変換	対称 (密・帯)	対称行列を 3 重 (2 重) 対角行列に変換
ハウスホルダー変換	非対称 (密)	非対称行列をヘッセンベルグ行列に変換
ギブンス変換	実対称 (密)	ギブンス回転を用いて 3 重対角行列に変換
アーノルディ法	非対称 (疎)	低次元ヘッセンベルグ行列を生成．大きな固有値成分を含む
ランチョス法	対称 (疎)	低次元 3 重対角行列を生成．大きな固有値成分を含む

表 1.2　固有値問題アルゴリズム

方　　法	対　象	処理内容・結果
べき乗法	対称	絶対値最大の固有値に対応する固有ベクトル
逆反復法	対称	$A - \alpha I$ に近い固有値に対応する固有ベクトル
レイリー商	対称	固有ベクトルから固有値を求める
ヤコビ法	実対称 (密)	ギブンス回転を用いて対角化，固有値・固有ベクトル
2 分法		固有値の存在区間を求める区間縮小アルゴリズム
スツルム (Sturm) 法	実 3 重対角	α 以下の固有値をカウント
シルベスターの慣性則	実 3 重対角	α 以下の固有値をカウント
マーティン–ウィルキンソン (Martin–Wilkinson) 法	実対称 (帯)	α 以下の固有値をカウント，GEP も可能
QR 法	実対称 (密)	QR 分解を用いて対角化，固有値・固有ベクトル
QR 法	実ヘッセンベルグ	ダブルシフト QR を用いて固有値・固有ベクトル
QR 法	実 3 重対角	QR 分解を用いて固有値・固有ベクトル
分割統治法	実 3 重対角	固有値・固有ベクトル
MRRR 法	3 重対角	固有値・固有ベクトルを高精度・高速に
ヤコビ–ダビッドソン法	非対称 (疎)	固有値・固有ベクトル，GEP も可能
LOBPCG 法	対称 (疎)	固有値・固有ベクトル，最小固有値付近の固有値向き
櫻井–杉浦法 (SSM)	非対称 (疎)	指定領域内の固有値・固有ベクトル，GEP も可能

回の繰り返しで収束するかは問題によって異なるアルゴリズムを**反復法** (iterative method) という．固有値と固有ベクトルの計算には，事前に演算回数が見積もれる直接法的な部分と，計算してみないとわからない反復法的な部分が含まれており，それがアルゴリズム全体を難しくしている．

1.4 アルゴリズム概観

表 1.3 特異値問題アルゴリズム

方法	対象	処理内容
QR 法	上2重対角	特異値・特異ベクトルを求める
分割統治法	上2重対角	特異値・特異ベクトルを求める
DQDS 法	上2重対角	特異値を高精度に求める
OQDS 法	下2重対角	特異値・特異ベクトルを高精度に求める

固有値を求める方法には，大きく以下の3つの方法がある．

(1) 相似変換を繰り返して，行列 A を対角化する
(2) 定数回の相似変換で行列 A を扱いやすい行列に変換して固有値を求める
(3) 行列 A をそのまま扱って固有値・固有ベクトルを求める

数学的には同じ実対称行列を対象にしているのだが，コンピュータで扱う場合は，行列内の非ゼロ要素の分布に応じて，以下の3種類に分けて考える．

- 密行列 (dense matrix)
- 帯行列 (band matrix)
- 疎行列 (sparse matrix)

帯行列は対角の周囲の帯状の領域にしか非ゼロ要素が存在しない行列である．

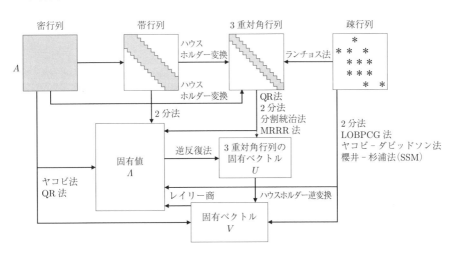

図 1.1 実対称行列向け固有値解法

12   1 あ ら ま し

疎行列は要素のほとんどがゼロで，非ゼロ要素が少数の行列である．これらはなるべく非ゼロ要素だけを格納するようにして，メモリ容量と必要な演算回数を節約する．そのような特別な特徴がなく，$n \times n$ の要素すべてを 2 次元配列に格納するのが密行列である．対象が密行列か，帯行列か，あるいは疎行列かによって，必要な計算資源 (メモリ容量，計算時間) が大きく異なるため，アルゴリズムの使い勝手も変わってくる．計算資源に制約がないのなら，複数のアルゴリズムを試してみるとよいだろう．

行列 A から固有値が求めやすい行列を導出する方法を表 1.1 に，固有値問題に対する手法を表 1.2 に，特異値問題に対する手法を表 1.3 に示す．また，実対称行列向けの固有値解法の全体像を図 1.1 に示す．

1.4.1 密行列の場合

密行列向けアルゴリズムは，繰り返し相似変換を施して対角行列に収束させる反復法的な解法 (1) と，定数回の相似変換で 3 重対角行列に変換する直接法的な部分と 3 重対角行列に対する固有値を計算する反復法的な部分から構成される解法 (2) がある．いずれの場合も，行列全体に対して相似変換を作用させる部分があり，特に大規模な問題ではメモリに対する負荷が大きいので注意が必要である．

(1) の方法には，ギブンス回転行列を用いて，要素を 1 つずつ消去していくヤコビ法 (連立 1 次方程式に対する反復解法のヤコビ法とは異なる) と，QR 分解を繰り返す QR 法がある．ヤコビ法では，対角化された行列が Λ，相似変換の累積が V となる．ギブンス回転では，$\cos\theta$, $\sin\theta$ を使わない FGT (Fast Givens Transformation) を用いることもできる．QR 法では与えられた行列を対角行列または上三角行列に変換する．どちらも非対角要素をゼロに収束させる手法であるが，ゼロに収束するスピードは行列の値に依存する．処理する順番とか，収束判定などに工夫が必要である．

(2) の方法の前半は，ハウスホルダー (Householder) 変換による行列の 3 重対角化である．ギブンス回転行列を用いた対角化は簡単ではないが，3 重対角化でよければ一定の回数で実行できる．一般には，行または列全体を同時に消去でき，数値的にも安定なハウスホルダー変換によって 3 重対角行列に変換する．ハウスホルダー変換による 3 重対角化は，$O(n^3)$ の演算回数の直接法的なアルゴリズム

である.

　3重対角行列に対する固有値・固有ベクトル計算のアルゴリズムには，QR法，2分法，分割統治法 (Divide and Conquer method)，MRRR (Multiple Relatively Robust Representation) 法などがある．特定の範囲の固有値が求められる2分法のようなアルゴリズムもあれば，必ず全固有値を求めるQR法のようなアルゴリズムもある．これらは反復法的なアルゴリズムであるが，対象が3重対角行列であるため，固有値計算は短時間で終わる．固有ベクトルが必要な場合でも，メモリ領域は必要になるが，3重対角行列の固有ベクトルは相対的に短時間で求められる．しかし，全固有ベクトルが必要な場合，3重対角行列の固有ベクトルに逆変換を施してもとの行列の固有ベクトルを求めるために $O(n^3)$ の演算コストと，固有ベクトルの領域，逆変換を記憶する領域，残差計算のためのもとの行列の領域など，約3倍のメモリ領域が必要になる．

　したがって，密行列の固有値・固有ベクトルの計算時間の多くは，ハウスホルダー変換による3重対角化と逆変換に費やされる．ただし，逆変換の部分は固有ベクトルの必要数に応じて節約が可能である．一部の固有値を求めるのか，全固有値を求めるのかの違いが全体の計算時間に及ぼす影響は軽微である．

　最近のコンピュータでの性能向上には，アルゴリズムのブロック化，LEVEL 3 BLAS の高速な行列積ルーチン DGEMM の活用などが効果的とされている[10, 11]．そのため，密行列から直接，3重対角行列に変換するのでなく，いったん密行列を帯行列に変換し，それから帯行列を3重対角行列に変換する方法も提案されている．演算量は増えるが，高速化の効果で結果的には短時間で結果が得られる．しかし，変換を2段階に分けることにより，固有ベクトルに対する逆変換が難しくなるなど，高速化のためにはそれなりの工夫がいる．

1.4.2　帯行列の場合

　対角要素 i 列の周辺 $i-m$ 列から $i+m$ 列の範囲内にしか非ゼロ要素が存在せず，この範囲外は必ずゼロになる行列は，帯の部分のみをメモリに格納する帯行列 (band matrix) として扱う．$2m+1$ を帯幅，m を帯半幅という．必要なメモリは，対称帯行列であれば $(m+1)n$，一般の帯行列であれば $(2m+1)n$ である．帯行列を係数とする連立1次方程式を部分軸選択付きガウスの消去法で解く場合

は，方程式の交換 (行交換) によって帯幅が広がるので $(3m+1)n$ となる．帯行列では，帯の領域だけを 2 次元配列に格納して扱うことで，密行列の場合に n^2 だったメモリを $3mn$ 程度まで節約できる．格納方式を変更したことで添字演算が増加するが，ゼロとわかっている部分に対する演算が大幅に節約できるので，多くの場合は高速になる．なお下三角部分の帯半幅である左帯半幅と，上三角部分の帯半幅である右帯半幅は異なってもよい．

帯行列の場合は，帯行列の構造を崩さないようなハウスホルダー変換を用いて 3 重対角化した 3 重対角行列の固有値を求める方法 (2) と，帯行列に対して 2 分法を適用して固有値を求める方法 (3) がある．(3) の疎行列に対する一般的なアルゴリズムも原理的には利用可能だが，疎行列ベクトル積に比べ，帯行列ベクトル積の演算量はかなり大きくなる．(2) の方法の後半，3 重対角行列に対する固有値計算は，密行列の場合とまったく同じである．

帯行列を 3 重対角化するには，帯半幅サイズのハウスホルダー変換を使う[10, 12]．最初，各列の対角以下の非ゼロ要素は m 個である．ある列を消去すると，帯幅 $3m+1$ の範囲内の別の場所に非ゼロ要素が出現するので，帯幅を $2m+1$ に保つよう，出現した非ゼロ要素を改めて消去する．この操作を Bulge Chasing という．Bulge Chasing を繰り返し，非ゼロ要素を行列の右下まで追い詰め，帯幅を $2m+1$ に保って次の列の消去に移る．3 重対角化には n^2/m 回のハウスホルダー変換が必要になる．密行列の場合のハウスホルダー変換 n 回の n/m 倍になるが，個々のハウスホルダー変換のサイズが $n \times n$ から $m \times m$ になっている．小さな行列積を多数回繰り返すことで性能には貢献できるが，変換を累積して保存するのは困難になる．もちろん $n \times n$ の領域が確保できるなら変換の累積も保存できるが，帯行列用アルゴリズムの主目的はメモリの節約にある．

3 重対角行列に対する固有値計算は，密行列の場合とまったく同じで，QR 法，2 分法，分割統治法，MRRR 法などを使う．固有ベクトルが計算できるアルゴリズムでは，固有ベクトル用のメモリ領域さえ確保できれば，3 重対角行列の固有ベクトルは相対的に短時間で求められる．しかし，一般にはメモリ容量の制約から帯行列の 3 重対角化に用いたハウスホルダー変換の累積は保存できず，もとの行列の固有ベクトルに戻すための逆変換は実行できない．そこで，3 重対角行列の

固有ベクトルは使わず，求められた固有値をシフト点としてもとの行列に逆反復法を行って固有ベクトルを求める．ここでは悪条件の連立 1 次方程式を解くことになり，帯行列に対する部分軸選択付きガウスの消去法が必要になる．逆反復法は必要なだけの固有ベクトルに対して行えばよいので，帯行列に対する (2) の方法での計算時間の多くは，帯行列に対するハウスホルダー 3 重対角化と，逆反復法によって必要な数の固有ベクトルを求める時間となる．一部の固有値を求めるのか，全固有値を求めるかの違いが，全体の計算時間に及ぼす影響は軽微である．

帯行列に対しては，部分軸選択付きのガウスの消去法と同程度のコストで α 以下の固有値がカウントできる[12]．(3) の方法は，これを利用した 2 分法で固有値を求め，求められた固有値をシフト点にした逆反復法で固有ベクトルを求める．異なる帯行列 $A - \alpha I$ に対する部分軸選択付きガウスの消去法を多数回繰り返すことになるので，1 組あたりの固有値・固有ベクトルに対する演算コストは大きいが，3 重対角化の必要がなく，場所を指定して固有値・固有ベクトルが求められるので，少数の固有値・固有ベクトルの場合は効果的である．この方法は，一般固有値問題 $A\boldsymbol{v} = \lambda B\boldsymbol{v}$ の場合にも式を変形することなく適用できる．

1.4.3 疎行列の場合

非ゼロ要素がきわめて少ない (数パーセント程度) 行列を**疎行列** (sparse matrix) という．疎行列では非ゼロ要素のみをメモリに格納するため，行列の更新によって新しく非ゼロ要素が出現するようなアルゴリズムには対応できないが，非ゼロ要素を格納するためのメモリと，行列内での位置情報を格納するためのメモリで済むため，大幅なメモリ容量の節約が可能になる．非ゼロ要素だけを格納しているため，数値へのアクセスが間接的になるなど，性能面では効果がでにくい．代表的な疎行列の格納形式には，CRS (Compressed Row Storage)，CCS (Compressed Column Storage)，BCRS (Block Compressed Row Storage)，CDS (Compressed Diagonal Storage)，JDS (Jagged Diagonal Storage)，SKS (Skyline Storage) などがある[2]．

疎行列用の固有値・固有ベクトルの計算アルゴリズムでは，疎行列を疎行列ベクトル積 SpMV (Sparse Matrix Vector product) あるいは転置疎行列ベクトル積として扱う．いろいろな格納形式に対応するため，reverse communication と

16   1 あらまし

して，ユーザが疎行列ベクトル積，転置疎行列ベクトル積のプログラムを与える
ようなつくりにすることが多いが，ソフトウェアが要求する形式でデータを与え
てもよい．計算性能は疎行列ベクトル積の性能に大きく依存する．

疎行列に使えるのは (3) の方法で，ランチョス (Lanczos) 法，CG 法にもとづいた
方法，LOBPCG (Locally Optimal Block Preconditioned Conjugate Gradient)
法，ヤコビ–ダビッドソン (Jacobi–Davidson) 法，櫻井–杉浦法 (Sakurai–Sugiura
Method; SSM) などがある．

疎行列向けのアルゴリズムでは，

$$Av = \lambda v, \qquad \lambda \in \mathbb{C}, \qquad v \in \mathbb{C}^n \tag{1.22}$$

を解くかわりに

$$\pi_l(Av_l - \lambda_l v_l) = 0, \qquad \lambda_l \in \mathbb{C}, \qquad v_l \in G_l \tag{1.23}$$

のように，直交射影 π_l で得られた低次元の部分空間で固有値・固有ベクトルを計
算する．このような方法をガレルキン (Galerkin) 近似，エルミート行列 (対称)
の場合はレイリー–リッツ (Rayleigh–Ritz) 近似という．多くの場合，G_l はクリ
ロフ列で生成する[1, 2]．

ランチョス法では，適当なベクトルに行列 A を繰り返しかけて 3 重対角行列を
構成し，この 3 重対角行列に対して固有値計算を行う．ランチョス法の非対称行
列版がアーノルディ法で，非対称行列に適用すればヘッセンベルグ (Hessenberg)
行列，対称行列に適用すれば 3 重対角行列ができる (ランチョス法とは値の異な
る 3 重対角行列になる)．これらは絶対値の大きな固有値の計算に向くが，丸め
誤差の影響を非常に受けやすく，高精度な行列をつくりにくい[11]．共役勾配法に
もとづいた方法と LOBPCG 法は，非線形関数の最小値として固有値を計算する
ため，絶対値が最小である固有値付近の固有値計算に向く．ヤコビ–ダビッドソン
法は修正方程式を用いた方法で，内部では連立 1 次方程式の反復法が多用される．
櫻井–杉浦法は数値積分にもとづいた方法で，固有値の存在範囲を指定し，各固有
値について独立に計算できる並列性の高いアルゴリズムで，非対称問題，一般固
有値問題，非線形固有値問題にも応用がきく．内部で小さな密行列に対する固有
値問題を解いたり，反復法を用いて疎行列を係数とする連立 1 次方程式を解いた
りするが，与えられた行列は疎行列ベクトル積の計算のみに使われる．

多くの場合，疎行列に対する固有値解法は，少数組の固有値・固有ベクトルを求めるのに使われ，演算コストは必要な固有値・固有ベクトルの組数にほぼ比例する．高速化の鍵は，それぞれの組を同時に計算できるか，疎行列ベクトル積をいかに高速化できるかにかかっている．

1.5 固有値と固有ベクトルの品質

固有値問題は，$n \times n$ の行列から n 個の固有値と n 本の固有ベクトルを計算する難儀な仕事であり，結果の評価は重要である．与えられた行列の素性がわかっていて，ある程度，固有値・固有ベクトルはこうなるはずだというのがわかっていればよいが，行列が与えられただけではそうもいくまい．行列の素性がわからなくても次の3条件ぐらいは確認すべきだろう．

- 残差ノルム: $\|A\boldsymbol{v} - \lambda\boldsymbol{v}\|_2$
- 直交性: $V^{\mathsf{T}}V = I$
- 対角化性: $V^{\mathsf{T}}AV = \Lambda$

個々の固有値 λ_j と固有ベクトル $\boldsymbol{v}_j$ の組が正しいかどうかの評価には，いわゆる残差ノルム $\|A\boldsymbol{v}_j - \lambda_j\boldsymbol{v}_j\|_2$ が十分小さいかを確認する．密集固有値がなければ，どのアルゴリズムでも，特にレイリー商などを用いているなら，すべての組についてこの値は十分小さくなっているはずである．この評価は，それぞれの固有値と固有ベクトルの組に問題がないことを示しているにすぎず，隣り合う固有値との関係については何も説明していない．

対称行列の場合，異なる固有値に対応する固有ベクトルは直交する「$\lambda_i \neq \lambda_j$ ならば $(\boldsymbol{v}_i, \boldsymbol{v}_j) = 0$」という性質の満足度をしらべる．残差ノルムが一組ごとのチェックなのに対し，固有ベクトルの直交性は全体でのチェックになる．固有ベクトルのノルム $(\boldsymbol{v}_i, \boldsymbol{v}_i)$ が1なのは当然として，内積 $(\boldsymbol{v}_i, \boldsymbol{v}_j)$ がゼロから離れているのはどこなのか，全体的に非対角要素が十分に小さくなっているかなどを確認する．値が異なるとはいえ，固有値が近接していたり，密集していたりすれば，複数の固有ベクトルを直交させるのは難問である．密集した固有値 (clustered eigenvalues) の場合でも直交性のよい固有ベクトルが計算されているかもしれな

18　　1　あ ら ま し

表 **1.4**　高精度化 (標準・一般固有値問題)

方　　　法	対　　　象	処 理 内 容
固有値・固有ベクトルの組	対称・非対称	固有値・固有ベクトルの精度を反復改良
全固有ベクトル	対称	全固有ベクトルの精度を反復改良

いが，これは保証の限りではない．

　系としての整合性をみるための対角化性は，本来，残差ノルムの条件と直交性の条件をクリアしていれば，自然に満足されるはずである．

　計算された固有値・固有ベクトルの精度が不十分であれば，精度を改善するアルゴリズムにかけるか，別のアルゴリズムを使って計算し直すべきだろう．固有値・固有ベクトルの計算は，反復法的な手法であり，それぞれのアルゴリズム，プログラムには得手不得手がある．高精度化のメニューを表 1.4 に示す．

1.6　固有値問題ソフトウェア

　小規模な行列の固有値・固有ベクトル計算なら，MATLAB, Scilab, Octave, Python, R などを使えばよい．Web を検索すれば，使い方はすぐわかる．ソフトウェアが整備されたスパコンとかサーバ上であれば，IMSL, NAG といった歴史のある数値計算ライブラリ，Intel MKL など，ベンダがサポートするライブラリが使えるだろう．ブラックボックス化されているが，ベンダのサポートが期待できる．

　オープンソースでという場合は Freely Available Software for Linear Algebra というリスト[13]に，公開されているソフトウェアの一覧がある (提供者の自己申告による)．疎行列向きソフトウェアについてのよく書かれたサーベイが文献 [14] である．

　このようなリストからソフトウェアを選ぶ際に注意すべき点は

- 標準固有値問題なのか，一般固有値問題なのか
- 実数なのか複素数なのか
- 対称行列か，非対称 (一般) 行列か
- 密行列か，疎行列か

1.6 固有値問題ソフトウェア　　19

- どの範囲が計算できるか
- 使用する言語はなにか (C, C++, FORTRAN など)
- どんな並列化か (共有メモリ, 分散メモリ, GPU など)

などである. 汎用的な固有値計算ソフトウェアはまれなので, 目的に合っていることが大前提である. 以下, いくつかソフトウェアをあげるが, すべての用途に適するわけではなく, もっとよいソフトウェアがある可能性も少なくない.

初期のソフトウェアとして, 1970 年頃に開発された連立 1 次方程式のパッケージ LINPACK[15] と固有値計算パッケージ EISPACK[16] がある. その後, 両者の機能を包含し, 1990 年頃に LAPACK (Linear Algebra PACKage)[17] が開発され, 現在も改良が続けられている. IMSL, NAG, MKL なども, LAPACK に準拠した解法を提供しているので, 密行列と帯行列向けとしては標準的なアルゴリズムといえるだろう. 単精度と倍精度の実数と複素数があり, 対称と非対称, 標準固有値問題と一般固有値問題, 密行列と帯行列が扱えるソフトウェアであり, コンパイラさえあれば, パソコンでもスパコンでも使える. LAPACK の分散並列版が ScaLAPACK[18] だが, LAPACK のアルゴリズムすべてを含んでいるわけではない.

京コンピュータで高性能を達成した国産の EigenEXA は, 分散並列環境での実対称密行列に対する標準固有値問題用と, 一般固有値問題用である.

1995 年に公開された ARPACK[19] は, Implicit Restarted Arnoldi Method にもとづくソフトウェアで, 疎行列向け固有値ソフトウェアの基本として広く使われてきた. 実数と複素数, 対称行列と非対称行列, 標準固有値問題と一般固有値問題, 主として大きな固有値の計算を得意とする.

2009 年に公開された SLEPc (Scalable Library for Eigenvalue Problem computation)[20] は, PETc の拡張として, 疎行列向けの解法アルゴリズム多数を含み, 実数と複素数, 対称と非対称, 標準固有値問題と一般固有値問題が扱える. 大きな固有値, 小さな固有値, 固有値区間の指定が可能で, C, C++, FORTRAN から利用でき, 分散並列版もある.

2006 年に公開された PRIMME (PReconditioned Iterative MultiMethod Eigensolver)[21] は, 対称行列とエルミート行列に対する標準固有値問題と一般

20   1 あ ら ま し

固有値問題用ソフトウェアで，大きな固有値，小さな固有値，固有値区間の指定
ができ，C, FORTRAN のほか，MATLAB, Octave, Python, R などからも利
用できる．

Trilions にも Ansazi として，疎行列向けの実数と複素数，対称行列と非対称行
列，標準固有値問題と一般固有値問題の解法がある．ELPA (Eigenvalue soLvers
for Petaflop-Applications) の後継の ELPA-AEO, ESSEX-II でも分散並列環境
向け固有値ソフトウェアが開発されている．

疎行列用のプログラムを自作するのであれば文献 [2] が参考になるだろう．

1.7 プ ロ グ ラ ム

以下は，1991 年に刊行された『行列計算ソフトウェア』[12] に掲載されている
実対称正定値行列用の FORTRAN プログラムで，最近のコンピュータならかな
り大きな問題でも解けるはずである．詳しい仕様は v ページの「プログラムファ
イルのダウンロード」よりダウンロードできる MatrixComp.pdf を参照．

MURA1T.FOR, MURA1.FOR

対称正定値帯行列を帯の性質を保持したままで 3 重対角化し，3 重対角行列に
対する 2 分法で固有値の存在区間を特定する．そのあと逆反復法を用いて 3 重対
角行列の固有値と固有ベクトルを求める．帯行列の固有値だけが必要な場合向き．

MURA2T.FOR, MURA2.FOR

対称正定値帯行列を帯の性質を保持したままで 3 重対角化し，3 重対角行列に
対する 2 分法で固有値の存在区間を特定する．そのあと，もとの帯行列に対する
逆反復法を用いて，帯行列の固有値と固有ベクトルを求める．帯行列の固有値と
固有ベクトルが多数組必要な場合向き．

EIGV2T.FOR, EIGV2.FOR

対称正定値帯行列に対して 2 分法を直接適用して固有値の存在区間を限定する．
そのあと逆反復法を用いて固有値と固有ベクトルを求める．帯行列の固有値と固
有ベクトルが少数組必要な場合向き．

EIGV3T.FOR, EIGV3.FOR

対称正定値帯行列に対して2分法を直接適用して固有値の存在区間を限定する. そのあと同時逆反復法を用いて固有値と固有ベクトルを求める. 密集固有値が多い帯行列で少数組の固有値と固有ベクトルが必要な場合向き.

EIGV4T.FOR, EIGV4.FOR

対称正定値帯行列を係数とする一般固有値問題用アルゴリズムで, EIGV3を一般固有値問題用に拡張したものである. 一般固有値問題特有の困難さのためにうまく働かないこともある.

EIGV1T.FOR, EIGV1.FOR

対称正定値密行列をハウスホルダー変換で3重対角化し, 3重対角行列に対する2分法で固有値の存在区間を限定する. そのあと逆反復法を用いて3重対角行列の固有値と固有ベクトルを求める. 最後に固有ベクトルに逆変換を施してもとの行列の固有ベクトルとする.

JACOBIT.FOR, JACOBI.FOR

ギブンス回転を用いて対称密行列を対角化するヤコビ法のプログラムである. 精度や安定性に優れており, 比較的小さな行列に対して有効である.

2 密行列の固有値計算

本章では密行列の固有値・固有ベクトルの値を計算する様々な方法について説明する[5, 22, 23]．最も原始的な固有値の数値計算法であるべき乗法から始めて，ヤコビ法，QR 法，直交行列によって 3 重対角行列もしくはヘッセンベルグ行列に変換する方法などを示した後で，並列アルゴリズムとして多くの近代的な固有値計算ライブラリに採用されている分割統治法，MRRR 法，スペクトラル分割統治法を示す．

2.1 単一固有値の計算法

2.1.1 最大固有値の計算法 (べき乗法)

通常の固有値問題では行列 A の絶対値最大または最小の固有値を求めれば十分な場合が多い．ここでは絶対値最大の固有値を求める**べき乗法** (power method) のアルゴリズム (アルゴリズム 2.1) について考察する．

この方法で絶対値最大の固有値が求められることの原理を考察する．まず，$n \times n$ の正方行列 A は対角化可能で，その固有値を λ_k，対応する固有ベクトルを $\boldsymbol{x}_k$ とおく．さらに，

$$|\lambda_1| > |\lambda_2| \geq \cdots \geq |\lambda_{n-1}| \geq |\lambda_n| \geq 0 \tag{2.1}$$

と仮定しよう．A が対角化可能なので，初期ベクトル $\boldsymbol{x}^{(0)}$ は固有ベクトルの線形結合によって表現できる．つまり

$$\boldsymbol{x}^{(0)} = \sum_{i=1}^{n} a_i \boldsymbol{x}_i \tag{2.2}$$

– 23 –

24   2   密行列の固有値計算

アルゴリズム **2.1**   べき乗法

1: $\boldsymbol{x}^{(0)}$: 正規化された初期ベクトル, $k := 0$
2: **for while** $\|\boldsymbol{v}^{(k)} - \boldsymbol{v}^{(k-1)}\| > \varepsilon$ **do**
3:    $\boldsymbol{v}^{(k)} := A\boldsymbol{x}^{(k)}$
4:    $\lambda^{(k)} := (\boldsymbol{v}^{(k)}, \boldsymbol{x}^{(k)})$
5:    $\boldsymbol{x}^{(k+1)} := \dfrac{\boldsymbol{v}^{(k)}}{\|\boldsymbol{v}^{(k)}\|}$
6:    $k := k + 1$
7: **end for**
8: $\boldsymbol{x} := \boldsymbol{x}^{(k)}, \lambda := \lambda^{(k)}$

である. べき乗法のアルゴリズムではこの初期ベクトルに順次行列 A を乗じていくので, まず, k 回 A を乗じた結果をみる. 固有値と固有ベクトルとの関係から $A\boldsymbol{x}_i = \lambda_i \boldsymbol{x}_i$ さらに, $A^k \boldsymbol{x}_i = \lambda_i A^{k-1} \boldsymbol{x}_i = \cdots = \lambda_i^k \boldsymbol{x}_i$ が成り立つので,

$$A^k \boldsymbol{x}^{(0)} = A^k \sum_{i=1}^{n} a_i \boldsymbol{x}_i$$
$$= \sum_{i=1}^{n} a_i \lambda_i^k \boldsymbol{x}_i. \tag{2.3}$$

$a_1 \neq 0$ ならば両辺を $a_1 \lambda_1^k$ で割ることができて,

$$\tilde{\boldsymbol{x}}^{(k)} = \frac{A^k \boldsymbol{x}^{(0)}}{a_1 \lambda_1^k} = \boldsymbol{x}_1 + \sum_{i=2}^{n} \frac{a_i}{a_1} \left(\frac{\lambda_i}{\lambda_1} \right)^k \boldsymbol{x}_i \tag{2.4}$$

を得るが, $|\lambda_i/\lambda_1| < 1$ なので, $k \to \infty$ のとき $\boldsymbol{x}_1$ 以外の項は 0 に収束する. 結果として

$$\lim_{k \to \infty} \tilde{\boldsymbol{x}}^{(k)} = \boldsymbol{x}_1 \tag{2.5}$$

ということになる. ここで重要なことは, $\boldsymbol{x}^{(0)}$ に A を乗じていくとその方向が $\boldsymbol{x}_1$ を向くということである. べき乗法では毎回正規化をしているので, 方向をしらべていることになる. したがって, $\boldsymbol{x}^{(k)}$ が収束すれば, $\boldsymbol{v} = A\boldsymbol{x}_1 = \lambda_1 \boldsymbol{x}_1$ になることを意味するので, 絶対値最大の固有値 λ_1 と対応する固有ベクトル $\boldsymbol{x}_1$ が計算できることになる. ただし, この反復は $|\lambda_2/\lambda_1|$ の項で収束回数が定まる. 一般に十分に小さな正の定数 C に対して, $|\lambda_2/\lambda_1|^k < C$ となるまでの繰り返し計算が必要である. つまり, べき乗法の収束には $O(1/\log|\lambda_2/\lambda_1|)$ 回程度の反復が

必要となる. 式 (2.4) から, $|\lambda_1|$ と $|\lambda_2|$ が近い値の場合は収束しにくいことがわかる.

2.1.2 最小固有値の計算法 (逆反復法)

絶対値最小の固有値を求めるにはどうしたらよいだろうか? 次の性質を利用して計算する (ただし A は正則とする).

$$A\boldsymbol{x} = \lambda\boldsymbol{x} \longrightarrow A^{-1}\boldsymbol{x} = \frac{1}{\lambda}\boldsymbol{x} \tag{2.6}$$

であるので, 最小固有値の逆数が逆行列の最大固有値となる. したがって, べき乗法の $\boldsymbol{v} = A\boldsymbol{x}^{(k)}$ の部分を「$A\boldsymbol{v} = \boldsymbol{x}^{(k)}$ の方程式を解く」に置き換え, 最後に $\lambda^{(k)}$ の逆数を求めればよい. 本手法を**逆反復法** (inverse iteration) もしくは逆べき乗法という. 方程式は LU 分解などの方法を使って解くが, 最小固有値が 0 に近くなると A が数値的に正則でなくなるため, 数値安定性に気をつけて解く必要がある.

さらに, 絶対値最小の固有値を求める方法を拡張して, ξ に最も近い固有値をシフトつき逆反復法で解くことができる.

$$(A - \xi I)\boldsymbol{x} = (\lambda - \xi)\boldsymbol{x} \to (A - \xi I)^{-1}\boldsymbol{x} = \frac{1}{\lambda - \xi}\boldsymbol{x} \tag{2.7}$$

2.1.3 2 番目, 3 番目の固有値の計算法

a. 減次による方法

実対称行列に限定すれば, 固有ベクトルどうしが直交する性質を使うことで計算済みの固有ベクトルの影響を取り去った実対称行列を計算することができる. 絶対値最大の固有値 λ_1 と固有ベクトル x_1 が求まった後で, 引き続き, 行列 A に替えて

$$B = A - \lambda_1 \boldsymbol{x}_1 \boldsymbol{x}_1^{\mathsf{T}} \tag{2.8}$$

に対してべき乗法を行うことで, 2 番目, 3 番目の固有値を求めることができる. A から $\boldsymbol{x}_1$ の成分を取り除く操作を**減次** (deflation) とよぶ. 行列 A のスペクトル分解成分から $(\lambda_1, \boldsymbol{x}_1)$ の成分を取り除いたものであり, 直感的な理解は容易であ

る．この行列は固有値に $(0, \lambda_2, \cdots)$ をもっている．さらに，$\boldsymbol{x}_2$ が定まった後で，

$$A - (\boldsymbol{x}_1, \boldsymbol{x}_2) \begin{bmatrix} \lambda_1 & 0 \\ 0 & \lambda_2 \end{bmatrix} (\boldsymbol{x}_1, \boldsymbol{x}_2)^\mathsf{T} \tag{2.9}$$

に対してべき乗法を行う．この方法を拡張することで少数の固有値を計算できる．

ちなみに，減次操作にはホテリング (Hotteling) の減次とヴィーラント (Wielandt) の減次がよく知られている．

ホテリングの減次

$$\tilde{A}_i = A - \lambda_i \boldsymbol{x}_i \boldsymbol{y}_i^\mathsf{T} \tag{2.10}$$

ここで，λ_i は固有値，$\boldsymbol{x}_i$ は対応する右固有ベクトルである．$\boldsymbol{y}_i$ は対応する左固有ベクトルであり，$\boldsymbol{y}_i^\mathsf{T} A = \lambda_i \boldsymbol{y}_i^\mathsf{T}$ を満足する．これがホテリングの減次である．

ヴィーラントの減次

$$\tilde{B}_i = A - \sigma_i \boldsymbol{x}_i \boldsymbol{w}_i^\mathsf{T} \tag{2.11}$$

ここで，$\boldsymbol{x}_i$ は右固有ベクトル，$\boldsymbol{w}_i$ は $\boldsymbol{w}_i^\mathsf{T} \boldsymbol{x}_i = 1$ とする任意のベクトルであり，σ_i はシフト量とよばれる．$\tilde{B}_i$ に左固有ベクトル $\boldsymbol{y}_i^\mathsf{T}$ $(j \neq i)$ を乗じると，$\boldsymbol{y}_j^\mathsf{T} \tilde{B}_i = \lambda_j \boldsymbol{y}_j^\mathsf{T} - \sigma_i (\boldsymbol{y}_i^\mathsf{T} \boldsymbol{x}_i) \boldsymbol{w}_i^\mathsf{T} = \lambda_j \boldsymbol{y}_j^\mathsf{T}$ となることから，$\tilde{B}_i$ は λ_i 以外の固有値を含むことになる．

ヴィーラントの減次では $\boldsymbol{w}_i = \boldsymbol{e}_j^\mathsf{T} A = \boldsymbol{a}^j$ と選ぶ．ただし，$\boldsymbol{w}_i^\mathsf{T} \boldsymbol{x}_i = 1$ とするような係数は陽に定めず，シフト量込みで以下の s を与えることとする．

$$\tilde{A}_{ij} = A - s\boldsymbol{x}_i \boldsymbol{a}^j = (I - s\boldsymbol{x}_i \boldsymbol{e}_j^\mathsf{T})A, \qquad s = 1/(\boldsymbol{x}_i)_j \tag{2.12}$$

となる．ここで $\tilde{A}_{ij}$ は i, j をパラメータにもつ行列，$\boldsymbol{a}^j$ は行列 A の第 j 行の行ベクトルである．この操作により，$\tilde{A}_{ij}$ の第 j 行は 0 になる．このとき，$\tilde{A}_{ij}$ に右からベクトルを乗じると第 j 成分は 0 となる．$\tilde{A}_{ij}$ の右固有ベクトルは第 j 成分が 0 であるので，$\tilde{A}_{ij}$ 第 j 列固有ベクトルの計算に影響を与えない．

第 j 行と第 j 列を取り除いてできる $(n-1) \times (n-1)$ 行列の固有値は A の固有値から λ_j を除いたものになっている．しかしながら，1 次小さな行列は対称行列ではなくなるので注意が必要である．

2.2 ヤ コ ビ 法 　　27

アルゴリズム 2.2　　部分空間反復

1: $X^{(0)}$: 正規直交化された s 本の初期ベクトル，$k := 0$
2: **for while** $\|\Lambda^{(k)} - \Lambda^{(k-1)}\| > \varepsilon$ **do**
3: 　　$V^{(k)} := AX^{(k)}$
4: 　　$\Lambda^{(k)} := V^{(k)\top} X^{(k)}$
5: 　　$[X^{(k+1)}, R] := QR(V^{(k)})$
6: 　　$k := k + 1$
7: **end for**

b.　部分空間反復

　べき乗法とホテリングの減次を組み合わせた方法は固有ベクトルを 1 本ずつ求める方法である．アルゴリズム 2.2 のように，一度に s 本のベクトルに A を乗じて反復を進める方法がより実用的である．本手法の性質は 2.3 節で説明する QR 法と関連している．

2.2　ヤ コ ビ 法

　べき乗法では基本的に 1 つの固有値しか求められない．行列 A を実対称行列に限定して，複数 (すべて) の固有値と対応する固有ベクトルを計算するアルゴリズムについて考察する．

2.2.1　ヤコビ法のアルゴリズム

　いま，A の i, j 成分を代表する 2×2 成分を取り出し，両側からギブンス回転行列を作用させる．

$$\begin{bmatrix} \cos\theta & \sin\theta \\ -\sin\theta & \cos\theta \end{bmatrix} \begin{bmatrix} a_{ii} & a_{ij} \\ a_{ji} & a_{jj} \end{bmatrix} \begin{bmatrix} \cos\theta & -\sin\theta \\ \sin\theta & \cos\theta \end{bmatrix} = \begin{bmatrix} b_{ii} & b_{ij} \\ b_{ji} & b_{jj} \end{bmatrix}$$

$$\begin{cases} b_{ii} = \cos^2\theta a_{ii} + \sin^2\theta a_{jj} + 2\cos\theta\sin\theta a_{ij} \\ b_{jj} = \sin^2\theta a_{ii} + \cos^2\theta a_{jj} - 2\cos\theta\sin\theta a_{ij} \\ b_{ij} = b_{ji} = -\cos\theta\sin\theta(a_{ii}^2 - a_{jj}^2) + (\cos^2\theta - \sin^2\theta)a_{ij} \end{cases}$$

副対角成分 $b_{ij} = b_{ji}$ を 0 とするように θ を選び，アルゴリズム 2.3 にあるように同様の操作を何度も繰り返す．この操作によって行列は対角成分に固有値をもつ対

28　2　密行列の固有値計算

アルゴリズム 2.3　ヤコビ法

1:　初期行列 $A^{(0)} := A,\ U := I,\quad k := 0$

2:　**for while** $\alpha > \varepsilon$ **do**

3:　　$\alpha := |a_{ij}| = \max\limits_{l>m} |a_{lm}|$　($A^{(k)}$ の下三角で絶対値最大要素を選択)

4:　　**if** $a_{ii} = a_{jj}$ **then**

5:　　　$\theta_k := \dfrac{\pi}{4}$

6:　　**else**

7:　　　$\theta_k := \dfrac{1}{2}\tan^{-1}\dfrac{2a_{ij}}{a_{ii} - a_{jj}}$

8:　　**end if**

9:　　ギブンス回転行列 $U(\theta_k)$ を計算 ($\ddots$ の部分は 1, その他は 0)

10:　$U(\theta_k) :=$
$$\begin{bmatrix} \ddots & & & & \\ & \cos\theta_k & & -\sin\theta_k & \\ & & \ddots & & \\ & \sin\theta_k & & \cos\theta_k & \\ & & & & \ddots \end{bmatrix} \begin{matrix} \\ \leftarrow\ i \\ \\ \leftarrow\ j \\ \\ \end{matrix}$$

11:　　$A^{(k+1)} := U(\theta_k)^T A^{(k)} U(\theta_k),\ U := UU(\theta_k)$

12:　　$k := k+1$

13:　**end for**

14:　$\Lambda := \mathrm{diag}\,(A^{(k)}),\ X := U$

角行列に収束する．このアルゴリズムを固有値計算の**ヤコビ法** (Jacobi method) とよぶ．アルゴリズム中では θ_k を陽に計算しているが，実際は $\cos\theta_k, \sin\theta_k$ を求めれば十分である．

2.2.2　ヤコビ法の収束

相似変換 $U^{\mathsf{T}}(\theta_k) A^{(k)} U(\theta_k)$ によって，$A^{(k)}$ から $A^{(k+1)}$ に加えられる変更箇所は次の部分だけである．「相似変換は行列の対称性を保つ」という性質を使えば計算量を減らすことができる．

$$a_{ii}^{(k+1)} = \frac{1}{2}(a_{ii}^{(k)} + a_{jj}^{(k)}) + \frac{1}{2}(a_{ii}^{(k)} - a_{jj}^{(k)})\cos 2\theta_k + a_{ij}^{(k)}\sin 2\theta_k \tag{2.13}$$

$$a_{jj}^{(k+1)} = \frac{1}{2}(a_{ii}^{(k)} + a_{jj}^{(k)}) - \frac{1}{2}(a_{ii}^{(k)} - a_{jj}^{(k)})\cos 2\theta_k - a_{ij}^{(k)}\sin 2\theta_k \tag{2.14}$$

$$a_{ij}^{(k+1)} = a_{ji}^{(k+1)} = 0 \tag{2.15}$$

$$a_{il}^{(k+1)} = a_{li}^{(k+1)} = a_{il}^{(k)} \cos\theta_k + a_{jl}^{(k)} \sin\theta_k \qquad (l \neq i,j) \tag{2.16}$$

$$a_{lj}^{(k+1)} = a_{jl}^{(k+1)} = a_{lj}^{(k)} \cos\theta_k - a_{li}^{(k)} \sin\theta_k \qquad (l \neq i,j) \tag{2.17}$$

k ステップ目における非対角成分の二乗和 (S_k) がどのように変化しているかをしらべる.

$$\begin{aligned}
S_{k+1} &= 2(a_{ij}^{(k+1)})^2 + 2\sum_{l \neq i,j}(a_{il}^{(k+1)})^2 + 2\sum_{l \neq i,j}(a_{lj}^{(k+1)})^2 + \Delta \\
&= 0 + 2\sum_{l \neq i,j}(a_{il}^{(k)}\cos\theta_k + a_{jl}^{(k)}\sin\theta_k)^2 \\
&\quad + 2\sum_{l \neq i,j}(a_{lj}^{(k)}\cos\theta_k - a_{li}^{(k)}\sin\theta_k)^2 + \Delta \\
&= 2\sum_{l \neq i,j}(a_{il}^{(k)})^2 + 2\sum_{l \neq i,j}(a_{lj}^{(k)})^2 + \Delta \\
&= S_k - 2(a_{ij}^{(k)})^2 \tag{2.18}
\end{aligned}$$

Δ は i,j の行や列以外の成分の二乗和を表す. 式変形の途中で対称性 $(a_{ij}^{(k)} = a_{ji}^{(k)})$ を利用した. 式 (2.18) から, 非対角成分の二乗和は $2(a_{ij}^{(k)})^2$ 分だけ減少していることがわかる. 二乗和 S_k は正であり, $0 \leq S_{k+1} < S_k < \cdots < S_1 < S_0$, つまり単調減少することから非対角成分は 0 に収束することが期待できる.

2.2.3 固有ベクトルの計算

途中の計算過程で必ず誤差が入るが, このアルゴリズムが終了したとき, 行列 $A^{(k)}$ の非対角成分の絶対値はすべて ε 以下となり数値的に 0 と考えられる. つまり行列 $A^{(k)}$ は対角行列に収束している. ヤコビ法のアルゴリズムが終了した時点の行列 $A^{(k)}$ の対角成分が行列 A の固有値となる.

アルゴリズム終了時の $A^{(k)}$ を Λ と書く. 反復でなされる複数の相似変換を書き表すと次のようになる.

$$U(\theta_k)^{\mathsf{T}}U(\theta_{k-1})^{\mathsf{T}}\dots U(\theta_1)^{\mathsf{T}}U(\theta_0)^{\mathsf{T}}AU(\theta_0)U(\theta_1)\dots U(\theta_{k-1})U(\theta_k) = \Lambda \tag{2.19}$$

$U = U(\theta_0)U(\theta_1)\dots U(\theta_{k-1})U(\theta_k)$ とおくと, 直交行列の性質から式 (2.19) は次のように書き直せる.

$$AU = U\Lambda \tag{2.20}$$

いま，行列 U を $U = (\boldsymbol{u}_1, \boldsymbol{u}_2, \ldots, \boldsymbol{u}_{n-1}, \boldsymbol{u}_n)$ と書けば，式 (2.20) はさらに次のように書くことができる．

$$(A\boldsymbol{u}_1, A\boldsymbol{u}_2, \ldots, A\boldsymbol{u}_{n-1}, A\boldsymbol{u}_n) = (\lambda_1\boldsymbol{u}_1, \lambda_2\boldsymbol{u}_2, \ldots, \lambda_{n-1}\boldsymbol{u}_{n-1}, \lambda_n\boldsymbol{u}_n) \tag{2.21}$$

ただし λ_i は対角行列 Λ の第 i 成分である．これは $\boldsymbol{u}_i$ が λ_i に対応する固有ベクトルであることを意味していて，行列 $U = U(\theta_0)U(\theta_1)\ldots U(\theta_{k-1})U(\theta_k)$ のベクトルが行列 A の固有ベクトルということになる．

したがって，固有ベクトルを計算する必要があるときは，次の処理を反復中に追加する．ただし，U の初期値は単位行列 I とする．

$$U \leftarrow UU(\theta_k)$$

2.3 QR 法

本節では，密行列の QR 分解で得られた直交行列 Q による直交変換を繰り返すことで，対角行列もしくは三角行列に収束させ，すべての固有値を計算する方法を示す．必要に応じて，全固有ベクトルの計算を追加することもできる．

2.3.1 QR 分解

正規直交基底 $\{\boldsymbol{q}_1, \boldsymbol{q}_2, \cdots, \boldsymbol{q}_n\}$ を並べてできる $n \times n$ 行列 Q を考える．

$$Q = [\boldsymbol{q}_1, \boldsymbol{q}_2, \cdots, \boldsymbol{q}_n] \tag{2.22}$$

このとき，行列 Q はユニタリ行列であり，

$$QQ^{\mathsf{H}} = Q^{\mathsf{H}}Q = I \tag{2.23}$$

を満足する．$\boldsymbol{q}_i$ が実数の場合，Q は直交行列であり，$QQ^{\mathsf{T}} = Q^{\mathsf{T}}Q = I$ となる．一般に，A が正則行列のとき

$$A = QR \tag{2.24}$$

とする分解を一意に定めることができる．ただし R は対角成分が正値をとる上三角行列である．この行列分解を **QR 分解** (QR decomposition) とよぶ．

2.3.2 QR 法のアルゴリズム

行列 A の QR 分解で得られたユニタリ行列 Q による A の相似変換を考える.

$$Q^{-1}AQ = Q^{\mathsf{H}}(QR)Q = RQ \tag{2.25}$$

RQ の固有値は A の固有値と同じである. 相似変換を繰り返すと

$$A^{(k+1)} = R^{(k)}Q^{(k)} = Q^{(k)H}A^{(k)}Q^{(k)}, (A^{(k)} = Q^{(k)}R^{(k)}) \tag{2.26}$$

となり, $A^{(k+1)}$ は上三角行列に収束する. 相似変換により上三角行列に収束することから, 固有値は対角成分に並ぶことになる. この方法を QR 法とよぶ.

2.3.3 QR 法の収束

QR 法の計算ステップから, A^k の QR 分解に対して次の関係が成り立つ.

$$A^k = \check{Q}_k \check{R}_k \tag{2.27}$$

ここで,

$$\check{Q}_k = Q^{(1)}Q^{(2)}\cdots Q^{(k-1)}Q^{(k)} \tag{2.28}$$

$$\check{R}_k = R^{(k)}R^{(k-1)}\cdots R^{(2)}R^{(1)} \tag{2.29}$$

であり, $A^{(k+1)} = R^{(k)}Q^{(k)} = Q^{(k)\mathsf{H}}A^{(k)}Q^{(k)}$ から,

$$A^{(k+1)} = \check{Q}_k^{\mathsf{H}}A\check{Q}_k, \qquad \check{Q}_k A^{(k+1)} = A\check{Q}_k$$

も得られる. $k \geq 2$ に対して,

$$\check{Q}_k\check{R}_k = Q^{(1)}Q^{(2)}\cdots Q^{(k-1)}(Q^{(k)}R^{(k)})R^{(k-1)}\cdots R^{(2)}R^{(1)} \tag{2.30}$$

$$= Q^{(1)}Q^{(2)}\cdots Q^{(k-1)}A^{(k)}R^{(k-1)}\cdots R^{(2)}R^{(1)} \tag{2.31}$$

$$= \check{Q}_{k-1}A^{(k)}\check{R}_{k-1} \tag{2.32}$$

$$= A\check{Q}_{k-1}\check{R}_{k-1} = \cdots = A^k \tag{2.33}$$

となる. 同時に, $\check{Q}_1\check{R}_1 = Q^{(1)}R^{(1)} = A$ を得る.

32   2 密行列の固有値計算

行列 A が相似変換により以下のように変換できるとする.

$$X^{-1}AX = \Lambda = \text{diag}\,(\lambda_1, \cdots, \lambda_n) \tag{2.34}$$

$$|\lambda_1| > |\lambda_2| > \cdots > |\lambda_n| > 0 \tag{2.35}$$

いま, $X^{-1} = LU$, $X = QR$ とそれぞれ分解する. 先に示した A^k に対して

$$A^k = X\Lambda^k X^{-1} \tag{2.36}$$

$$= QR\Lambda^k LU \tag{2.37}$$

$$= QR(\Lambda^k L\Lambda^{-k})\Lambda^k U \tag{2.38}$$

$(L)_{i,j} = l_{ij}$ と書けば, $\hat{L}_k = \Lambda^k L\Lambda^{-k}$ は下三角行列であり, $(\hat{L}_k)_{ij} = l_{ij}(\lambda_j/\lambda_i)^k$ となる. $i < j$ のときは, $|\lambda_i| > |\lambda_j|$ であるので, $\hat{L}_k \to I$ となる. 0 に収束する行列の列 $\mathcal{E}_k$ を導入し $\hat{L}_k = I + \mathcal{E}_k$ とおくと,

$$A^k = QR(I + \mathcal{E}_k)\Lambda^k U \tag{2.39}$$

$$= Q(I + R\mathcal{E}_k R^{-1})R\Lambda^k U \tag{2.40}$$

となる. さらに, $I + R\mathcal{E}_k R^{-1}$ の QR 分解を $\breve{Q}\breve{R}$ とすると次のようになる.

$$A^k = (Q\breve{Q})(\breve{R}R\Lambda^k U) \tag{2.41}$$

$\breve{R}R\Lambda^k U$ は上三角行列と対角行列の積であるので明らかに上三角行列であるが, その対角成分は正値とは限らない. 一意的な QR 分解を得るために, 次のような D_k を導入する.

$$D_k = \text{diag}\,(\text{e}^{-\text{i}\theta_1}, \text{e}^{-\text{i}\theta_2}, \cdots, \text{e}^{-\text{i}\theta_{n-1}}, \text{e}^{-\text{i}\theta_n}) \tag{2.42}$$

$$\theta_j = \arg d_j, \qquad d_j = (\breve{R}R\Lambda^k U)_{jj} \tag{2.43}$$

D_k, D_k^{-1} はユニタリ行列であり,

$$A^k = (Q\breve{Q}D_k^{-1})(D_k\breve{R}R\Lambda^k U) \tag{2.44}$$

となる. ここまでの議論により A^k に対する複数の QR 分解の表現を得たが, 式 (2.44) の一意性から

$$\breve{Q}_k = Q\breve{Q}D_k^{-1} \tag{2.45}$$

$$\breve{R}_k = D_k\breve{R}R\Lambda^k U \tag{2.46}$$

となる. Q に着目すると, $\check{Q}_k D_k = Q\check{Q} \to Q$, ゆえに, $\check{Q} \to I$.

最後に, QR 法の過程で得られる $A^{(k+1)}$ の形を明らかにする. $A = X\varLambda X^{-1} = QR\varLambda R^{-1}Q^{\mathsf{H}}$ より,

$$A^{(k+1)} = Q^{(k)\mathsf{H}} A^{(k)} Q^{(k)} = \cdots = \check{Q}_{(k)}^{\mathsf{H}} A \check{Q}_k \tag{2.47}$$

$$= (D_k{}^{-1}\check{Q}_{(k)}^{\mathsf{H}}Q^{\mathsf{H}})(QR\varLambda R^{-1}Q^{\mathsf{H}})(Q\check{Q}D_k{}^{-1}) \tag{2.48}$$

$$= D_k{}^{-1}\check{Q}_{(k)}^{\mathsf{H}} R\varLambda R^{-1}\check{Q}D_k{}^{-1} \tag{2.49}$$

となり, $\check{Q} \to I$ より $A^{(k+1)} \to$ 上三角行列 となる.

2.3.4 原点シフトによる加速

$(\hat{L}_k)_{ij} = l_{ij}(\lambda_j/\lambda_i)^k$ の中の $(\lambda_j/\lambda_i)^k$ が収束性に影響を与えていることは容易に理解できる. λ_j が 0 に近い場合, つまり固有値がゼロ (原点) に近ければ QR 法の収束は速い. 行列 A を $A - \sigma I$ とすることで, 固有値分布を $\{\lambda_k - \sigma\}$ にでき, $((\lambda_j - \sigma)/(\lambda_i - \sigma))^k$ が収束性に影響するようになる. これを**原点シフト**とよぶ. 特に, σ を λ_j に近くとることで, 収束が加速する原点シフトの手法を示す.

QR 法の各ステップでシフト量 σ_k を与えて, 以下のようなシフトつき QR 法を構成できる.

$$A^{(k)} - \sigma_k I = Q^{(k)} R^{(k)} \tag{2.50}$$

$$A^{(k+1)} = R^{(k)} Q^{(k)} + \sigma_k I \tag{2.51}$$

シフトなしの QR 法での収束性の議論と同様に $\check{Q}_k$ と $\check{R}_k$ を構成すると,

$$\prod_{j=1}^{k}(A - \sigma_j I) = \check{Q}_k \check{R}_k \tag{2.52}$$

となる. さらに式 (2.36) に現れる $\varLambda^k$ のかわりに

$$\varLambda^{(k)} = \mathrm{diag}\left(\prod_{j=1}^{k}(\lambda_1 - \sigma_j), \prod_{j=1}^{k}(\lambda_2 - \sigma_j), \cdots, \prod_{j=1}^{k}(\lambda_n - \sigma_j)\right) \tag{2.53}$$

と置き換えて

$$\prod_{j=1}^{k}(A - \sigma_j I) = X\varLambda^{(k)}X^{-1} \tag{2.54}$$

34   2 密行列の固有値計算

について同様の議論を進めることで収束性を示すことができる. その中で, 収束の鍵となるのは

$$l_{ij} \cdot \prod_{l=1}^{k} \frac{\lambda_j - \sigma_l}{\lambda_i - \sigma_l} \qquad (i > j) \tag{2.55}$$

である. 通常, シフト量 σ は $A^{(k)}$ の対角成分から絶対値最小の固有値 λ_n に近いものとして $(A^{(k)})_{nn}$ を選択することが多い.

$A^{(k)}$ が上三角行列に収束する過程で, ある対角要素から見て左側にある行要素がゼロとみなせる場合, 対角要素はすでに収束したとみなすことができる. 減次操作を行い $(n-1) \times (n-1)$ 行列にして QR 分解を進めるテクニックも併用することができる.

2.3.5 陰的ダブルシフト QR 法

2回分のシフト量 σ, τ に対して

$$(A^{(k)} - \sigma)(A^{(k)} - \tau) = \check{Q}_k^{(2)} \check{R}_k^{(2)} \tag{2.56}$$

$$\check{Q}_k^{(2)} = Q^{(k)} Q^{(k+1)}, \quad \check{R}_k^{(2)} = R^{(k+1)} R^{(k)} \tag{2.57}$$

なる2回の反復を経て QR 分解を得ることができるが, $(A^{(k)} - \sigma)(A^{(k)} - \tau)$ を直接 QR 分解してもよい. $A^{(k)}$ が実非対称行列の場合, 実固有値もしくは複素対をなす固有値を有している. 特に, 後者のときに2つのシフト量を複素固有対 $\kappa, \bar{\kappa}$ に選び, $A^{(k+1)}$ を構成する方法を考える.

$$Q^{(k)} R^{(k)} = (A^{(k)} - \kappa I)(A^{(k)} - \bar{\kappa} I) \tag{2.58}$$

$$= (A^{(k)})^2 - 2 \operatorname{Re}(\kappa) A^{(k)} + |\kappa|^2 I \tag{2.59}$$

$$A^{(k+1)} = Q^{(k)\mathsf{H}} A^{(k)} Q^{(k)} \tag{2.60}$$

$A^{(k)}$ が実行列のとき, $Q^{(k)}$ のつくり方から $Q^{(k)}$ は実行列であるので $A^{(k+1)}$ も実行列となる.

いま, 2つの複素固有値の絶対値 $|\lambda_j| = |\lambda_{j+1}|$ が一致するとき (たとえば, 固有値が共役複素数の対になるとき), R は上三角行列ではなく $R_{j+1,j}$ に非ゼロ要

素の出っ張り (以下 Bulge) をもった行列に収束する場合がある (一般的には固有値の絶対値の多重度に応じたブロック上三角行列ができる).

実行列の場合, 固有値が複素数のときは必ず複素共役対となり, 2×2 の Bulge ができる. $A^{(k)}$ の右下に Bulge ができないときは $(A^{(k)})_{nn}$ をシフト量として選び, Bulge ができるときは

$$C^{(k)} = \begin{bmatrix} (A^{(k)})_{n-1,n-1} & (A^{(k)})_{n-1,n} \\ (A^{(k)})_{n,n-1} & (A^{(k)})_{n,n} \end{bmatrix} \tag{2.61}$$

の固有値の中から選び κ とおく. このとき,

$$2 \operatorname{Re}(\kappa) = \operatorname{tr}(C^{(k)}) = (A^{(k)})_{n-1,n-1} + (A^{(k)})_{n,n} \tag{2.62}$$

$$|\kappa|^2 = \det(C^{(k)}) = (A^{(k)})_{n-1,n-1}(A^{(k)})_{n,n} - (A^{(k)})_{n-1,n}(A^{(k)})_{n,n-1} \tag{2.63}$$

として陽にシフト量を求めない形で QR 法の反復を進めることができる. このような, 実数のみで計算を進める工夫とシフト量を陽的に求めない本手法を陰的ダブルシフト (もしくはダブルステップ)QR 法とよぶ.

陰的ダブルシフト QR 法は $(A^{(k)})^2$ を計算しなくてはならないため, QR 分解や A^2 を少ないコストで計算できるヘッセンベルグ標準形に変換する方法が有効である.

2.3.6 固有ベクトルの計算

ここまでの議論で, QR 法では適切なユニタリ行列による相似変換で

$$\check{Q}^{\mathsf{H}} A \check{Q} = \check{R} \tag{2.64}$$

となる $\check{Q}, \check{R}$ を近似的に求めることができる. いま, 簡単のために重複固有値は存在しないと仮定し, $\check{R}$ の第 ii 成分 $r_{ii} = \mu$ に対応する固有ベクトルを求める.

$$(\check{R} - \mu I)\boldsymbol{x} = \begin{bmatrix} R_1 - \mu I & \boldsymbol{g} & F \\ & 0 & \boldsymbol{h}^{\mathsf{H}} \\ & & R_2 - \mu I \end{bmatrix} \begin{bmatrix} \boldsymbol{x}_1 \\ \hat{x} \\ \boldsymbol{x}_2 \end{bmatrix} = 0 \tag{2.65}$$

36   2　密行列の固有値計算

これらを分けて書き表すと

$$(R_1 - \mu I)\boldsymbol{x}_1 = -\hat{x}\boldsymbol{g} - F\boldsymbol{x}_2 \tag{2.66}$$

$$\boldsymbol{h}^{\mathsf{H}}\boldsymbol{x}_2 = 0 \tag{2.67}$$

$$(R_2 - \mu I)\boldsymbol{x}_2 = 0 \tag{2.68}$$

$R_2 - \mu I$ は正則であるので，式 (2.68) から $\boldsymbol{x}_2 = 0$ となる．いま $\hat{x} \neq 0$ となる x を適当に選んで $\boldsymbol{x}_1 = -\hat{x}(R_1 - \mu I)^{-1}\boldsymbol{g}$ と定める．

$$A\check{Q}\boldsymbol{x} = \check{Q}\check{R}\boldsymbol{x} = \mu\check{Q}\boldsymbol{x} \tag{2.69}$$

より，$\check{Q}\boldsymbol{x}$ は A の μ に対応する固有ベクトルになることから，必要な固有ベクトル $\boldsymbol{y}$ は，

$$\boldsymbol{y} = \check{Q}\boldsymbol{x} = [\check{\boldsymbol{q}}_1, \check{\boldsymbol{q}}_2, \cdots, \check{\boldsymbol{q}}_{i-1}]\boldsymbol{x}_1 + \boldsymbol{q}_i\hat{x} \tag{2.70}$$

として得られる（$\hat{x} \neq 0$ であるので，初めから 1 とおくこともある）．本手法は LAPACK の DTREVC の一部に実装されている．

2.4　ハウスホルダー 3 重対角化を用いる方法

　本節では，エルミート行列または実対称行列に限定し，まず相似変換によって 3 重対角行列に変換して，3 重対角行列の固有値を計算するというプロセスの解法を説明する．主要な数値計算ライブラリでは密行列の固有値計算にこの方法がとられている．

2.4.1　ハウスホルダー変換

$$H(\boldsymbol{u}) = I - 2\frac{\boldsymbol{u}\boldsymbol{u}^{\mathsf{H}}}{\|\boldsymbol{u}\|^2} \tag{2.71}$$

で定まるユニタリ行列はハウスホルダー変換 (Householder transformation) とよばれ，入力ベクトル $\boldsymbol{v}$ をベクトル $\boldsymbol{u}$ に直交する鏡面に対して鏡映の位置に写す性質をもつことから鏡映変換ともよばれている．実際，この変換を 2 回実施する

ともとに戻ることが容易に確認できる $(H(\boldsymbol{u})\,H(\boldsymbol{u}) = I)$. この変換に現れるベクトル $\boldsymbol{u}$ はリフレクター (reflector) またはリフレクターベクトルとよばれる.

任意のベクトル $\boldsymbol{x} = (x_1, x_2, \cdots, x_k, \cdots, x_m)^{\mathsf{T}}$ に対して, $\hat{\boldsymbol{x}} = (0, \cdots, x_k, x_{k+1}, \cdots, x_m)^{\mathsf{T}}$, $\boldsymbol{u} = \hat{\boldsymbol{x}} + \|\hat{\boldsymbol{x}}\|\mathrm{e}^{\mathrm{i}\,\arg(x_k)}\boldsymbol{e}_k$ となるように定めると,

$$\frac{\boldsymbol{u}^{\mathsf{H}}\boldsymbol{x}}{\|\boldsymbol{u}\|^2} = \frac{\|\hat{\boldsymbol{x}}\|(\|\hat{\boldsymbol{x}}\| + |x_k|)}{2\|\hat{\boldsymbol{x}}\|(\|\hat{\boldsymbol{x}}\| + |x_k|)} = \frac{1}{2} \tag{2.72}$$

であることから

$$H(\boldsymbol{u})\boldsymbol{x} = (I - 2\boldsymbol{u}\boldsymbol{u}^{\mathsf{H}}/\|\boldsymbol{u}\|^2)\boldsymbol{x} \tag{2.73}$$

$$= \boldsymbol{x} - 2\boldsymbol{u}(\boldsymbol{u}^{\mathsf{H}}\boldsymbol{x})/\|\boldsymbol{u}\|^2 \tag{2.74}$$

$$= \boldsymbol{x} - \boldsymbol{u} = (x_1, \cdots, -\|\hat{\boldsymbol{x}}\|\mathrm{e}^{\mathrm{i}\,\arg(x_k)}, 0, \cdots, 0)^{\mathsf{T}} \tag{2.75}$$

といったハウスホルダー変換を決めることができる. なお, 実行列の場合 $\mathrm{e}^{\mathrm{i}\,\arg(x_k)}$ は x_k と同符号を選ぶ係数と考えればよい.

2.4.2 ハウスホルダー QR 分解

いま, 行列 $A = A^{(1)} = [\boldsymbol{a}^{(1)}\ A_*^{(1)}]$ のように第 1 列ベクトルとそれ以外に分けて表記する. まず, $\boldsymbol{u}^{(1)} = \boldsymbol{a}^{(1)} + \|\boldsymbol{a}^{(1)}\|\mathrm{e}^{\mathrm{i}\,\arg((\boldsymbol{a}^{(1)})_1)}\boldsymbol{e}_1$ と選び, ハウスホルダー変換 $H(\boldsymbol{u}^{(1)})$ を構成し $\boldsymbol{a}^{(1)}$ に作用させる.

$$H(\boldsymbol{u}^{(1)})\boldsymbol{a}^{(1)} = (-\|\boldsymbol{a}^{(1)}\|\mathrm{e}^{\mathrm{i}\,\arg((\boldsymbol{a}^{(1)})_1)}, 0, \cdots, 0)^{\mathsf{T}} \tag{2.76}$$

次に $H(\boldsymbol{u}^{(1)})\boldsymbol{a}^{(1)}$ の第 1 成分を正数にするユニタリ変換 $U^{(1)}$ を考える.

$$U^{(1)} = \mathrm{diag}\,(-\mathrm{e}^{-\mathrm{i}\,\arg((\boldsymbol{a}^{(1)})_1)}, 1, \cdots, 1) \tag{2.77}$$

$$U^{(1)}(H(\boldsymbol{u}^{(1)})\boldsymbol{a}^{(1)}) = (\|\boldsymbol{a}^{(1)}\|, 0, \cdots, 0)^{\mathsf{T}} \tag{2.78}$$

同様に $A_*^{(1)}$ にも $U^{(1)}H(\boldsymbol{u}^{(1)})$ を作用させ, 1 行 1 列を除いた部分行列 $\hat{A}^{(2)} = ((U^{(1)}H(\boldsymbol{u}^{(1)})A_*^{(1)})_{2:*,:}$ からつくられる行列 $A^{(2)} = [\boldsymbol{0}; \hat{A}^{(2)}]$ に対して同様に $(2,2)$ 対角要素より下の値を 0 にするハウスホルダー変換を構成する. 具体的には $A^{(2)} = [\boldsymbol{a}^{(2)}, A_*^{(2)}]$ と書いて

$$\boldsymbol{u}^{(2)} = \boldsymbol{a}^{(2)} + \|\boldsymbol{a}^{(2)}\|\mathrm{e}^{\mathrm{i}\,\arg((\boldsymbol{a}^{(2)})_2)}\boldsymbol{e}_2 \tag{2.79}$$

$$= (0, *, *, \cdots)^{\mathsf{T}} \tag{2.80}$$

38 2 密行列の固有値計算

を選んでハウスホルダー変換行列 $H(\boldsymbol{u}^{(2)})$ と $U^{(2)}$ を作成し，$U^{(1)}H(\boldsymbol{u}^{(1)})A$ に左より作用させる．A が $m \times n$ 行列の場合，$\tau = \min(m,n)$ 回の操作ができる．

$$
\begin{bmatrix}
x & x & x & x & x \\
  & x & x & x & x \\
  & x & x & x & x \\
  & x & x & x & x \\
  & x & x & x & x
\end{bmatrix}
\rightarrow
\begin{bmatrix}
* & * & * & * & * \\
  & x & x & x & x \\
  &   & x & x & x \\
  &   & x & x & x \\
  &   & x & x & x
\end{bmatrix}
\rightarrow
\begin{bmatrix}
* & * & * & * & * \\
  & * & * & * & * \\
  &   & x & x & x \\
  &   &   & x & x \\
  &   &   & x & x
\end{bmatrix}
$$

これら一連の操作を実施すると，最終的に上三角行列を得る．

$$U^{(\tau)}H(\boldsymbol{u}^{(\tau)})\cdots U^{(2)}H(\boldsymbol{u}^{(2)})U^{(1)}H(\boldsymbol{u}^{(1)})A = R \tag{2.81}$$

ここで $Q = H(\boldsymbol{u}^{(1)})(U^{(1)})^{-1}\cdots H(\boldsymbol{u}^{(\tau)})(U^{(\tau)})^{-1}$ とおくと，一連のハウスホルダー変換にもとづく QR 分解

$$A = QR \tag{2.82}$$

を行うことができる．$\boldsymbol{u}^{(j)}$ はそのつくり方から，$\boldsymbol{u}^{(j)} = (0\ \text{が}\ j-1\ \text{個}, *, \cdots)^{\mathsf{T}}$ の形をしている．$U^{(i)}$ は i 番目の要素以外は 1 の対角行列であるので，$i < j$ であれば $U^{(i)}\boldsymbol{u}^{(j)} = \boldsymbol{u}^{(j)}$ が成立する．さらに $H(\boldsymbol{u}^{(j)})U^{(i)} = U^{(i)}H(\boldsymbol{u}^{(j)})$ といった交換も可能である．したがって，

$$Q = (H(\boldsymbol{u}^{(1)})H(\boldsymbol{u}^{(2)})\cdots H(\boldsymbol{u}^{(\tau)}))(U^{(1)}\cdots U^{(\tau)})^{-1} = HU \tag{2.83}$$

とできる．つまり，ハウスホルダー変換 $H^{(i)}$ を先に繰り返し，最後に分解の一意性を保証するためのユニタリ変換 U を行うことで QR 分解できることになる．実行列の場合や一意性を必要としない場合には，最後に実施するユニタリ変換 U による処理は不要である．

2.4.3 エルミート行列の **3 重対角化**

いま，エルミート行列 A を次のように 4 部分行列に分けてみる．

$$
A = A^{(1)} = \left[
\begin{array}{c|c}
a & \boldsymbol{b}^{\mathsf{H}} \\
\hline
\boldsymbol{b} & C^{(2)}
\end{array}
\right] \tag{2.84}
$$

$A^{(1)}$ に左右からハウスホルダー変換を作用させて $\boldsymbol{b}$ の位置にあるベクトルを $(*, 0, \cdots)^{\mathsf{T}}$ の形になるように変換する．上記の議論から，

$$\boldsymbol{u}^{(1)} = (0, b_1 + \beta, b_2, \cdots)^{\mathsf{T}}, \qquad \beta = \|\boldsymbol{b}\| \mathrm{e}^{\mathrm{i}\arg(b_1)}$$

と定めたハウスホルダー変換 $H(\boldsymbol{u}^{(1)})$ を作用させると以下のような形になる．

$$H(\boldsymbol{u}^{(1)}) A H(\boldsymbol{u}^{(1)}) = \begin{bmatrix} a & -\bar{\beta} & \cdots & 0 \\ \hline -\beta & & & \\ \vdots & & A^{(2)} & \\ 0 & & & \end{bmatrix} \tag{2.85}$$

同様に $A^{(2)}$ にハウスホルダー変換を作用させる．この一連の操作を右下部分行列が 2×2 になるまで続けると，最終的にエルミート 3 重対角行列 T を得る．

$$\begin{bmatrix} * & x & & & \\ x & x & x & x & x \\ & x & x & x & x \\ & x & x & x & x \\ & x & x & x & x \end{bmatrix} \rightarrow \begin{bmatrix} * & * & & & \\ * & * & x & & \\ & x & x & x & x \\ & & x & x & x \\ & & x & x & x \end{bmatrix} \rightarrow \begin{bmatrix} * & * & & & \\ * & * & * & & \\ & * & * & x & \\ & & x & x & x \\ & & & x & x \end{bmatrix}$$

一連の操作は次のようにまとめて書くことができる．

$$H = H(\boldsymbol{u}^{(n-1)}) H(\boldsymbol{u}^{(n-2)}) \cdots H(\boldsymbol{u}^{(1)}) \tag{2.86}$$

$$T = HAH^{\mathsf{H}} \tag{2.87}$$

$$= \begin{bmatrix} \alpha_1 & \bar{\beta}_1 & & \\ \beta_1 & \alpha_2 & \bar{\beta}_2 & \\ & \ddots & \ddots & \ddots \\ & & \beta_{n-1} & \alpha_n \end{bmatrix} \tag{2.88}$$

$H(\boldsymbol{u})$ は単位行列とベクトルからなるランク 1 更新 (rank-1 update)[*1]なので，実際に行列として構成することなく作用させることができる．A に $H(\boldsymbol{u})$ を両側

[*1] 行列に $\alpha \boldsymbol{u} \boldsymbol{v}^{\mathsf{T}}$ のようなランクが 1 の行列を加える演算のこと．

40 2 密行列の固有値計算

から作用させる過程を具体的に書き出すと以下のようになる.

$$H(\boldsymbol{u})AH(\boldsymbol{u}) = \left(I - 2\frac{\boldsymbol{u}\boldsymbol{u}^{\mathsf{H}}}{\|\boldsymbol{u}\|^2}\right) A \left(I - 2\frac{\boldsymbol{u}\boldsymbol{u}^{\mathsf{H}}}{\|\boldsymbol{u}\|^2}\right) \tag{2.89}$$

$$= A - \frac{2}{\|\boldsymbol{u}\|^2}\boldsymbol{u}(A\boldsymbol{u})^{\mathsf{H}} - \frac{2}{\|\boldsymbol{u}\|^2}(A\boldsymbol{u})\boldsymbol{u}^{\mathsf{H}} + \frac{4\boldsymbol{u}^{\mathsf{H}}A\boldsymbol{u}}{\|\boldsymbol{u}\|^4}\boldsymbol{u}\boldsymbol{u}^{\mathsf{H}} \tag{2.90}$$

$$= A - \boldsymbol{u}\boldsymbol{v}^{\mathsf{H}} - \boldsymbol{v}\boldsymbol{u}^{\mathsf{H}} \tag{2.91}$$

$$\boldsymbol{v} = \frac{2}{\|\boldsymbol{u}\|^2}\left(A\boldsymbol{u} - \frac{\boldsymbol{u}^{\mathsf{H}}A\boldsymbol{u}}{\|\boldsymbol{u}\|^2}\boldsymbol{u}\right) \tag{2.92}$$

次に,得られたエルミート3重対角行列を実3重対角行列に変換するために,ユニタリ対角行列 $\varPhi$ を以下のように決める.

$$\varPhi = \mathrm{diag}\left(\mathrm{e}^{-\mathrm{i}\theta_1}, \mathrm{e}^{-\mathrm{i}\theta_2}, \cdots, \mathrm{e}^{-\mathrm{i}\theta_n}\right) \tag{2.93}$$

$$\theta_j = \begin{cases} 0 & (j = 1) \\ \displaystyle\sum_{k=1}^{j-1} \arg(\beta_k) & (j > 1) \end{cases} \tag{2.94}$$

$\alpha'_k = \alpha_k \mathrm{e}^{-\mathrm{i}\theta_k}\mathrm{e}^{\mathrm{i}\theta_k} = \alpha_k, \beta'_k = \beta_k\mathrm{e}^{-\mathrm{i}\theta_{k+1}}\mathrm{e}^{\mathrm{i}\theta_k} = \beta_k\mathrm{e}^{-\mathrm{i}(\theta_{k+1}-\theta_k)} = \beta_k\mathrm{e}^{-\mathrm{i}\arg(\beta_k)} = |\beta_k|$ となることから,$\varPhi$ による相似変換をエルミート3重対角行列 T に行うことで実対称3重対角行列 $\check{T} = \varPhi T\bar{\varPhi}$ を取得できる.

複素共役対称でない非エルミート行列のときは,左下部分を0にすることはできるが,右上部分を0にすることはできない.このような行列の形をヘッセンベルグ標準形とよび,変換された行列をヘッセンベルグ行列 (Hessenberg matrix) とよぶ.本変換は LAPACK の GEHRD 系統に採用されている.

ハウスホルダー3重対角化をアルゴリズム 2.4 に示す.

$$HAH^{\mathsf{H}} = \begin{bmatrix} * & * & * & \cdots & * & * \\ * & * & * & \cdots & * & * \\ & * & * & \cdots & * & * \\ & & & \cdots & & \\ & & & & * & * \end{bmatrix} \tag{2.95}$$

$$2.4 \quad \text{ハウスホルダー 3 重対角化を用いる方法} \qquad 41$$

アルゴリズム **2.4** ハウスホルダー 3 重対角化

1: **for** $j = 1, \cdots, n - 1$ **do**
2: $\quad [\boldsymbol{u}_j, \beta_j] := \text{householder\_reflector}(A_{i+1:n,i})$
3: $\quad \boldsymbol{w}_j := A_{j+1:n,\,j+1:n}\,\boldsymbol{u}_j$
4: $\quad \boldsymbol{v}_j := \frac{2}{\|\boldsymbol{u}_j\|^2}\left(\boldsymbol{w}_j - \frac{\boldsymbol{u}_j{}^{\mathsf{H}}\boldsymbol{w}_j}{\|\boldsymbol{u}_j\|^2}\boldsymbol{u}_j\right)$
5: $\quad A_{j+1:n,\,j+1:n} := A_{j+1:n,\,j+1:n} - \boldsymbol{u}_j\boldsymbol{v}_j{}^{\mathsf{H}} - \boldsymbol{v}_j\boldsymbol{u}_j{}^{\mathsf{H}}$
6: $\quad A_{j,\,j+1:n} := A_{j+1:n,\,j}^{\mathsf{H}} = [\bar{\beta}_j, 0 \cdots]^{\mathsf{H}}$
7: **end for**
8: $[T, \Phi] := \text{hermtri\_to\_symmtri}(A)$
9: **end function**
10: **function** $[\boldsymbol{u}, \beta] := \text{householder\_reflector}(\boldsymbol{a})$
11: $\beta := -\|\boldsymbol{a}\|\mathrm{e}^{\mathrm{i}\arg(a_1)}$
12: $\boldsymbol{u} := \boldsymbol{a} - \beta\boldsymbol{e}_1$
13: **end function**
14: **function** $[T_{\mathrm{out}}, \Phi] := \text{hermtri\_to\_symmtri}(T)$
15: **if** A is an Hermite matrix **then**
16: $\quad \Phi := \mathrm{diag}\,(\mathrm{e}^{-\mathrm{i}\theta_1}, \mathrm{e}^{-\mathrm{i}\theta_2}, \cdots, \mathrm{e}^{-\mathrm{i}\theta_n}), \theta_j := \displaystyle\sum_{k=1}^{j-1}\arg(-T_{j+1,j})$
17: **else**
18: $\quad \Phi := I$
19: **end if**
20: $T_{\mathrm{out}} := \Phi T \bar{\Phi}$

2.4.4 ハウスホルダー逆変換

ハウスホルダー変換を繰り返し，3 重対角化もしくはヘッセンベルグ標準化を施した場合，固有値 λ は変換前の行列の固有値のままだが，固有値 λ に対応する固有ベクトル $\boldsymbol{x}$ は変換前の行列 A の固有ベクトルにはなっていない．実際，

$$HAH^{\mathsf{H}}\boldsymbol{x} = \lambda\boldsymbol{x} \tag{2.96}$$

$$A(H^{\mathsf{H}}\boldsymbol{x}) = \lambda(H^{\mathsf{H}}\boldsymbol{x}) \tag{2.97}$$

であるので，λ に対応する行列 A の固有ベクトルは $\boldsymbol{y} = H^{\mathsf{H}}\boldsymbol{x}$ となる．ハウスホルダー 3 重対角化は，

$$H = H(\boldsymbol{u}_{n-1})H(\boldsymbol{u}_{n-2})\cdots H(\boldsymbol{u}_2)H(\boldsymbol{u}_1) \tag{2.98}$$

なる変換を作用させるが，その逆変換に対応する H^{H} は上記 $H(\boldsymbol{u}_j)$ を逆順に乗じることにほかならない．

$$H^{\mathsf{H}} = H(\boldsymbol{u}_1)H(\boldsymbol{u}_2)\cdots H(\boldsymbol{u}_{n-2})H(\boldsymbol{u}_{n-1}) \tag{2.99}$$

連続する m 回のハウスホルダー変換 $H(\boldsymbol{u}_j)$ を作用させるとき，ブロック化による性能改善を行うことができる．既存の研究では，行列ベクトル積 $A\boldsymbol{u}$ で代表される部分の計算負荷が非常に大きいことが知られている．そのような問題点を解決するために，複数のハウスホルダー変換を行列積を使ったアルゴリズムで再構成する Schreiber らの compact WY アルゴリズムが提案されている[24]．

$$H' = H(\boldsymbol{u}_{j+m-1})\cdots H(\boldsymbol{u}_j) \tag{2.100}$$

$$= (I - \beta_{j+m-1}\boldsymbol{u}_{j+m-1}\boldsymbol{u}_{j+m-1}{}^{\mathsf{H}})\cdots(I - \beta_j\boldsymbol{u}_j\boldsymbol{u}_j{}^{\mathsf{H}}) \tag{2.101}$$

$$= I - YCY^{\mathsf{H}} \tag{2.102}$$

ここで，Y は $n \times m$ の行列，C は $m \times m$ の行列である．ベクトル l 本を並べてできる行列 $X = [\boldsymbol{x}_1, \boldsymbol{x}_2, \cdots, \boldsymbol{x}_l]$ の左から乗じると

$$H'X = (I - YCY^{\mathsf{H}})X = X - YCY^{\mathsf{H}}X \tag{2.103}$$

の形となる．

Y, C のつくり方にはいくつかあるが，単純な方法として次の 2 通りをあげる．

a.　逐次的構成手法

まず，Schreiber らの論文にある方法を紹介する．すでに compact WY 表現 $(I - YCY^{\mathsf{H}})$ が得られている直後に別のハウスホルダー変換 $(I - \beta\boldsymbol{u}\boldsymbol{u}^{\mathsf{H}})$ をさらに作用させることを考える．

$$
\begin{aligned}
(I - \beta\boldsymbol{u}\boldsymbol{u}^{\mathsf{H}})(I - YCY^{\mathsf{H}}) &= I - YCY^{\mathsf{H}} - \beta\boldsymbol{u}\boldsymbol{u}^{\mathsf{H}} + \beta\boldsymbol{u}\boldsymbol{u}^{\mathsf{H}}YCY^{\mathsf{H}} \\
&= I - [YC, \beta\boldsymbol{u}][Y, \boldsymbol{u} - YC^{\mathsf{H}}Y^{\mathsf{H}}\boldsymbol{u}]^{\mathsf{H}} \\
&= I - [Y, \boldsymbol{u}]\begin{bmatrix} C & \boldsymbol{0} \\ \boldsymbol{0}^{\mathsf{T}} & \beta \end{bmatrix}\begin{bmatrix} I & \boldsymbol{0} \\ -\boldsymbol{u}^{\mathsf{H}}YC & 1 \end{bmatrix}[Y, \boldsymbol{u}]^{\mathsf{H}} \\
&= I - [Y, \boldsymbol{u}]\begin{bmatrix} C & \boldsymbol{0} \\ -\beta\boldsymbol{u}^{\mathsf{H}}YC & \beta \end{bmatrix}[Y, \boldsymbol{u}]^{\mathsf{H}}
\end{aligned}
$$

$$= I - [Y, \boldsymbol{u}]C'[Y, \boldsymbol{u}]^{\mathsf{H}} \tag{2.104}$$

上記の式変形から C' は C, Y と $\beta, \boldsymbol{u}$ を使って構成することができる。ハウスホルダー変換が事前に決定されている場合には、逐次 C を更新することができ、compact WY 表現を実現できる。

複数の compact WY 表現 $I - Y_1 C_1 Y_1^{\mathsf{H}}, I - Y_1 C_2 Y_2^{\mathsf{H}}$ についても同様の合成が行える。

$$(I - Y_2 C_2 Y_2{}^{\mathsf{H}})(I - Y_1 C_1 Y_1{}^{\mathsf{H}})$$

$$= I - [Y_1, Y_2] \left[\begin{array}{cc} C_1 & O \\ -C_2 Y_2{}^{\mathsf{H}} Y_1 C_1 & C_2 \end{array} \right] [Y_1, Y_2]^{\mathsf{H}}$$

$$= I - [Y_1, Y_2]C'[Y_1, Y_2]^{\mathsf{H}} \tag{2.105}$$

b. 逆行列を陽に求める手法

Schreiber らの構成方法により、C が下三角行列になることがわかるが、$\beta \neq 0$ から C は逆行列をもつ。ここで、逐次的な構成過程でつくられる C_j の逆行列 C_j^{-1} を考える。Schreiber らの C_j の構成方法は以下の通りである。

$$C_j = \left[\begin{array}{cc} C_{j-1} & \boldsymbol{0} \\ -\beta_j \boldsymbol{u}_j{}^{\mathsf{H}} Y_{j-1} C_{j-1} & \beta_j \end{array} \right] \tag{2.106}$$

さらに、C_j は以下のように行列積に分解できることから

$$C_j = \left[\begin{array}{cc} I & \boldsymbol{0} \\ \boldsymbol{0}^{\mathsf{T}} & \beta_j \end{array} \right] \left[\begin{array}{cc} I & \boldsymbol{0} \\ -\boldsymbol{u}_j{}^{\mathsf{H}} Y_{j-1} & 1 \end{array} \right] \left[\begin{array}{cc} C_{j-1} & \boldsymbol{0} \\ \boldsymbol{0} & 1 \end{array} \right] \tag{2.107}$$

ただちに C_j^{-1} は

$$C_j^{-1} = \left[\begin{array}{cc} C_{j-1}^{-1} & \boldsymbol{0} \\ \boldsymbol{u}_j{}^{\mathsf{H}} Y_{j-1} & 1/\beta_j \end{array} \right] \tag{2.108}$$

となり、この操作を再帰的に進めると C_j^{-1} は下三角行列の形で求められる。最終的に C は下三角行列の逆行列となるので、C を行列またはベクトルに乗じることは前進代入操作に相当するため、決して難しい計算ではないことがわかる。

44   2 密行列の固有値計算

ここで，C_j^{-1} 内部の C_{j-1}^{-1} 以外の部分，つまり最下行部分に C_{j-1} は含まれていない．したがって，この構成方法を $j = m, \cdots, 1$ に対して行えば，C^{-1} の各成分は以下のように定まることになる．各成分は事前に与えられる $\beta_j, \boldsymbol{u}_j$ から独立に計算できる．

$$
\{C^{-1}\}_{ij} = \left\{
\begin{array}{ll}
1/\beta_i & (i = j) \\
\boldsymbol{u}_i{}^{\mathsf{H}} \boldsymbol{u}_j & (i > j) \\
0 & (i < j)
\end{array}
\right.
\tag{2.109}
$$

さらに変形して

$$
C^{-1} = \mathrm{diag}\,(\beta_1, \cdots, \beta_m)^{-1} + \mathrm{tril}(Y^{\mathsf{H}}Y, -1) \tag{2.110}
$$
$$
= D + L \tag{2.111}
$$

となる．ここで tril は MATLAB で定義される下三角行列を取り出す関数であり，第 2 引数の -1 により対角より 1 行下から取り出すことを指定している．この方法では C は逆行列により間接的に定まる．したがって，C を乗じることは D, L を構成して，下三角行列 $D + L$ に対する前進代入操作により実現できる．

2.4.5 ハウスホルダー順変換に対する性能改善

近年の研究では，最近の計算機はメモリアクセスによって計算時間が律速されており，メモリ上のデータ移動量を削減することが高性能化につながることが知られている．行列とベクトルを扱う線形計算では，行列行列積は演算量 $O(n^3)$ に対して，必要なデータ移動量が $O(n^2)$ とその比は $O(n)$ となる．一方，行列ベクトル積や内積の計算は演算とデータ移動量の比が $O(1)$ である．演算の形態によって，メモリから移動したデータが何回計算に利用されているかが大きく異なることがわかる．本項では，議論を簡単にするため実対称行列に限定して説明を進める．

a. Dongarra–Sorensen–Hammarling の方法

ハウスホルダー 3 重対角化における各反復の過程には行列ベクトル積またはランク 2 更新 (rank-2 update)[*2] が含まれている．

[*2] 行列に $\alpha \boldsymbol{u}\boldsymbol{v}^{\mathsf{T}}$ と $\beta \boldsymbol{v}\boldsymbol{u}^{\mathsf{T}}$ のような 2 つのランクが 1 の行列を加える演算のこと．

$$\boldsymbol{w} := A\boldsymbol{u} \tag{2.112}$$

$$A \leftarrow A - \boldsymbol{u}\boldsymbol{v}^{\mathsf{T}} - \boldsymbol{v}\boldsymbol{u}^{\mathsf{T}} \tag{2.113}$$

いずれも，演算とデータ移動量の比が $O(1)$ であり，データの再利用性が低い．これらを解決する方法として，ハウスホルダー 3 重対角化では Dongarra–Sorensen–Hammarling によるランク更新部分のブロック化が知られている[25]．

　ハウスホルダー 3 重対角化は大きく分けて，

(1) リフレクター ($\boldsymbol{u}$) と対ベクトル ($\boldsymbol{v}$) の生成
(2) 行列 A のランク 2 更新

の 2 段階に分けられる．第 1 段階で必要となる情報は，リフレクター $\boldsymbol{u}$ のもととなる行列 A の一部と，リフレクターとの積計算に必要な A の部分行列である．もう少し具体的に説明すると，

$$A = [W, \tilde{A}] \tag{2.114}$$

のように左端の部分 (以下パネルとよぶ) を W，それ以外を $\tilde{A}$ と書く．最初のリフレクター $\boldsymbol{u}_1$ はパネル W の第 1 列から決定でき，A の 2 行 2 列目以下の行列の情報から対ベクトル $\boldsymbol{v}_1$ が計算される．A はランク更新しなくてはいけないが，ここでは保留し，パネル W の更新範囲に該当する箇所のみ処理を行う．次のリフレクター $\boldsymbol{u}_2$ はパネル W の第 2 列目から決定できる．対ベクトル $\boldsymbol{v}_2$ は $\boldsymbol{u}_1$ と $\boldsymbol{v}_1$ によってランク 2 更新されたものから計算されなくてはならないが，ここで A は更新されていないため，更新後の行列を A' と書くと，

$$\begin{aligned} \boldsymbol{w} = A'\boldsymbol{u}_2 &= (A - \boldsymbol{u}_1\boldsymbol{v}_1^{\mathsf{T}} - \boldsymbol{v}_1\boldsymbol{u}_1^{\mathsf{T}})\boldsymbol{u}_2 \\ &= A\boldsymbol{u}_2 - (\boldsymbol{u}_1\boldsymbol{v}_1^{\mathsf{T}} + \boldsymbol{v}_1\boldsymbol{u}_1^{\mathsf{T}})\boldsymbol{u}_2 \end{aligned} \tag{2.115}$$

　の形で計算することが可能である．つまり，行列の A のランク更新を保留するかわりに，$A\boldsymbol{u}$ の計算に補正項をつけることで計算順序を入れ換えることができる．Dongarra–Sorensen–Hammarling の方法は，パネルの幅 b 回分のランク更新を保留し，途中で現れる A とリフレクターベクトル $\boldsymbol{u}_k$ ($1 \leq k \leq b$) との積を

$$A\boldsymbol{u}_k - (U^{(k-1)}V^{(k-1)\mathsf{T}} + V^{(k-1)}U^{(k-1)\mathsf{T}})\boldsymbol{u}_k \tag{2.116}$$

$$U^{(k-1)} = [\boldsymbol{u}_1, \cdots, \boldsymbol{u}_{k-1}], \qquad V^{(k-1)} = [\boldsymbol{v}_1, \cdots, \boldsymbol{v}_{k-1}] \tag{2.117}$$

で計算する. 最後に,

$$A \leftarrow A - UV^\mathsf{T} - VU^\mathsf{T} \tag{2.118}$$

$$U = [\boldsymbol{u}_1, \cdots, \boldsymbol{u}_b], \qquad V = [\boldsymbol{v}_1, \cdots, \boldsymbol{v}_b] \tag{2.119}$$

で行列 A を更新する. 最後の更新は $\tilde{A}$ の対応する部分のみ実施すればよい. 行列行列積の形式なので, 十分大きな b であれば高い性能が期待できる. 本手法は LAPACK の SYTRD, HETRD 系統のルーチンならびに, EigenExa, ELPA などの近代的な密固有値ソルバーに採用されている. Dongarra–Sorensen–Hammarling の方法をアルゴリズム 2.5 に示す.

アルゴリズム **2.5**　Dongarra–Sorensen–Hammarling の方法[*3]

1: $N_b := ((n-1) + (b-1))/b$
2: **for** $j_0 = 0, \cdots, N_b - 1$ **do**
3: 　　$j := 1 + j_0 b$, $m := \min(b, n-j)$
4: 　　$W_{:,j:j+m-1} := A_{:,j:j+m-1}$, $U := [\,]$, $V := [\,]$
5: 　　**for** $k = j, \cdots, j+m-1$ **do**
6: 　　　　$[\boldsymbol{u}_k, \beta_k] := \mathrm{householder\_reflector}(W_{k+1:n,k})$
7: 　　　　$\boldsymbol{w}_k := A\boldsymbol{u}_k - (UV^\mathsf{T} + VU^\mathsf{T})\boldsymbol{u}_k$
8: 　　　　$\boldsymbol{v}_k := \big(\boldsymbol{w}_k - (\boldsymbol{u}_k{}^\mathsf{T}\boldsymbol{w}_k)/\|\boldsymbol{u}_k\|^2\boldsymbol{u}_k\big) \cdot 2/\|\boldsymbol{u}_k\|^2$
9: 　　　　$W_{k+1:n,k+1:j+m-1} :- = (\boldsymbol{u}_j\boldsymbol{v}_j{}^\mathsf{T} - \boldsymbol{v}_j\boldsymbol{u}_j{}^\mathsf{T})_{k+1:n,k+1:j+m-1}$
10: 　　　　$\alpha_k := W_{k,k}$, $U := [U, \boldsymbol{u}_k]$, $V := [V, \boldsymbol{v}_k]$
11: 　　**end for**
12: 　　$A_{j+m:n,j+m:n} :- = (UV^\mathsf{T} + VU^\mathsf{T})_{j+m:n,j+m:n}$
13: **end for**
14: $T := \begin{bmatrix} \alpha_1 & \beta_1 & & & \\ \beta_1 & \alpha_2 & \ddots & & \\ & \ddots & \ddots & \ddots & \\ & & \ddots & & A_{n,n} \end{bmatrix}$, $U := [\boldsymbol{u}_1, \boldsymbol{u}_2, \cdots, \boldsymbol{u}_{n-1}]$

[*3]　$U := [U, \boldsymbol{u}]$ は行列 U とベクトル $\boldsymbol{u}$ の連結を, $A_{1:k,:}$ は行列 A の第 1 行から第 k 行を意味する. $x :- = y$ は $x := x - y$ の略記である.

b. 複数ステップの3重対角化：**Bischof–Lang–Sun** の方法ほか

Dongarra–Sorensen–Hammarling の手法でも，依然，行列ベクトル積部分があるため高い性能を得ることが難しい．近年の研究で，いったん帯行列化を行ってから3重対角行列に変換する 2-stage アルゴリズム (Luszczek ら)[26] や Bischof–Lang–Sun らの Successive Band Reduction (SBR)[27] が性能面で有効であることが知られている．帯行列化の過程では，ハウスホルダー変換をブロック化し行列行列積でほとんどの部分を構成できる．

帯行列は Rutishauser や村田–堀越の方法 (別名 Bulge Chasing とよばれるハウスホルダー変換) を施すことで，3重対角行列に変換できる．帯行列 → 3重対角行列への変換が追加されるので，固有ベクトル計算の過程で「3重対角行列 → 帯行列」に対応する逆変換が必要となる．帯行列から3重対角行列への変換についての議論は Bischof–Lang–Sun らの論文などを参照されたい[27,28]．

`get_block_reflector_lu` は Yamamoto や Grey によって提唱された QR 分解と LU 分解の変形を利用したブロックリフレクター計算アルゴリズムである[29]．まず，ある縦長行列 (Tall and Skinny matrix) に対して thin QR 分解 $W = QR$ を行う．次にブロックハウスホルダー変換 $(I - UCU^\mathsf{T})$ によって Q を上三角化すると式 (2.120) のようにできる．$Q^\mathsf{T} Q = I$ より Σ は図 2.1 のような形状になる．

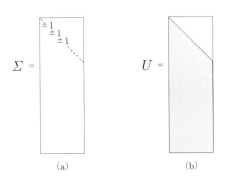

図 **2.1** 行列 Σ と U の形状

$$(I - UCU^\mathsf{T})Q = -\Sigma \tag{2.120}$$

$$Q = -(I - UCU^\mathsf{T})^\mathsf{T}\Sigma \tag{2.121}$$

$$= -\Sigma + U(C^\mathsf{T}U^\mathsf{T}\Sigma) \tag{2.122}$$

$$= -\Sigma + UR \tag{2.123}$$

U はハウスホルダー変換の過程でつくられるリフレクターを並べた行列なので，これまでの説明から下三角行列の左側を切り出した台形の構造をしている．Σ は対角行列の左側を切り出したもので，大きさが 1 の要素が並ぶ行列となる (図 2.1)．さらに，C は下三角行列であるので，$R = C^\mathsf{T}U^\mathsf{T}\Sigma$ は上三角行列となる．つまり，

アルゴリズム **2.6**　複数ステップの 3 重対角化

1: $N_b := ((n-b) + (b-1))/b,\ B_K := (N_b + K - 1)/K$

2: **for** $j_b = 0, \cdots, B_K - 1$ **do**

3: $\quad j := 1 + j_b K b,\ m := \min(K, N_b - j_b K)$

4: $\quad W_{:,j:j+bm-1} := A_{:,j:j+bm-1},\ U := [\ ],\ V := [\ ]$

5: $\quad$ **for** $k_0 = 0, \cdots, m-1$ **do**

6: $\quad\quad k := j + k_0 b, L := \min(b, (n-b) - k + 1)$

7: $\quad\quad [Y, \breve{R}] := \text{thin\_qr}(W_{j:n,j:j+L-1})$

8: $\quad\quad [\hat{U}, \hat{R}, \Sigma] := \text{get\_block\_reflector\_lu}(Y)$

9: $\quad\quad C := (\Sigma^\mathsf{T}\hat{U})^{-1}\hat{R}^\mathsf{T}$

10: $\quad\quad Z := A\hat{U} - (UV^\mathsf{T} + VU^\mathsf{T})\hat{U}$

11: $\quad\quad S := \text{triu}(G,1) + \frac{1}{2}\text{diag}\,(G),\ G := C(\hat{U}^\mathsf{T}Z)C^\mathsf{T}$

12: $\quad\quad \hat{V} := (ZC^\mathsf{T} - \hat{U}S),\ U := [U, \hat{U}],\ V := [V, \hat{V}]$

13: $\quad\quad W_{k+L-1:n,k+L-1:j+bm-}- := (\hat{U}\hat{V}^\mathsf{T} - \hat{V}\hat{U}^\mathsf{T})$

14: $\quad\quad D_k := W_{k:k+L-1,k:k+L-1},\ R_k := -\Sigma\breve{R}$

15: $\quad$ **end for**

16: $\quad L := \min(mb, (n-b) - (j+mb) + 1)$

17: $\quad A_{j+L:n,j+L:n}- := (UV^\mathsf{T} + VU^\mathsf{T})$

18: **end for**

19: $T := \begin{bmatrix} D_1 & R_1^\mathsf{T} & & & \\ R_1 & D_2 & \ddots & & \\ & \ddots & \ddots & & \ddots \\ & & \ddots & \ddots & \\ & & & \ddots & A_{(N_b-1)b+1:n,(N_b-1)b+1:n} \end{bmatrix}$

20: $U := [\boldsymbol{u}_1, \boldsymbol{u}_2, \cdots, \boldsymbol{u}_{n-1}]$

$$Q + \Sigma = UR \tag{2.124}$$

となり，縦長行列 $Q + \Sigma$ に対する LU 分解に相当している．Σ が未定であるが，クラウト型の LU 分解 (通常使われる Doolittle 型と異なり，上三角行列の対角要素を 1 とする分解を指す) を列ごとに進める過程で Q のピボット対象となる対角要素の符号に一致させるように決定すれば，LU 分解が数値不安定にならずに進めることができる．Σ, U, R が計算されたのちに，compact WY 形式を構成する行列 C が $C = (\Sigma^{\mathsf{T}} U)^{-1} R^{\mathsf{T}}$ と計算される．

先に説明した Dongarra–Sorensen–Hammarling の方法では，パネル領域の $W_{k+1:n,k}$ を 1 列ずつ逐次変換するが，アルゴリズム 2.6 ではパネル領域 $W_{j+m:n,1:m}$ を QR 分解などを組み合わせて b 本ずつ処理してリフレクターを計算し，最大 $2Kb$ 回のランク更新を実施する．計算の主要部分は行列行列積で構成される．Dongarra–Sorensen–Hammarling の手法と同様に，近代的固有値ソルバーで採用されている．

2.4.6　3重対角行列の固有値計算

密行列の固有値問題は，ハウスホルダー変換を用いた相似変換によって密行列を 3 重対角行列に変換し，その 3 重対角行列の固有値を計算するのが一般的である．ここでは，3 重対角行列に対する固有値計算法として，2 分法，逆反復法，Francis の QR ステップ，分割統治法について述べる．

以下，実 3 重対角行列は

$$T = \begin{bmatrix} \alpha_1 & \beta_1 & & & \\ \beta_1 & \alpha_2 & \beta_2 & & \\ & \ddots & \ddots & \ddots & \\ & & & \beta_{n-1} & \alpha_n \end{bmatrix} \tag{2.125}$$

$\beta_j \neq 0$ とする．$\beta_j = 0$ となる副対角成分 $\{j_k, k = 1, \cdots, r-1\}$ が存在するときは

$$T = T_1 \oplus T_2 \oplus \cdots T_r \tag{2.126}$$

と表記して，T_k それぞれを扱うことにする．

50   2 密行列の固有値計算

a. 2分法

行列式 $f(\lambda) = |T - \lambda I|$ は λ についての n 次多項式であり，固有値を求めることは n 次多項式の零点を求めることである．多項式 $f(\lambda)$ の零点を求めるには 2 分法やニュートン法などが用いられるが，ここでは 2 分法 (bisection method)(アルゴリズム 2.7) を用いる．

2 分法では $a < b$ に対して $f(a)f(b) < 0$ となる区間 $[a, b]$ を初期区間として $f((a+b)/2)$ の符号により零点の存在区間を半分に限定していくものである．つまり，$f(\lambda)$ の値を知る必要はなく，符号のみ得られれば解の存在区間を所望の精度 (C_ε) まで狭めていくことができる．

(i) 漸化式を用いた行列式の計算　3 重対角行列 $T - \lambda I$ の左上から k 行 k 列を取り出した行列の行列式 $K_k(\lambda)$ は以下の展開により計算することができる．

$$F_k(\lambda) = \begin{vmatrix} \alpha_1 - \lambda & \beta_1 & & \\ \beta_1 & \alpha_2 - \lambda & \beta_2 & \\ & \vdots & \vdots & \vdots \\ & & \beta_{k-1} & \alpha_k - \lambda \end{vmatrix} \tag{2.127}$$

$$= (\alpha_k - \lambda)F_{k-1}(\lambda) - \beta_{k-1}^2 F_{k-2}(\lambda) \qquad (k \geq 2) \tag{2.128}$$

この漸化式に加えて，$F_1(\lambda) = \alpha_1 - \lambda, F_0(\lambda) = 1$ を与えることで，$F_n(\lambda) = |T - \lambda I|$ を求めることができる．

アルゴリズム **2.7**　2 分法

1: $a^{(0)} < b^{(0)}, f(a^{(0)})f(b^{(0)}) < 0$ となる $a^{(0)}, b^{(0)}$ を選ぶ．
2: **for while** $|a^{(k+1)} - b^{(k+1)}| > C\varepsilon$ **do**
3:    $c^{(k)} := (a^{(k)} + b^{(k)})/2$
4:    **if** $f(a^{(k)})f(c^{(k)}) < 0$ **then**
5:       $a^{(k+1)} := a^{(k)}, b^{(k+1)} := c^{(k)}$
6:    **else**
7:       $a^{(k+1)} := c^{(k)}, b^{(k+1)} := b^{(k)}$
8:    **end if**
9:    $k := k + 1$
10: **end for**
11: $x := (a^{(k)} + b^{(k)})/2$

アルゴリズム **2.8** 　3 重対角行列の LDL 分解

1: $d_1 := \alpha_1 - \lambda$
2: **for** $j = 2, .., n$ **do**
3: 　　$l_{j-1} := \beta_{j-1}/d_{j-1}$
4: 　　$d_j := (\alpha_j - \lambda) - l_{j-1}^2 d_{j-1}$
5: **end for**

(ii) LDL 分解を使用した行列式の計算 　　LDL 分解を $T - \lambda I$ に施し，$\prod_j d_j$ の値を乗算することでも $f(\lambda) = |T - \lambda I|$ を計算するのと同等のことが行える．先に示した漸化式 (2.128) とアルゴリズム 2.8 を比較すると $d_j = F_j/F_{j-1}$ の関係にある．

　LDL 分解を使用して行列式を計算する場合，符号は対角行列 D の対角要素の符号で判断できる．つまり負符号成分の個数が奇数か偶数かで判断する．

　LDL 分解の過程で $|d_j| < C_\varepsilon$ となるときには，それ以降の反復でオーバフローの危険がある．ただし C_ε は逆数がオーバーフローしない正で最小の浮動小数点数とする．反復途中に現れる d_j や l_j がオーバフローしないように，適切な係数を乗じて計算を進める．以下のアルゴリズムは d_j のみ計算する改良を加えたものであり，数値計算ライブラリ EigenExa に採用されている．LAPACK の DSTEVZ でも同様のチェックはするが，else 節では $d_j = \min(d_j, -C_\varepsilon), p_j = 1, q_j = 1/d_j$ と同様の処理をする実装になっている．

$$p_0 = q_0 = 1, \ \text{ここで } \beta_0 = 0 \text{ とする.}$$
$$\mathbf{do} \ j = 1, .., n$$
$$\quad d_j := (\alpha_j - \lambda)p_{j-1} - \beta_{j-1}{}^2 q_{j-1}$$
$$\quad \mathbf{if} \ |d_j| > C_\varepsilon \ \mathbf{then}$$
$$\quad\quad p_j := 1, q_j := p_{j-1}/d_j$$
$$\quad \mathbf{else}$$
$$\quad\quad d_j := \varepsilon, p_j := \varepsilon, q_j := p_{j-1}$$
$$\quad \mathbf{endif}$$
$$\mathbf{enddo}$$

(iii) スツルム列の性質を使った計算

定義 2.1 (スツルム列) 区間 $[a, b]$ で，次の 4 条件を満足する実係数をもつ多項式の列 $\{f_0(x), f_1(x), \cdots, f_m(x)\}$ をスツルム列 (Sturm sequence) とよぶ.

(1) 列内の任意の隣合う多項式 $f_k(x)$ と $f_{k+1}(x)$ が区間 $[a, b]$ で共通する零点をもたない.

(2) 列内の任意の隣合う多項式 $f_{k-1}(x), f_k(x), f_{k+1}(x)$ に対して区間 $[a, b]$ に存在する z に対して, $f_k(z) = 0$ ならば $f_{k-1}(z)f_{k+1}(z) < 0$ が成立する.

(3) 列の最後の多項式 $f_m(x)$ は区間 $[a, b]$ で零点をもたない.

(4) 区間 $[a, b]$ に存在する f_0 の零点 z に対して, $f_0'(z)f_1(z) > 0$ である ($f_0'(x)$ は $f_0(x)$ の導関数である).

定理 2.1 (スツルムの定理; Sturm's theorem) スツルム列

$$f_0(x), f_1(x), \cdots, f_m(x) \tag{2.129}$$

の x における符号変化の回数を $N(x)$ とするとき, $f_0(x)$ の区間 $[a, b]$ 内における零点の個数は

$$N(a) - N(b) \tag{2.130}$$

に一致する.

先に示した漸化式で定義される $F_k(\lambda)$ は変数 λ で定義される多項式列である. 改めて, 変数 x に関する多項式列 $\{F_j(x)\}$ と書き直し, $f_j(x) = (-1)^j F_{(n-j)}(x)$ とおくと, 以下の議論から多項式列 $\{f_j(x)\}$ はスツルム列となる.

(1) $F_{k+1}(z) = 0$ ならば $(\alpha_k - z)F_k(z) = \beta_{k-1}^2 F_{k-1}(z)$. もし $F_k(z) = 0$ でもあれば, $\beta_k \neq 0$ であるから $F_{k-1}(z) = 0$ も同時に成立する. さらに漸化式から $F_{k-1}(z) = F_{k-2}(z) = \cdots = 0$ が連鎖的に成立する. 一方, $F_1(x) = \alpha_1 - x$ の零点は α_1 に限られるが, $\beta_1 \neq 0$ より α_1 は $F_2(x) = (\alpha_1 - x)(\alpha_2 - x) - \beta_1^2$ の零点とはならない. ゆえに隣り合う多項式 $F_{k+1}(x)$ と $F_k(x)$ の共通する零点の存在は矛盾を生じる.

(2) $F_k(z) = 0$ となるとき, $F_{k+1}(z) = -\beta_k^2 F_{k-1}(z)$. これは $f_{n-k-1}(z) = -\beta_k^2 f_{n-k+1}(z)$ と書き換えられて, かつ $\beta_k \neq 0$ であるから, $f_j(z) = 0$ とする z において $f_{j-1}(z)$ と $f_{j+1}(z)$ は異符号である.

(3) $f_n(x) = F_0(x) = 1 > 0$ より, 零点をもたないことは明らかである.

(4) $F_k(x) = (\alpha_k - x)F_{k-1}(x) - \beta_{k-1}^2 F_{k-2}(x)$ を微分し,

$$F_k'(x) = -F_{k-1}(x) + (\alpha_k - x)F_{k-1}'(x) - \beta_{k-1}^2 F_{k-2}'(x)$$

を得る. $G_k(x) = F_k(x)F_{k-1}'(x) - F_k'(x)F_{k-1}(x)$ とおくと,

$$G_k(x) = F_{k-1}^2(x) + \beta_{k-1}^2 G_{k-1}(x) \geq \beta_{k-1}^2 G_{k-1}(x)$$

が成立する. 再帰的に

$$G_k(x) \geq \beta_{k-1}^2 G_{k-1}(x) \geq \cdots \geq \prod_{j=1}^{k-1} \beta_j^2 G_1(x)$$

を得る. $G_1(x) = F_1(x)F_0'(x) - F_1'(x)F_0(x) = (\alpha_1 - x) \cdot 0 - (-1) \cdot 1 = 1$
ゆえに

$$G_k(x) \geq \prod_{j=1}^{k-1} \beta_j^2 > 0$$

となる. $G_n(x)$ を f の形式で書き換えると,

$$\begin{aligned}
G_n(x) &= F_n(x)F_{n-1}'(x) - F_n'(x)F_{n-1}(x) \\
&= (-1)^n f_0(x)(-1)^{n-1}f_1'(x) - (-1)^n f_0'(x)(-1)^{n-1}f_1(x) \\
&= -f_0(x)f_1'(x) + f_0'(x)f_1(x) > 0
\end{aligned}$$

であるので, $f_0(x)$ の零点 z で $f_0'(z)f_1(z) > 0$ が成立する.

スツルムの定理を用いれば最小から p 番目の固有値を含む区間が決定でき, 2分法と組み合わせることで固有値の存在区間を所望の区間幅で定めることが可能となる.

b. 逆反復法

3重対角行列 T の近似固有値 $\tilde{\lambda}$ がわかっているとき, $T - \tilde{\lambda}I$ についての逆反復法を行うことで3重対角行列の近似固有ベクトルを求めることができる. $A - \tilde{\lambda}I$ に対して逆反復法を行えばもとの行列 A の近似固有ベクトルが求められる. アルゴリズム 2.9 では LU 分解を用いて連立1次方程式を解いている.

逆反復法は近似固有値 $\tilde{\lambda}$ に対する固有ベクトルを計算できるアルゴリズムである. しかしながら, 近似固有値の近傍に複数の固有値 $\{\lambda_1, \lambda_2, \cdots, \lambda_r\}$ が存在す

54   2   密行列の固有値計算

アルゴリズム **2.9**　逆反復法

1: $\boldsymbol{x}^{(0)} := (1, 1, \cdots, 1)^\mathsf{T} \times \varepsilon \times \|T\|,\ C$ は定数, $k := 0$
2: LU 分解 $LU = (T - \tilde{\lambda}I)$
3: **for while** $|\boldsymbol{x}^{(k)}|_\infty > C$ **and** $k < K$ **do**
4:　　Solve $LU\boldsymbol{x}^{(k+1)} := \boldsymbol{x}^{(k)}$
5:　　$k := k + 1$
6: **end for**
7: $\boldsymbol{x} := \boldsymbol{x}^{(k)} / \|\boldsymbol{x}^{(k)}\|$

るとき (このような密集区間をクラスタとよぶ), 所望の固有値に対応する固有ベクトルから λ_* に対応する固有ベクトル成分を十分に取り除くことが難しい. これは, (1) 固有値そのものが近似であること, (2) 逆反復の過程で解くべき方程式がほぼ非正則であり数値的に安定な求解が困難, ということが主な原因である.

クラスタ内の固有値に対応する固有ベクトルを逆反復によって求めた後で, ベクトル間での直交化操作を行う. 通常, 最も単純な直交化操作として, 修正グラム–シュミット法 (アルゴリズム 2.10) を用いる.

アルゴリズム **2.10**　修正グラム–シュミット法

1: **for** $k = 1, r$ **do**
2:　　$\boldsymbol{x}_k := \boldsymbol{x}_k / \|\boldsymbol{x}_k\|$
3:　　**for** $j = k + 1, r$ **do**
4:　　　　$\boldsymbol{x}_j := \boldsymbol{x}_j - (\boldsymbol{x}_k, \boldsymbol{x}_j)\boldsymbol{x}_k$
5:　　**end for**
6: **end for**

---

c.　Francis の QR ステップ

3重対角行列 T をシフトし QR 法の反復を行い固有値・固有ベクトル計算することもできる[30]. ギブンス回転により $(\alpha - \sigma, \beta)^\mathsf{T}$ の第 2 要素を 0 にする変換を構成する. T に対して両側から作用させると, (3,1) 成分と (1,3) 成分に非ゼロ要素が出現する. (2,1) 成分と (3,1) 成分でできるベクトルの第 2 要素を 0 にするギブンス変換を作用させると, (4,2) 成分と (2,4) 成分に非ゼロ要素が出現する. このように $(l+1, l), (l, l+1)$ 成分に非ゼロ要素の突起を右下に追い出すことで, 3重対角行列の構造を保持したまま QR 法の 1 反復を行うことができる.

$$
\begin{bmatrix}
* & * & & & \\
* & * & * & & \\
& * & * & * & \\
& & * & * & * \\
& & & * & *
\end{bmatrix}
\rightarrow
\begin{bmatrix}
x & x & x & & \\
x & x & x & & \\
x & x & * & * & \\
& & * & * & * \\
& & * & * & *
\end{bmatrix}
\rightarrow
\begin{bmatrix}
* & x & & & \\
x & x & x & x & \\
& x & x & x & \\
& x & x & * & * \\
& & & * & *
\end{bmatrix}
$$

反復を進める過程で β_{n-1} の位置にある成分はゼロに収束する．減次を繰り返していくことで，最終的には 3 重対角行列は対角行列に収束する．以下の Francis QR アルゴリズム (アルゴリズム 2.11) はシフト量 σ を陽的に使用する表記をしているが，アルゴリズム 2.11 の 7 行目の行列表現を

アルゴリズム 2.11　Francis QR アルゴリズム

1: $m := n$

2: **for while** $m > 2$ **do**

3:　$(T)_{m-1:m,m-1:m}$ の α_m に近い固有値をシフト量 σ とする

4:　$[x, y, z] := [\alpha_1 - \sigma, \beta_1, \alpha_2 - \sigma]$

5:　$[c, s] := \mathrm{Givens}(x, y)$

6:　**for** $k = 1, m-1$ **do**

7:　　$\begin{bmatrix} \alpha_k - \sigma & \beta_k \\ \beta_k & \alpha_{k+1} - \sigma \end{bmatrix} := \begin{bmatrix} c & -s \\ s & c \end{bmatrix} \begin{bmatrix} x & y \\ y & z \end{bmatrix} \begin{bmatrix} c & s \\ -s & c \end{bmatrix}$

8:　　**if** $k < m-1$ **then**

9:　　　$[x, y, z] := [\alpha_k - \sigma, \beta_k, \alpha_{k+1} - \sigma]$

10:　　　$\gamma := -s\beta_{k+1}$

11:　　　$\beta_{k+1} := c\beta_{k+1}$

12:　　　$[c, s] := \mathrm{Givens}(y, \gamma)$

13:　　**end if**

14:　**end for**

15:　**if** $|\beta_{m-1}| < \varepsilon(|\alpha_m| + |\alpha_{m-1}|)$ **then**

16:　　$m := m - 1$

17:　**end if**

18: **end for**

19: $(T)_{1:2,1:2}$ はヤコビ法と同様にギブンス回転行列を用いて対角化

20: $D := T$

$$\delta := x - z, \quad \zeta := 2cy + s\delta,$$

$$\alpha_k := \alpha_k - s\zeta, \quad \beta_k := \delta sc + (c^2 - s^2)y,$$

$$\alpha_{k+1} := \alpha_{k+1} + s\zeta,$$

また9行目を

$$[x, y, z] := [\alpha_k, \beta_k, \alpha_{k+1}]$$

とおけば，再内側ループの中にシフト量 σ を含んだ変数 x, z が現れない．このような陰的シフトの方法で3重対角行列向け QR 法を実現することもできる．固有ベクトルの計算については省略しているが，通常の QR 法同様に，単位行列を初期値としてギブンス回転 Q を乗じ続けることで得られる．本手法は LAPACK の STEQR 系統のルーチンに採用されている．

d. 分割統治法

3重対角行列 T は，2組の3重対角行列 T_1, T_2 の直和と1階摂動項で書き表すことができる．

$$T = \begin{bmatrix} T_1 & \\ & T_2 \end{bmatrix} + \rho u u^\mathsf{T}, \qquad u = e_i \pm e_{i+1} \tag{2.131}$$

上記の分割表記された T_1, T_2 ともに何らかの方法で固有値と固有ベクトルが求められたとする．つまり，$T_1 Q_1 = Q_1 D_1$, $T_2 Q_2 = Q_2 D_2$ とする Q_1, Q_2 を得た後に，もとの3重対角行列に以下のような直交変換を行う．

$$\begin{bmatrix} Q_1^\mathsf{T} & \\ & Q_2^\mathsf{T} \end{bmatrix} \left(\begin{bmatrix} T_1 & \\ & T_2 \end{bmatrix} + \rho u u^\mathsf{T} \right) \begin{bmatrix} Q_1 & \\ & Q_2 \end{bmatrix} \tag{2.132}$$

$$= \begin{bmatrix} D_1 & \\ & D_2 \end{bmatrix} + \rho v v^\mathsf{T} = D + \rho v v^\mathsf{T} \tag{2.133}$$

最終的に3重対角行列は対角行列 D と v の1階摂動の形式に書き換えることができる．

分割した小問題 T_1, T_2 から，全体の問題 T が構成でき，それぞれの段階は同じような固有値問題になっている．したがって，問題は再帰的な構造をもち，同じ計算手法が適用できる．しかも，同じレベルの小問題は独立なので並列計算が

できる．このような手法を**分割統治法** (Divide and Conquer method; DC 法) とよぶ．提唱者の名を付して Cuppen の分割統治法とよぶこともある[31]．

これ以降は，本形式 $(D + \rho \boldsymbol{v}\boldsymbol{v}^\mathsf{T})$ の固有値計算について議論する．固有値と固有ベクトルをそれぞれ $\lambda, \boldsymbol{x}$ とすると以下の関係が成立する．

$$((D - \lambda I) + \rho \boldsymbol{v}\boldsymbol{v}^\mathsf{T})\boldsymbol{x} = 0 \tag{2.134}$$

これを特性方程式の形式で書けば，以下の関係も成立する．

$$|(D - \lambda I) + \rho \boldsymbol{v}\boldsymbol{v}^\mathsf{T}| = 0 \tag{2.135}$$

さらに本行列式はもとの 3 重対角行列 T の特性方程式でもあるので

$$|(D - \lambda I) + \rho \boldsymbol{v}\boldsymbol{v}^\mathsf{T}| = |\Lambda - \lambda I|$$

が恒等的に成立する．ここで，Λ はもとの 3 重対角行列 T の固有値を対角上に並べた対角行列であり，左辺と右辺は多項式の意味で等しいという意味である．本関係式に対して技巧的な変形を行うことで

$$-\rho \begin{vmatrix} -1/\rho & \boldsymbol{v}^\mathsf{T} \\ \boldsymbol{v} & D - \lambda I \end{vmatrix} = |\Lambda - \lambda I| = 0 \tag{2.136}$$

を得る．

(i) 減次　$\lambda = d_j$ で式 (2.136) が成立することがあるかを考えてみる．$\lambda = d_j$ とおいて，第 1 項に対して以下のような変形を行う．

$$-\rho \begin{vmatrix} -1/\rho & \tilde{\boldsymbol{v}}^\mathsf{T} & v_j \\ \tilde{\boldsymbol{v}} & \tilde{D} - d_j I & \\ v_j & & 0 \end{vmatrix} = {v_j}^2 \left| \tilde{D} - d_j \right| \tag{2.137}$$

ここで，$\tilde{\boldsymbol{v}}$ は $\boldsymbol{v}$ から v_j 要素を取り除いたベクトル，同様に $\tilde{D}$ は d_j を取り除いた対角行列である．この行列式の値が 0 となるのは，$v_j = 0$ もしくは $d_k = d_j\ (k \neq j)$ となる場合に限られることがわかる．

$v_j = 0$ となるとき，対応する要素を並べ替えて式 (2.136) の左辺を以下のようにすることができる．

$$-\rho \left| \begin{array}{ccc} -1/\rho & \tilde{v}^{\mathsf{T}} & 0 \\ \tilde{v} & \tilde{D} - \lambda I & \\ 0 & & d_j - \lambda \end{array} \right| = 0 \tag{2.138}$$

この変形から d_j が固有値になることは自明であり，もとの固有値問題は対応する最下行と最右列を取り除いた1次小さな行列の固有値問題を解くことと同等になる．このような操作を**減次**とよぶ．

$d_j = d_k$ となるときも減次の対象となる．ベクトル $\boldsymbol{v}$ にギブンス回転を作用させて $v_j' = \sqrt{v_j^2 + v_k^2}, v_k' = 0$ とできる．たとえば，$\theta = \tan^{-1}(-v_j/v_k)$ ととれば

$$\begin{bmatrix} \cos\theta & -\sin\theta \\ \sin\theta & \cos\theta \end{bmatrix} \begin{bmatrix} v_j \\ v_k \end{bmatrix} = \begin{bmatrix} \sqrt{v_j^2 + v_k^2} \\ 0 \end{bmatrix} \tag{2.139}$$

とできる．いま $G(i,j,\theta)$ として

$$G(i,j,\theta) = \begin{bmatrix} 1 & & & & & \\ & \ddots & & & & \\ & & \cos\theta & & -\sin\theta & \\ & & & \ddots & & \\ & & \sin\theta & & \cos\theta & \\ & & & & & \ddots \end{bmatrix} \begin{array}{l} \\ \\ \leftarrow i \\ \\ \leftarrow j \\ \\ \end{array} \tag{2.140}$$

とギブンス回転を定義する．ギブンス回転を作用させ以下のように書き改める．ここで $\boldsymbol{w} = G(i,j,\theta)\boldsymbol{v}$ である．

$$G(i,j,\theta)(D + \rho \boldsymbol{v}\boldsymbol{v}^{\mathsf{T}})G(i,j,\theta)^{\mathsf{T}} = D + \rho \boldsymbol{w}\boldsymbol{w}^{\mathsf{T}} \tag{2.141}$$

この操作で対角行列+1階摂動の形式は変化しない．

減次の対象となる p 個の要素 $\{j_1, j_2, \cdots, j_p\}$ の順序を入れ換えて後半に移動させる操作を P とする．最終的に減次操作によって得られる行列は以下のようになる．ここで，$\hat{\boldsymbol{w}} = P\boldsymbol{w}$ である．

$$P(D + \rho \boldsymbol{w}\boldsymbol{w}^{\mathsf{T}})P^{\mathsf{T}} = \hat{D} + \rho \hat{\boldsymbol{w}}\hat{\boldsymbol{w}}^{\mathsf{T}} = \begin{bmatrix} \hat{D}_1 + \rho \hat{\boldsymbol{w}}_1 \hat{\boldsymbol{w}}_1^{\mathsf{T}} & \\ & \hat{D}_2 \end{bmatrix} \tag{2.142}$$

左上部分にある $\hat{D}_1 + \rho\hat{\boldsymbol{w}}_1\hat{\boldsymbol{w}}_1^\mathsf{T}$ は減次されたものを除いた $n-p$ 次の行列とベクトルを表しており，対角行列 +1 階摂動の形式，右下の $\hat{D}_2$ は減次によって摂動が取り除かれた p 次対角行列になる．

右下対角行列の k 番目の要素 $(\hat{d}_2)_k$ はもとの行列の固有値になり，式 (2.142) のもとで対応する固有ベクトルは $\boldsymbol{e}_{n-p+k}$ となる．一方，もとの行列 T の固有ベクトルとするには，減次操作のために作用させた G や P の逆変換を行う．つまり，$G^\mathsf{T}P^\mathsf{T}\boldsymbol{e}_{n-p+k}$ である．

(ii) $D + \rho\boldsymbol{v}\boldsymbol{v}^\mathsf{T}$ の固有値計算　いま，$\lambda \neq d_j$ とすると，$D - \lambda I$ は正則である．さらに，減次操作をすでに実行したものとして以下の条件も設定する．

(1) D の対角要素の値に重複がない．

(2) $\boldsymbol{v}$ の要素にゼロがない．

これら条件のもとで，以下のような変形を行う．

$$-\rho \begin{vmatrix} 1/\rho + \boldsymbol{v}^\mathsf{T}(D-\lambda I)^{-1}\boldsymbol{v} & \boldsymbol{v}^\mathsf{T} \\ 0 & D-\lambda I \end{vmatrix} \begin{vmatrix} -1 & 0 \\ (D-\lambda I)^{-1}\boldsymbol{v} & I \end{vmatrix} = |\Lambda - \lambda I| = 0$$

(2.143)

さらに，行列式の中で展開可能な部分を展開すると以下のようになる．

$$\rho \cdot \left(1/\rho + \boldsymbol{v}^\mathsf{T}(D-\lambda I)^{-1}\boldsymbol{v}\right) \cdot \prod_j (d_j - \lambda) = \prod_j (\lambda_j - \lambda) = 0 \qquad (2.144)$$

先に定めた条件から，解くべき方程式は

$$\frac{1}{\rho} + \sum_j \frac{v_j{}^2}{d_j - \lambda} = 0 \qquad (2.145)$$

で，**secular 方程式** (永年方程式) とよばれる．$d_1, d_2, \cdots, d_n$ を並べ替えて $\tilde{d}_1 < \tilde{d}_2 < \cdots < \tilde{d}_n$ と名付ける．secular 方程式の解 $(\lambda_1, \lambda_2, \cdots, \lambda_n)$ は $(\tilde{d}_1, \tilde{d}_2, \cdots, \tilde{d}_n)$ の隣り合う $\tilde{d}_i$ と $\tilde{d}_{i+1}$ の間に存在するインターレース性をもっている．

$$\tilde{d}_1 < \lambda_1 < \tilde{d}_2 < \lambda_2 < \cdots < \tilde{d}_n < \lambda_n : \rho > 0 \text{ のとき}$$
$$\lambda_1 < \tilde{d}_1 < \lambda_2 < \tilde{d}_2 < \cdots < \lambda_n < \tilde{d}_n : \rho < 0 \text{ のとき}$$

また行列トレースが固有値の総和と一致することから, $\mathrm{tr}\,(D + \rho \boldsymbol{v}\boldsymbol{v}^{\mathsf{T}}) = \sum d_j + \rho\|\boldsymbol{v}\|^2 = \sum \lambda_j$ が成立する. 上記インターレース性から, $\rho > 0$ のとき $\lambda_n < \tilde{d}_n + \rho\|\boldsymbol{v}\|^2$, $\rho < 0$ のとき $\tilde{d}_1 + \rho\|\boldsymbol{v}\|^2 < \lambda_1$ となる.

(iii) $D + \rho\boldsymbol{v}\boldsymbol{v}^{\mathsf{T}}$ **の固有ベクトル**　　固有値 λ が定まれば, 対応する固有ベクトル x は以下の関係式を満足する.

$$(D - \lambda I)\boldsymbol{x} = -\rho\boldsymbol{v}\boldsymbol{v}^{\mathsf{T}}\boldsymbol{x} \tag{2.146}$$

上記インターレース性から $|D - \lambda I| \neq 0$ であるので, スカラー値 $\boldsymbol{v}^{\mathsf{T}}\boldsymbol{x} \neq 0$ としてよい. $\boldsymbol{v}^{\mathsf{T}}\boldsymbol{x}$ の値は定まらないが, 固有ベクトルは $(D - \lambda I)^{-1}\boldsymbol{v}$ の定数倍であることはわかるので, 以下の式で計算することになる.

$$\boldsymbol{x} = \frac{(D - \lambda I)^{-1}\boldsymbol{v}}{\|(D - \lambda I)^{-1}\boldsymbol{v}\|} \tag{2.147}$$

　固有値 λ_j に対応する固有ベクトル $\boldsymbol{x}_j$ と減次によって事前に定まっている固有ベクトルも並べて $X = (\boldsymbol{x}_1, \boldsymbol{x}_2, \cdots, \boldsymbol{x}_n)$ とおく. もとの 3 重対角行列 T に Q, X を順次乗じることで最終的に対角行列 $\Lambda = \mathrm{diag}\,(\lambda_1, \lambda_2, \cdots, \lambda_n)$ に変換される. つまり, $\Lambda = X^{\mathsf{T}}(D + \rho\boldsymbol{v}\boldsymbol{v}^{\mathsf{T}})X = (QX)^{\mathsf{T}}TQX$ となるため, もとの 3 重対角行列 T の固有ベクトルは QX で求められる.

(iv) 分割と統治　　このように, $T_1 \oplus T_2$ の固有値と固有ベクトルの情報から, $Q^{\mathsf{T}}TQ = Q^{\mathsf{T}}(T_1 \oplus T_2 + \rho\boldsymbol{u}\boldsymbol{u}^{\mathsf{T}})Q = D + \rho\boldsymbol{v}\boldsymbol{v}^{\mathsf{T}}$ の固有値と固有ベクトルを計算する. T_1, T_2 についてまったく同じ計算手法が適用できる. 分割統治法は

(1) 部分問題を構成する二分木を作成する

(2) 二分木の葉問題を解いて, 上位の部分問題を解く

の分割と統治の 2 過程によって構成される. 部分行列への分割は部分行列があるサイズになるまで実施し, 小さくなった問題に対する固有値と固有ベクトルの計算は QR 法などで計算する方が効率的である. LAPACK の `DSTEDC` は 25 次元以下のとき, QR 法アルゴリズム `DSTEQR` を使用して葉問題の固有値問題を解いている.

(v) 固有ベクトルの直交性の改善　　統治の過程において近似固有ベクトルは $(D - \lambda I)^{-1}\boldsymbol{v}$ で計算されるため, $\boldsymbol{v}$ に含まれるわずかな誤差の影響により近似固有ベクトルの直交性が乱されることが知られている.

式 (2.136) に $\lambda = d_j$ を代入した場合，以下の関係式を得る．

$$v_j^2 = \frac{|\Lambda - d_j I|}{|\tilde{D} - d_j I|} = (\lambda_j - d_j) \frac{\prod\limits_{k \neq j}(\lambda_k - d_j)}{\prod\limits_{k \neq j}(d_k - d_j)} \tag{2.148}$$

式 (2.148) は Löwner の関係式とよばれる．Gu と Eisenstat の研究[32]では，$D + \rho \boldsymbol{v}\boldsymbol{v}^{\mathsf{T}}$ の近似固有値がある程度正確に求まったとき，新たに式 (2.148) により $\hat{\boldsymbol{v}}$ を計算し直して (符号はもともとの $\boldsymbol{v}$ の符号を採用する) 近似固有ベクトルとしている．この場合，$\boldsymbol{v}$ を用いた場合よりも近似固有ベクトルの直交性が優れており，

アルゴリズム **2.12** 分割統治法

1: **function** $[\Lambda, X] := \text{divide\_and\_conqure}(T)$
2: $n := \dim(T)$
3: **if** $n <= N_{\mathrm{c}}$ **then**
4: $\quad [\Lambda, X] := \text{QR\_iteration}(T)$
5: **else**
6: $\quad$ Divide $T = T_1 \oplus T_2 + \rho \boldsymbol{u}\boldsymbol{u}^{\mathsf{T}}$
7: $\quad \boldsymbol{u} := \boldsymbol{e}_{n_1} + \text{sign}(1, T_{n_1, n_1+1})\boldsymbol{e}_{n_1+1}, \rho := |T_{n_1, n_1+1}|, n_1 := n/2$
8: $\qquad\qquad\qquad\qquad$ Solve sub-eigenproblems:
9: $\quad [D_1, Q_1] := \text{divide\_and\_conqure}(T_1)$, and
10: $\quad [D_2, Q_2] := \text{divide\_and\_conqure}(T_2)$.
11: $\qquad\qquad\qquad\qquad$ Synthesize and Deflate, then obtain $\hat{D} - \hat{\boldsymbol{w}}\hat{\boldsymbol{w}}^{\mathsf{T}}$:
12: $\quad D := D_1 \oplus D_2, Q := Q_1 \oplus Q_2, v := Q^{\mathsf{T}}\boldsymbol{u}$
13: $\quad [\hat{D}, G, P, \breve{D}] := \text{Deflate}(D, \boldsymbol{v}), n' := \dim(\hat{D})$
14: $\quad \hat{\boldsymbol{w}} := (PG\boldsymbol{v})_{1:n'}$
15: $\qquad\qquad\qquad\qquad$ Solve the roots of the Secular equation, $\{\hat{\lambda}_i\}$:
16: $\quad \dfrac{1}{\rho} + \sum\limits_{j}^{n'} \dfrac{\hat{w}_j^2}{\hat{d}_j - \hat{\lambda}_i} = 0$
17: $\qquad\qquad\qquad\qquad$ Update the perturbation vector by Löwner's rule:
18: $\quad \breve{\boldsymbol{w}}, \breve{w}_j := \text{sign}\left(\sqrt{(\hat{\lambda}_j - \hat{d}_j)\frac{\prod_{k \neq j}(\hat{\lambda}_k - \hat{d}_j)}{\prod_{k \neq j}(\hat{d}_k - \hat{d}_j)}}, \hat{w}_j\right)$
19: $\qquad\qquad\qquad\qquad$ Compute eigenvectors:
20: $\quad \hat{x}_i := \left[\text{normalize}((\hat{D} - \hat{\lambda}_i)^{-1}\breve{\boldsymbol{w}}); 0\right]$
21: $\qquad\qquad\qquad\qquad$ Merge the deflated modes and sort by eigenvalues:
22: $\quad \breve{X} := QG^{\mathsf{T}}P^{\mathsf{T}}[\hat{\boldsymbol{x}}_1, \cdots, \hat{\boldsymbol{x}}_{n'}, E], E := [0; I_{n-n'}]$
23: $\quad \{(\lambda_j, \boldsymbol{x}_j)\} := \text{sort}((\hat{\lambda}_1, \breve{\boldsymbol{x}}_1), \cdots, (\breve{d}_1, \breve{\boldsymbol{x}}_{n'+1}), \cdots)$
24: $\quad \Lambda := \text{diag}(\lambda_1, \cdots, \lambda_n), X := [\boldsymbol{x}_1, \cdots, \boldsymbol{x}_n]$
25: **end if**

---

62 2 密行列の固有値計算

再帰計算による誤差の伝搬を抑えられることから，分割統治法では Löwner の関係式を用いることが通例となっている．

分割統治法の全体像をアルゴリズム 2.12 に示す．このアルゴリズムは再帰呼出し (recursive call) になっている．

2.5 非対称行列の固有値計算

ヘッセンベルグ化を経た実非対称行列向けの陰的ダブルシフト QR 法について説明する．ヘッセンベルグ行列に対する QR アルゴリズムの主要部分は以下のように 3 重対角行列に対する Francis の QR ステップと同様の手続きとなる．

- シフト量 σ を計算する．
- $H^2 - 2\operatorname{Re}(\sigma)H + |\sigma|^2 I$ の第一列ベクトル $\boldsymbol{c}$ を計算する．
- $Q_1{}^{\mathsf{H}}\boldsymbol{c} = \|\boldsymbol{c}\|\boldsymbol{e}_1$ とするハウスホルダー変換またはギブンス変換 Q_1 を定める．
- $\hat{H} = Q_1{}^{\mathsf{H}}HQ_1$ に対してヘッセンベルグ化を施す．

$$\breve{H} = Q_2{}^{\mathsf{H}}\hat{H}Q_2 \tag{2.149}$$

- $Q \leftarrow Q_1Q_2, H \leftarrow \breve{H}$ とおき，H が収束するまで反復させる．

$Q_1{}^{\mathsf{H}}H$ から $Q_1{}^{\mathsf{H}}HQ_1$ の計算は次のような位置の行列要素を変更する．

$$
\begin{bmatrix}
* & * & * & * & * \\
* & * & * & * & * \\
  &   & * & * & * \\
  &   &   & * & * \\
  &   &   &   & *
\end{bmatrix}
\rightarrow
\begin{bmatrix}
x & x & x & x & x \\
  & x & x & x & x \\
  &   & * & * & * \\
  &   &   & * & * \\
  &   &   &   & *
\end{bmatrix}
\rightarrow
\begin{bmatrix}
y & y & x & x & x \\
y & y & x & x & x \\
y & y & * & * & * \\
  &   &   & * & * \\
  &   &   &   & *
\end{bmatrix}
$$

3 番目の行列である $Q_1{}^{\mathsf{H}}HQ_1$ はヘッセンベルグ標準形から 1 要素分の Bulge をもった形状をしており，3 重対角行列における Bulge Chasing と同じ要領で消去できる．この消去過程は $O(n^2)$ のコストで実施可能であり，密行列のヘッセンベルグ化 $O(n^3)$ に比べればきわめて少ない．

$$
\begin{bmatrix}
* & * & * & * & * \\
* & * & * & * & * \\
* & * & * & * & * \\
  &   & * & * & * \\
  &   &   & * & *
\end{bmatrix}
\rightarrow
\begin{bmatrix}
* & x & x & * & * \\
x & x & x & x & x \\
  & x & x & x & x \\
  & x & x & * & * \\
  &   & * & *
\end{bmatrix}
\rightarrow
\begin{bmatrix}
* & * & x & x & * \\
* & * & x & x & * \\
  & x & x & x & x \\
  &   & x & x & x \\
  &   & x & x & *
\end{bmatrix}
\rightarrow
$$

この反復を進めていくと，副対角要素の一番下もしくはその次の要素がゼロに収束する (実行列では，実数もしくは複素共役対の固有値のケースがあるため)．減次を行い対象の行列を順次小さくする．

いま，R に複素共役固有対となる 2×2 の Bulge C があるとき，その Bulge に対応する固有値と固有ベクトルを以下のように求める．

アルゴリズム 2.13 　陰的ダブルシフト QR 法

1: $n := \dim(A)$
2: $[H, Q] := \mathrm{hessenberg\_reduction}(A)$
3: $j := 1, m := n$
4: **for** $itr = 1, itrmax$ **do**
5: 　$[j, m] := \mathrm{index\_active\_submatrix}(H, j, m)$
6: 　**if** $m - j < 2$ **then**
7: 　　**break**
8: 　**end if**
9: 　$\sigma := \mathrm{get\_shift}(H_{j:m, j:m})$
10: 　$\boldsymbol{h} := (H_{j:m, j:m}^2 - 2\,\mathrm{Re}\,(\sigma) H_{j:m, j:m} + |\sigma|^2 I)_{j:j+1,1}$
11: 　$[c, s] := \mathrm{Givens}(h_1, h_2)$
12: 　$H_{j:j+1,:} := [c, -s; s, c] H_{j:j+1,:}$
13: 　$H_{:,j:j+1} := H_{:,j:j+1}[c, s; -s, c]$
14: 　**for** $k = j + 1, m - 1, 2$ **do**
15: 　　$L := \min(m, k + 2)$
16: 　　$\boldsymbol{h} := H_{k:k+1, k-1}$
17: 　　$[c, s] := \mathrm{Givens}(h_1, h_2)$
18: 　　$H_{k:k+1,:} := [c, -s; s, c] H_{k:k+1,:}$
19: 　　$H_{:,k:k+1} := H_{:,k:k+1}[c, s; -s, c]$
20: 　**end for**
21: **end for**

64   2 密行列の固有値計算

$$
\begin{bmatrix} R_1 & G & F \\ & C & H \\ & & R_2 \end{bmatrix} \begin{bmatrix} \boldsymbol{x}_1 \\ \hat{\boldsymbol{x}} \\ \boldsymbol{x}_2 \end{bmatrix} = \begin{bmatrix} \boldsymbol{x}_1 \\ \hat{\boldsymbol{x}} \\ \boldsymbol{x}_2 \end{bmatrix} \lambda \tag{2.150}
$$

これを分けて記述すると，

$$
(R_1 - \lambda I)\boldsymbol{x}_1 = -G\hat{\boldsymbol{x}} - F\boldsymbol{x}_2 \tag{2.151}
$$

$$
(C - \lambda I)\hat{\boldsymbol{x}} = -H\boldsymbol{x}_2 \tag{2.152}
$$

$$
(R_2 - \lambda I)\boldsymbol{x}_2 = \boldsymbol{0} \tag{2.153}
$$

λ は上三角行列 R_1 と R_2 の対角要素と異なるとすると，$\boldsymbol{x}_2 = \boldsymbol{0}$，$\boldsymbol{x}_1 = -(R_1 - \lambda)^{-1}G\hat{\boldsymbol{x}}$．式 (2.152) から，$\lambda, \hat{\boldsymbol{x}}$ は $(C - \lambda I)\hat{\boldsymbol{x}} = \boldsymbol{0}$ なる 2×2 行列 C の固有値と固有ベクトルになる．C は実行列であり，固有値は共役複素数対 $(\mu, \bar{\mu})$ として計算される．また，共役複素数対に対応する 2 本の固有ベクトルも共役の関係にあるので，一方を計算すればもう一方の計算は容易である．

陰的ダブルシフト QR 法をアルゴリズム 2.13 に示す．

2.6   一般化固有値問題

これまで扱ってきた $Ax = \lambda x$ に対して，以下のように右辺を変更した形式

$$
A\boldsymbol{x} = \lambda B\boldsymbol{x} \Leftrightarrow (A - \lambda B)\boldsymbol{x} = \boldsymbol{0} \tag{2.154}
$$

の自明でない ($\boldsymbol{x} \neq \boldsymbol{0}$) なベクトル $\boldsymbol{x}$ と λ の対の計算を一般化固有値問題 (Generalized Eigenvalue Problems; GEVP) あるいは一般固有値問題とよぶ．これに対して $B = I$ としたものを標準固有値問題 (Standard Eigenvalue Problems) とよぶ．

2.6.1 B が対称正定値の場合

一般的な科学技術計算や工学計算では，A は実対称もしくはエルミート，B は実対称もしくはエルミートでかつ正定値行列であることが多い．このような条件のもとで，一般化固有値問題は実対称もしくはエルミート行列の標準固有値問題に帰

着できる．いま，A, B ともに実対称行列とする．B が**正定値** (positive definite) であれば，正則な上三角行列 C によって $B = C^{\mathsf{T}}C$ なるコレスキー (Cholesky) 分解ができる．このとき，

$$C^{-\mathsf{T}}(A - \lambda B)C^{-1} = C^{-\mathsf{T}}AC^{-1} - \lambda I$$

$$= \tilde{A} - \lambda I$$

$\tilde{A} = C^{-\mathsf{T}}AC^{-1}$ は実対称行列である．$\tilde{A}$ の固有値は $A - \lambda B$ の固有値となり，$\tilde{A}$ の λ に対応する固有ベクトル $\tilde{\boldsymbol{x}}$ が定まれば，$A - \lambda B$ の固有ベクトルは $\boldsymbol{x} = C^{-1}\tilde{\boldsymbol{x}}$ で求められる．また，得られた固有ベクトルは B 直交する性質をもつ．固有ベクトル $\boldsymbol{x}_i, \boldsymbol{x}_j \ (i \neq j)$ に対して，

$$\boldsymbol{x}_i^{\mathsf{T}}B\boldsymbol{x}_j = (C^{-1}\tilde{\boldsymbol{x}}_i)^{\mathsf{T}}C^{\mathsf{T}}CC^{-1}\tilde{\boldsymbol{x}}_j = \tilde{\boldsymbol{x}}_i^{\mathsf{T}}\tilde{\boldsymbol{x}}_j = \delta_{ij} \tag{2.155}$$

となる．これを書き換えれば，$X = (\boldsymbol{x}_1, \boldsymbol{x}_2, \cdots, \boldsymbol{x}_n)$ に対して，$AX = BX\Lambda$ と $X^{\mathsf{T}}AX = \Lambda, X^{\mathsf{T}}BX = I$ が同時に成立する．対称の標準固有値問題への変換法をアルゴリズム 2.14 に示す．

アルゴリズム 2.14　コレスキー分解を用いた対称の標準固有値問題への帰着

1: $C := \mathrm{Colesky}(B)$
2: $\tilde{A} := C^{-\mathsf{T}}AC^{-1}$
3: Solve SEVP of $\tilde{A}\tilde{X} = \tilde{X}\Lambda$
4: $X := C^{-1}\tilde{X}$

$B = C^{\mathsf{T}}C$ の分解に演算量が少ないコレスキー分解にもとづく方法を示したが，固有値分解 $B = YDY^{\mathsf{T}}$ を利用してもよい．B が正定値であれば固有値は正，つまり $D > 0$ なので D の対角要素ごとに平方根をとることができる．$D = D^{1/2}D^{1/2}$ とおき，$\tilde{C} = D^{1/2}Y$ として一般化固有値問題を対称の標準固有値問題に変換できる．

2.6.2　一 般 の 場 合

もし行列 B が正則ではあるが正定値でないときは，$(A - \lambda B)\boldsymbol{x} = \boldsymbol{0}$ に左から B^{-1} を作用させて

$$B^{-1}(A - \lambda B)\boldsymbol{x} = (B^{-1}A - \lambda I)\boldsymbol{x} = \boldsymbol{0} \tag{2.156}$$

$B^{-1}A = C_2$ とおけば，これは

$$(C_2 - \lambda I)\boldsymbol{x} = \boldsymbol{0} \tag{2.157}$$

のような標準固有値問題となる．一般に C_2 は非対称行列になるので，陰的ダブルシフト QR 法のような非対称行列向けの解法を用いる．

2.6.3 QZ 法

一般化固有値問題 $(A\boldsymbol{z} = \lambda B\boldsymbol{z})$ に対する QZ 法は，標準固有値問題に対する QR 法に対応する手法であり，LAPACK の GGEV ルーチン群に採用されている．

QZ 法 (Moler–Stewart)[33] は「任意の正方行列 A, B はあるユニタリ変換 Q と Z により上三角行列 QAZ, QBZ に変換できる」ことにもとづいて，一般化固有値問題をより簡易な形式に変換する．

QZ 法の中核部分は次の 3 ステップによって構成される上三角化である．

(1) B の QR 分解 $(B = QR \Rightarrow Q^{\mathsf{T}}B = R)$．
(2) $Q^{\mathsf{T}}A = \tilde{A}$ に対してヘッセンベルグ標準化を行う．R の形状を上三角に保つために途中で Bulge Chasing を行う．

$$\left(\prod_l Q_l\right) \tilde{A} \left(\prod_l Z_l\right) = H \tag{2.158}$$

$$\left(\prod_l Q_l\right) R \left(\prod_l Z_l\right) = \tilde{R} \tag{2.159}$$

(3) H に対する Francis の QR ステップを利用して $H \to$ 上三角行列への反復を進める．ここでも $\tilde{R}$ の形状を上三角に保つ．

上記ステップは，$[A, B]$ の表記を用いた方が理解しやすい．ここでは QR 分解，H 変換，Francis の QR ステップについて，A, B の要素がどのように変化するのかを説明する．

(1) $B = QR$ と分解できたとして，Q^{T} を左側から作用させる．

$$Q^{\mathsf{T}}[A, B] \to [\tilde{A}, R] \tag{2.160}$$

(2) $\tilde{A}$ は密行列. R は上三角行列である.

$$[\tilde{A}, R] = \begin{pmatrix} a & a & a & a \\ a & a & a & a \\ a & a & a & a \\ a & a & a & a \end{pmatrix}, \begin{pmatrix} r & r & r & r \\ & r & r & r \\ & & r & r \\ & & & r \end{pmatrix} \tag{2.161}$$

$\tilde{A}_{4,1}$ を 0 とする左作用のギブンス回転 $G(\theta_{4,1})$ を考える.

$$G(\theta_{4,1})[\tilde{A}, R] = \begin{pmatrix} a & a & a & a \\ a & a & a & a \\ * & * & * & * \\ & * & * & * \end{pmatrix}, \begin{pmatrix} r & r & r & r \\ & r & r & r \\ & & * & * \\ & & * & * \end{pmatrix} \tag{2.162}$$

$G(\theta_{4,1})[\tilde{A}, R] \to [\tilde{A}, \tilde{R}]$ とおく.

次に, $\tilde{R}_{4,3}$ を 0 とする右作用のギブンス回転 $G(\theta_{4,3})$ を考える.

$$[\tilde{A}, \tilde{R}]G(\theta_{4,3}) = \begin{pmatrix} a & a & * & * \\ a & a & * & * \\ a & a & * & * \\ a & * & * \end{pmatrix}, \begin{pmatrix} r & r & * & * \\ & r & * & * \\ & & * & * \\ & & & * \end{pmatrix} \tag{2.163}$$

引き続き $\tilde{A}_{3,1}$ を 0 とする左作用ギブンス回転と右作用ギブンス回転 $\to \tilde{A}_{4,2} \cdots$ などなどを繰り返すことで $[\tilde{A}, \tilde{R}]$ は $[H, R]$ (H はヘッセンベルグ行列, R は上三角行列) の最終形を得る.

(3) 標準固有値問題用の Francis の QR ステップを H に対して作用させることを考える. 同時に R にも作用させるため, 常に R が上三角になるよう適切な右作用ギブンス回転を施す. (2) で得られた H, R を H_1, R_1 とおき, 以下の反復を開始する.

$H_k = \hat{Q}_k \hat{R}_k$ として, $Q_k{}^{\mathsf{H}} R_k = C$ を「上三角行列・直交行列」の形に行列分解 (RQ 分解) する.

$$C = \check{R}_k \check{Q}_k \Rightarrow \hat{Q}_k[H_k, R_k]\check{Q}_k^{\mathsf{H}} = [H_{k+1}, R_{k+1}] \tag{2.164}$$

68   2 密行列の固有値計算

この更新を H_k が上三角行列に収束するまで繰り返し,

$$Q = \prod_{k=1} Q_k^{\mathsf{H}} \tag{2.165}$$

$$Z = \prod_{k=1} \breve{Q}_k^{\mathsf{H}} \tag{2.166}$$

とおく.

最終的に $Q^{\mathsf{H}}[H,R]Z = [S,T]$ への変形により一般化固有値問題 $(S - \lambda T)\boldsymbol{y} = \boldsymbol{0}$ を解くことに帰着される. 固有値は上三角行列 S の対角要素から $\lambda_i = s_{ii}/t_{ii}$ と計算される. 固有ベクトルは上三角行列を係数とする連立 1 次方程式を解いて求める.

2.7 非線形固有値問題

一般化固有値問題は

$$(M_1\lambda - M_0)\boldsymbol{x} = \boldsymbol{0} \tag{2.167}$$

と表記できる. $M_1\lambda - M_0$ の部分を λ に対する複数の 1 次式から構成されたものと考え, 一般の多項式の議論と同様に,

$$(M_L\lambda^L + M_{L-1}\lambda^{L-1} + \ldots + M_1\lambda^1 + M_0)\boldsymbol{x} = \boldsymbol{0} \tag{2.168}$$

を満足する λ と $\boldsymbol{x}$ の対を求める問題を考えることができる. ここで, $M_L\lambda^L + M_{L-1}\lambda^{L-1} + \ldots + M_1\lambda^1 + M_0$ の部分を $P_L(\lambda)$ とおくと, 式 (2.168) は

$$P_L(\lambda)\boldsymbol{x} = \boldsymbol{0} \tag{2.169}$$

と表すことができる. 有理式の表記も考えることができて, $|Q_M(\lambda)| \neq 0$ なる λ に対して, $R_{M,L}(\lambda) = Q_M^{-1}(\lambda)P_L(\lambda)$ とおき,

$$R_{M,L}(\lambda)\boldsymbol{x} = \boldsymbol{0} \tag{2.170}$$

さらに行列関数の一般形を用いて

$$F(\lambda)\boldsymbol{x} = \boldsymbol{0} \tag{2.171}$$

となるような λ と $\boldsymbol{x}$ を求める問題を定めることができる. このとき P, R, F が λ に対して 1 次式でないときを非線形固有値問題 (Non-linear Eigenvalue Problems; NEP) とよぶ.

工学上最もよく現れる非線形固有値問題は以下の 2 次多項式の形をしている.

$$(\lambda^2 M + \lambda C + K)\boldsymbol{x} = \boldsymbol{0} \tag{2.172}$$

たとえば機械工学では, M を質量項 (mass term), C を減衰項 (damping term), K をばねなどの剛性項 (stiffness term) を含む運動方程式を表記したものに相当する. また, 電子系であれば RLC 回路系を微分のみで表現したものはこの形に相当する.

いま, 機械工学に現れる定式化にあわせて, M, K は正定値エルミート行列, C はエルミート行列, すなわち $M^{\mathsf{H}} = M > 0, C^{\mathsf{H}} = C, K^{\mathsf{H}} = K > 0$ という条件を課す. このとき

$$A = \begin{pmatrix} O & I \\ -K & -C \end{pmatrix}, \qquad B = \begin{pmatrix} I & O \\ O & M \end{pmatrix} \tag{2.173}$$

$$\boldsymbol{z} = \begin{pmatrix} \boldsymbol{x} \\ \lambda \boldsymbol{x} \end{pmatrix}, \qquad \boldsymbol{w} = \begin{pmatrix} (\lambda M + C)^{\mathsf{H}} \boldsymbol{y} \\ \boldsymbol{y} \end{pmatrix} \tag{2.174}$$

とおくと, 非線形固有値問題 (2.172) は

$$A\boldsymbol{z} = \lambda B\boldsymbol{z}, \qquad \boldsymbol{w}^{\mathsf{H}} A = \lambda \boldsymbol{w}^{\mathsf{H}} B \tag{2.175}$$

なる形式の一般化固有値問題となる. このような操作を**線形化**とよぶ.

上記の式 (2.172) の非線形固有値問題の数値解法は, 線形化によって得られた一般化固有値問題 (2.175) を解くことに帰着される. いま, M, C, K のすべてがエルミート行列, M は正定値のとき, 式 (2.175) は非対称の一般化固有値問題となる (なお B は正定値エルミート行列).

また, 線形化の別法を用いると,

$$A\boldsymbol{z} = \lambda B\boldsymbol{z}, \qquad \boldsymbol{w}^{\mathsf{H}} A = \lambda \boldsymbol{w}^{\mathsf{H}} B \tag{2.176}$$

70   2 密行列の固有値計算

$$A = \begin{pmatrix} O & -K \\ -K & -C \end{pmatrix}, \qquad B = \begin{pmatrix} -K & O \\ O & M \end{pmatrix} \tag{2.177}$$

$$z = \begin{pmatrix} x \\ \lambda x \end{pmatrix}, \qquad \omega = \begin{pmatrix} y \\ \overline{\lambda} y \end{pmatrix} \tag{2.178}$$

とできるが，このとき A と B はエルミートだが，どちらも正定値ではない．

2.7.1 非線形固有値問題の解法

a. ニュートン法

いま，非線形固有値問題 $F(\lambda)v = 0$ に対して $\mathcal{F}$ を次のように定めるとき

$$\mathcal{F} \begin{pmatrix} v \\ \lambda \end{pmatrix} = \begin{pmatrix} F(\lambda)v \\ u^H v - 1 \end{pmatrix} \tag{2.179}$$

$\mathcal{F}$ に対応するヤコビ行列 (Jacobian matrix) は

$$J_{\mathcal{F}} \begin{pmatrix} v \\ \lambda \end{pmatrix} = \begin{pmatrix} F(\lambda) & F'(\lambda)v \\ u^H & 0 \end{pmatrix} \tag{2.180}$$

である．このとき，$F(\lambda)v = 0 \Rightarrow \mathcal{F} \begin{pmatrix} v \\ \lambda \end{pmatrix} = 0$ のベクトル型方程式を解くニュートン反復は次のように与えられる．

$$\begin{pmatrix} v^{k+1} \\ \lambda^{k+1} \end{pmatrix} = \begin{pmatrix} v^k \\ \lambda^k \end{pmatrix} - \left\{ J_{\mathcal{F}} \begin{pmatrix} v^k \\ \lambda^k \end{pmatrix} \right\}^{-1} \mathcal{F} \begin{pmatrix} v^k \\ \lambda^k \end{pmatrix} \tag{2.181}$$

なお，$\mathcal{F}$ はもともとの $F(\lambda)v$ が $n \times n$ の形状であるのに対して $(n+1) \times (n+1)$ に拡張した形式になっている．拡張に関しては $u^H v = 1$ とする u を導入している．

b. 逆反復法

ベクトル関数型ニュートン法を書き直したのが以下に示す逆反復法 (Unger[34]) である．

(1) 初期解対 $(\lambda^{(0)}, v^{(0)})$ と u $(\|v^{(0)}\| = 1, u \neq 0)$ を選ぶ．

(2) $k = 0, 1, \cdots$ (収束するまで)

- $F(\lambda^{(k)})\tilde{\boldsymbol{v}}^{(k+1)} = F'(\lambda^{(k)})\boldsymbol{v}^{(k)}$ を解く.
- $\lambda^{(k+1)} = \lambda^{(k)} - \dfrac{\boldsymbol{u}^{\mathsf{H}}\boldsymbol{v}^{(k)}}{\boldsymbol{u}^{\mathsf{H}}\tilde{\boldsymbol{v}}^{(k+1)}}$ を定める.
- $\boldsymbol{v}^{(k+1)} = \dfrac{\tilde{\boldsymbol{v}}^{(k+1)}}{\|\tilde{\boldsymbol{v}}^{(k+1)}\|}$ と正規化する.

なお,左固有ベクトルを導入したレイリー汎関数反復 (Rayleigh functional iteration) などもニュートン法由来の解法である.詳細は,Güttel らのレビュー論文 "The Nonlinear Eigenvalue Problem"[35] を参考にされたい.

2.8 最新のアルゴリズム

2.8.1 MRRR 法

近年注目されている MRRR (Multiple Relatively Robust Representations) 法は,逆反復法の問題点を改良し,先進的な高精度固有値計算アルゴリズムを組み合わせることで,全固有ベクトルを $O(n^2)$ の計算コストが求められる解法である[36,37].MRRR 法では,2 種類の先進的なアルゴリズムを使用し,以下の手順で 3 重対角行列の固有値と固有ベクトルを計算する.

- DQDS による高精度固有値計算
- DSTQDS+DPQDS 法による初期固有ベクトルの推定
- twisted 分解を用いた逆反復法

Dhillon によって提唱された MRRR アルゴリズムは,全固有ベクトルを計算する過程が $O(n^2)$ で実施可能である.従来の固有ベクトル計算法の計算量が $O(n^3)$ であったため,MRRR アルゴリズムの発表時には「聖杯アルゴリズム」ともよばれた.実装上の成熟度が進んでいないために $O(n^2)$ の有意さが認知されていないが,大規模問題にはきわめて計算量が少ないアルゴリズムである.現時点では,LAPACK の `DSYEVR` や ScaLAPACK の `PDSYEVR`,また Elemental の `PMRRR`[38] で使用されている.

72   2   密行列の固有値計算

アルゴリズム **2.15**   DQDS 法による高精度固有値計算

1: **function** $q :=$ dqds($\{\alpha_i\}, \{\beta_i\}$)
2:    $q_i := \alpha_i^2,\ e_i := \beta_i^2 (i = 1, \ldots, n)$
3:    $d := q_1 - r^2$
4: **for** $i = 1, n - 1$ **do**
5:        $\hat{q}_i := d + e_i$
6:        $e_i := e_i q_{i+1}/\hat{q}_i$
7:        $d := d q_{i+1}/\hat{q}_i - r^2$
8: **end for**
9:    $\hat{q}_n := d$

　しかしながら，いくつかの理論的証明が完成していないなど，今後理論面とソフトウェアの両面の進展が進むことが望まれている．理論背景などは山本のレビュー論文[39]に示されている．ここでの記法も山本のレビュー論文のスタイルに準じる．

　それぞれのステップの詳細をアルゴリズム 2.15 からアルゴリズム 2.18 に示す．以下，MRRR 法の各ステップでの計算方法について詳述する．

(i) DQDS 法による高精度固有値計算   Differential QD with Shift (DQDS) 法の概要は以下の通りになる．3 重対角行列 T をコレスキー分解により 2 重対角行列の積 $T = L_0 L_0^{\mathsf{T}}$ とし，L_0 の対角成分を $\alpha_1, \alpha_2, \cdots, \alpha_n$，副対角成分を $\beta_1, \beta_2, \cdots, \beta_{n-1}$ とおく．r^2 はシフト量であり，高い精度で計算するには T の最小固有値よりも小さくとるのが望ましいとされる．DQDS 法は $T^{(1)} := L_0^{\mathsf{T}} L_0 = L_1 L_1^{\mathsf{T}} \rightarrow T^{(2)} = L_1^{\mathsf{T}} L_1 = L_2 L_2^{\mathsf{T}}$ なる反復を繰り返すが，行列を陰的に作成する過程で全要素を 2 乗し平方根を完全に排除し，シフト量を導入して反復を加速

アルゴリズム **2.16**   DSTQDS (Differential STationary QD with Shift) 法

1: **function** $[D_+, L_+, s] :=$ dstqds($\{l_i\}, \{d_i\}, \hat{\lambda}$)
2:    $s_1 := -\hat{\lambda}$
3: **for** $i = 1, n - 1$ **do**
4:        $D_+(i) := s_i + d_i$
5:        $L_+(i) := d_i l_i / D_+(i)$
6:        $s_{i+1} := L_+(i) l_i s_i - \hat{\lambda}$
7: **end for**
8:    $D_+(n) := s_n + d_n$

2.8 最新のアルゴリズム　73

アルゴリズム **2.17**　　DPQDS (Differential Progressive QD with Shift) 法

1: **function** $[D_-, U_-, p] :=$ dpqds($\{l_i\}, \{d_i\}, \hat{\lambda}$)
2: 　$p_n := d_n - \hat{\lambda}$
3: 　**for** $i = n - 1, 1, -1$ **do**
4: 　　$D_-(i+1) := d_i l_i^2 + p_{i+1}$
5: 　　$U_-(i) := l_i d_i / D_-(i)$
6: 　　$p_i := p_{i+1} d_i / D_-(i) - \hat{\lambda}$
7: 　**end for**
8: 　$D_-(1) := p_1$

したものになっている．反復を進めることにより $\hat{q}_i$ は $T = LDL^\mathsf{T}$ の第 i 番要素
に収束する．

(ii) DSTQDS+DPQDS 法による初期固有ベクトルの推定　　2 種類の QD 法アル
ゴリズム，DSTQDS 法と DPQDS 法を用いて，逆反復法の初期固有ベクトル $\boldsymbol{p}$ の
推定を行う．まず，D, D_+, D_- を i 番目の要素がそれぞれ $d_i, D_+(i), D_-(i)$ となる
対角行列とする．さらに，L, L_+ を対角要素が 1 となる下 2 重対角行列，U, U_- を対

アルゴリズム **2.18**　　twisted 分解を用いた逆反復法

1: **function** $\boldsymbol{u} :=$ Getvec ($D, L, D_+, L_+, D_-, U_-, s, \boldsymbol{p}, \hat{\lambda}$)
2: 　**for** $i = 1, n - 1, 1$ **do**
3: 　　$\gamma_i := s_i + (d_i / D_-(i+1)) p_{i+1}$
4: 　**end for**
5: 　$\gamma_n := s_n + p_n + \hat{\lambda}$
6: 　$k := \min_j \arg |\gamma_j|$
7: 　$N_k := \begin{bmatrix} 1 & & & & & & & \\ l_1 & \ddots & & & & & & \\ & \ddots & 1 & & & & & \\ & & l_{k-1} & 1 & u_{k+1} & & & \\ & & & & 1 & \ddots & & \\ & & & & & \ddots & u_{n-1} & \\ & & & & & & 1 \end{bmatrix}$
8: 　**solve** $N_k^\mathsf{T} \boldsymbol{u} = \boldsymbol{e}_k$
9: 　$\boldsymbol{u} := \boldsymbol{u} / \|\boldsymbol{u}\|$

---

74   2 密行列の固有値計算

角要素が1となる上2重対角行列とし，副対角要素はそれぞれ $l_i, L_+(i), u_i, U_-(i)$ と表記する．

MRRR 法では $T = LDL^\mathsf{T}$ の近似固有値 $\hat\lambda$ に対する逆反復式を考える．つまり，$T - \hat\lambda I$ の逆行列を LDL^T 分解もしくは UDU^T 分解により高精度に求める．ここで，上記の L_+, U_- などの下添字に $+-$ を付した表記を LDL^T，UDU^T 分解にそれぞれ使用する．

$$LDL^\mathsf{T} - \hat\lambda I = L_+ D_+ L_+{}^\mathsf{T} \tag{2.182}$$

$$LDL^\mathsf{T} - \hat\lambda I = U_- D_- U_-{}^\mathsf{T} \tag{2.183}$$

(iii) twisted 分解を用いた逆反復法 $\hat\lambda$ に適切な初期反復ベクトル推定し，twisted 分解 N_k を用いた逆反復法により近似固有ベクトルを計算する．

2.8.2 スペクトラル分割統治法

スペクトラル分割統治法は特殊な行列分解 (極分解) にもとづいて，ある固有値よりも大きい小さいを区分して固有値計算を行う方法である．ここでは中務によって提唱されている QR 分解にもとづいた高速な極分解アルゴリズム QDWH (QR Dynamically-Weighted Halley) 法[40]を使った QDWH-eig を紹介する．QDWH-eig はエルミート行列が対象であるが，QDWH 法による高速な極分解は特異値計算にも適用可能であり，固有値計算ならびに特異値計算ともに Elemental-QDWH, ScaLAPACK-QDWH が初期の実装系として知られている[41]．なお，極分解 (polar decomposition) とは，任意の実正方行列 A を直交行列 U_p と半正定値行列 H の積 $(A = U_p H)$ に分解することである．ここでは一般形として，正方でない行列 $A \in \mathbb{R}^{m \times n} (m \geq n)$ を直交行ベクトルからなる行列 $U_p \in \mathbb{R}^{m \times n}$ と半正定値行列 H の積 $A = U_p H$ に分解することとする．

いま，なんらかの方法で $A = U_p H$ の極分解ができたとき，両者は $A = V \Lambda V^\mathsf{H}$ の固有分解に対して

$$\begin{aligned}
A &= V \Lambda V^\mathsf{H} = V \operatorname{diag}(\Lambda_+, \Lambda_-) V^\mathsf{H} \\
&= V \operatorname{diag}(I_k, -I_{n-k}) V^\mathsf{H} \cdot V \operatorname{diag}(\Lambda_+, |\Lambda_-|) V^\mathsf{H} \\
&= U_p H
\end{aligned}$$

と対応付けられる．ここで，Λ_+, Λ_- は A の固有値の正，負を取り出した対角行列である．また，正の固有値は k 個あるとする．このとき，V についても $V = [V_+, V_-]$ と対応するベクトルを分けて示す．

$$\begin{aligned}
U_p + I &= [V_+, V_-] \operatorname{diag}(I_k, -I_{n-k})[V_+, V_-]^{\mathsf{H}} + I \\
&= [V_+, V_-] \operatorname{diag}(2I_k, O_{n-k})[V_+, V_-]^{\mathsf{H}} \\
&= 2V_+ V_+^{\mathsf{H}}
\end{aligned}$$

の関係になるので，上式を満足するような V_+ と残りの部分空間 V_- に分けることができれば，$\operatorname{diag}(A_+, A_-) = [V_+, V_-]^{\mathsf{H}} A[V_+, V_-]$ と，行列を固有値分布にもとづいて分割でき，$A_+ = V_+^{\mathsf{H}} A V_+, A_- = V_-^{\mathsf{H}} A V_-$ と射影した小行列の固有値問題に帰着できる．同様の方法で (再帰的に)，小問題 (A_+, A_- の固有値問題) を解き，固有ベクトルを小問題から大問題 (上位の問題) に統治していくことで全体の固有値問題を解くことができる．

次に，QDWH 法を用いた固有値計算 QDWH-eig の手順を紹介する．

(1) 実対称行列 A の固有値の中から平均値 σ を選ぶ．

(2) $A - \sigma I$ に極分解を施す (QDWH アルゴリズム)．

$$A - \sigma I = UH \tag{2.184}$$

- U は以下に示す反復法の収束解とし，

$$X_{k+1} = X_k(a_k I + b_k X_k^{\mathsf{H}} X_k)(I + c_k X_k^{\mathsf{H}} X_k)^{-1} \tag{2.185}$$

なお $X_0 = A/\alpha\,(\alpha \gtrsim \|A\|_2)$ とする．

$$a_k = h(L_k), \quad b_k = (a_k - 1)^2/4, \quad c_k = a_k + b_k - 1 \tag{2.186}$$

$$h(s) = \sqrt{1 - \gamma} + \frac{1}{2}\sqrt{8 - 4\gamma + 8(2 - s)^2/(s^2\sqrt{1 + \gamma})} \tag{2.187}$$

$$\gamma = \sqrt[3]{4(1 - s^2)/s^4} \tag{2.188}$$

$$L_k = L_{k-1}\frac{a_k + b_k L_{k-1}^2}{1 + c_k L_{k-1}^2} \qquad (L_0 \lesssim \sigma_{\min}(X_0)) \tag{2.189}$$

- H は以下のように定まる.

$$H = \frac{1}{2}(U^{\mathsf{H}}A + (U^{\mathsf{H}}A)^{\mathsf{H}}) \tag{2.190}$$

(3) 極分解の結果を使って $A - \sigma I$ の固有値の符号に応じて行列を固有値 σ からみて, (a) それ以上, (b) それ以下の 2 つの区間に分けて表現する. $C = \frac{1}{2}(U+I)$ に対して, 部分空間反復を使って V の精度を高める.

- 初期行列 X を設定する (行列 C の適切な数の列ベクトルを選択する).
- $([V_1, V_2], [R; O]) = \mathrm{qr}(X)$ を計算する.
- $E := V_2^{\mathsf{H}} A V_1$ とおく.
- もし $\|E\|_F / \|A\|_F \le \varepsilon$ ならば反復を終了する.
- $X := CV_1$ として繰り返す.

(4) $A_1 = V_1^{\mathsf{H}} A V_1$ と $A_2 = V_2^{\mathsf{H}} A V_2$ に対してそれぞれ固有値問題を解く. 固有値計算は再帰的に本手法の (1) から始めて計算することができる.

(5) 解くべき固有値問題がすべて対角化されたら終了する.

論文によれば, 上記部分空間反復法で初期ベクトルに選ぶベクトルの本数を $k + \tilde{k}$ 本としている. k は $k = \lceil \|C\|_F^2 \rceil$ で定まるが, $\tilde{k}$ は安全係数であり, 経験的に 3 が適当であるとのことである.

QDWH-eig アルゴリズムの計算量は $27n^3$ である. 一般的な密行列の固有値計算の計算量が $9n^3$ であるので, 計算量の面では不利ともいえるが, 潜在的な並列性や行列行列積が主要な計算であることから高い計算性能を発揮できる. また一方で, QDWH-eig は既存の計算手法と比べて高い計算精度を示している. 並列計算性能と計算精度の両面から将来性の高い計算アルゴリズムとして注目されている.

3 疎行列の固有値計算

　科学技術計算に現れる固有値計算において，対象とするモデルの離散化などにより得られる疎行列の数個の固有値とそれに対応する固有ベクトルのみを計算することが頻繁に必要になる．このような疎行列に対しても，密行列用の手法を用いて計算ができるが，行列のゼロ要素を考慮せずに，すべての固有値および固有ベクトルを計算するため計算量が多くなる．本章では，ゼロ要素が多いという疎行列の特徴を考慮し，反復法を用いて固有値と固有ベクトルを計算する代表的な方法であるアーノルディ法 (非対称行列)，ヤコビ–ダビッドソン法 (非対称行列)，ランチョス法 (実対称行列またはエルミート行列)，LOBPCG 法 (実対称行列) ついて述べる．

3.1　レイリー–リッツ法

　はじめに，疎行列の固有値計算において基本となる理論であるレイリー–リッツ (Rayleigh–Ritz) 法について説明する．

　$n \times n$ 行列 A の $m(<n)$ 本の固有ベクトル $\boldsymbol{v}_1, \ldots, \boldsymbol{v}_m$ で構成される空間を

$$V = [\boldsymbol{v}_1, \ldots, \boldsymbol{v}_m]$$

とする．また，これらの固有ベクトルに対応する固有値 $\lambda_1, \ldots, \lambda_m$ を対角に並べた対角行列を Λ とする．このとき，

$$AV = V\Lambda \tag{3.1}$$

が成り立つ．ここで，空間 V が m 本の基底ベクトル $\boldsymbol{z}_1, \ldots, \boldsymbol{z}_m$ で表現できると仮定する．つまり空間 V は $Z(= [\boldsymbol{z}_1, \ldots, \boldsymbol{z}_m])$ および適当な $m \times m$ の行列 Y

– 77 –

78   3 疎行列の固有値計算

を用いて

$$V = ZY \tag{3.2}$$

と表せると仮定する．ここで，式 (3.1) の V を式 (3.2) の YZ に置き換え，両辺に左から Z^{T} をかけると

$$Z^{\mathsf{T}} A Z Y = Z^{\mathsf{T}} Z Y \Lambda \tag{3.3}$$

を得る．つまり，行列 A よりも小さい行列 $Z^{\mathsf{T}} A Z$ および $Z^{\mathsf{T}} Z$ に対する一般化固有値問題

$$(Z^{\mathsf{T}} A Z) \boldsymbol{y} = (Z^{\mathsf{T}} Z) \lambda \boldsymbol{y} \tag{3.4}$$

を計算することで，固有値 λ_i $(i = 1, \dots, m)$ を計算できる．さらに，固有値 λ_i に対応する式 (3.4) の固有ベクトル $\boldsymbol{y}_i$ を用いると，式 (3.2) の関係から行列 A の固有ベクトル $\boldsymbol{v}_i$ は

$$\boldsymbol{v}_i = Z \boldsymbol{y}_i$$

で計算できる．

実際は，式 (3.2) を満足するような空間 Z はわからないため，適切に設定する必要がある．このベクトル $\boldsymbol{z}_i$ が A の真の固有ベクトルに近いほど，この技法により得られる A の固有値および固有ベクトルは真の解に近くなるため，一般には何らかの方法で計算した A の近似固有ベクトルを用いる[42]．

3.2 非対称行列の解法

3.2.1 アーノルディ法

初期ベクトル $\boldsymbol{x}_0$ に行列 A をかけることで生成されるクリロフ列 $\boldsymbol{x}_0$, $A\boldsymbol{x}_0$, $A^2\boldsymbol{x}_0$, $A^3\boldsymbol{x}_0$, $\dots$ は 2 章で説明したべき乗法そのものであり，その収束先は絶対値最大の固有値 (優越固有値) に対応する固有ベクトルである．この部分列で構成される部分空間 (クリロフ部分空間)

$$\kappa_m(A, \boldsymbol{x}_0) = \left\{ \boldsymbol{x}_0,\ A\boldsymbol{x}_0,\ A^2\boldsymbol{x}_0, \dots,\ A^{m-1}\boldsymbol{x}_0 \right\}$$

においてレイリー–リッツ法を適用し A の固有値を計算することを考える．それには，クリロフ部分空間 $\kappa_m(A, \boldsymbol{x}_0)$ の正規直交基底 $\boldsymbol{v}_0,\ \boldsymbol{v}_1, \ldots, \boldsymbol{v}_{m-1}$ が必要になるため，クリロフ列

$$\boldsymbol{x}_0,\ A\boldsymbol{x}_0,\ A^2\boldsymbol{x}_0,\ \ldots,\ A^{m-1}\boldsymbol{x}_0$$

にグラム–シュミットの直交化を施して生成する．

具体的な計算方法は以下のとおりである．まず，初期ベクトル $\boldsymbol{v}_1$ として適当な単位ベクトルを用意する．このベクトル $\boldsymbol{v}_1$ と直交した単位ベクトル $\boldsymbol{v}_2$ を用いて $A\boldsymbol{v}_1$ を

$$A\boldsymbol{v}_1 = h_{1,1}\boldsymbol{v}_1 + h_{2,1}\boldsymbol{v}_2 \tag{3.5}$$

と表す．この式の両辺に $\boldsymbol{v}_1^{\mathsf{T}}$ をかけると，$h_{1,1} = (\boldsymbol{v}_1, A\boldsymbol{v}_1)$ が得られる．ここで $(\cdot, \cdot)$ は内積を表す．また，$h_{2,1}\boldsymbol{v}_2 = A\boldsymbol{v}_1 - h_{1,1}\boldsymbol{v}_1$ なので $h_{2,1} = \|A\boldsymbol{v}_1 - h_{1,1}\boldsymbol{v}_1\|$ の関係があることがわかる．

以上の計算を一般化すると $\boldsymbol{v}_{j+1}$ は

$$\boldsymbol{w}_{j+1} = A\boldsymbol{v}_j - \sum_{i=1}^{j} h_{i,j}\boldsymbol{v}_i \tag{3.6}$$

$$\boldsymbol{v}_{j+1} = \frac{\boldsymbol{w}_{j+1}}{\|\boldsymbol{w}_{j+1}\|} \tag{3.7}$$

で，$h_{i,j}$ は

$$h_{i,j} = (\boldsymbol{v}_i, A\boldsymbol{v}_j) \quad (i \le j)$$
$$h_{i,j} = \|\boldsymbol{w}_{j+1}\| \quad\ \ (i = j+1)$$
$$h_{i,j} = 0 \qquad\qquad (i \ge j+2)$$

で計算できる．この反復計算はアーノルディ(Arnoldi) 反復とよばれる．この反復計算で作成したベクトル列 $\boldsymbol{v}_1,\ \boldsymbol{v}_2, \ldots, \boldsymbol{v}_m$ がクリロフ部分空間 $\kappa_m(A, v_1)$ の正規直交基底になっている．基底であることは帰納法で確認できる．$A\boldsymbol{v}_1$ が $\boldsymbol{v}_1$ および $\boldsymbol{v}_2$ で表せるのは式 (3.5) から明らかである．$A^i\boldsymbol{v}_1$ が $\boldsymbol{v}_1,\ \boldsymbol{v}_2, \ldots, \boldsymbol{v}_i$ に含まれている，つまり，適切な α_i を用いて

$$A^i\boldsymbol{v}_1 = \sum_{i=1}^{j} \alpha_i \boldsymbol{v}_i$$

で表せると仮定する．この両辺に A をかけると

$$A^{i+1}\boldsymbol{v}_1 = \sum_{i=1}^{j} \alpha_i A\boldsymbol{v}_i$$

となるが，式 (3.6) および式 (3.7) から

$$A\boldsymbol{v}_j = \sum_{i=1}^{j+1} h_{i,j}\boldsymbol{v}_i$$

となるため，$A^{i+1}\boldsymbol{v}_1$ が $\boldsymbol{v}_1,\ \boldsymbol{v}_2,\ \ldots,\ \boldsymbol{v}_{i+1}$ を用いて表現できることが示せる．また，式 (3.7) を考慮し式 (3.6) の両辺に左から $\boldsymbol{v}_i^{\mathsf{T}}(i \leq j)$ をかけると，左辺の $(\boldsymbol{v}_i, \boldsymbol{w}_{i+1})$ に対して右辺が 0 になることから直交性も確認できる．さらに，式 (3.7) から $\boldsymbol{v}_i$ のノルムは 1 であることから，アーノルディ反復で生成されるベクトル列 $\boldsymbol{v}_1,\ \boldsymbol{v}_2,\ \ldots,\ \boldsymbol{v}_m$ が正規直交基底であることが示せた．

以上のことから，$V_m = (\boldsymbol{v}_1, \boldsymbol{v}_2, \ldots, \boldsymbol{v}_m)$ を用いると

$$AV_m = V_m H_m$$

と表せる．ここで，H_m の (i, j) 成分は $h_{i,j}$ であることから，次のようなヘッセンベルグ行列

$$H_m = \begin{pmatrix} h_{1,1} & h_{1,2} & \cdots & & h_{1,m-1} & h_{1,m} \\ h_{2,1} & h_{2,2} & h_{2,3} & & \cdots & h_{2,m} \\ & \ddots & \ddots & & \ddots & \vdots \\ & & h_{m-1,m-2} & h_{m-1,m-1} & h_{m-1,m} \\ & & & h_{m,m-1} & h_{m,m} \end{pmatrix} \tag{3.8}$$

になる．そして行列 $V_m^{\mathsf{T}} A V_m = H_m$ から，レイリー–リッツ法を考慮すると，このヘッセンベルグ行列は m 本の正規直交基底 $\boldsymbol{v}_1, \boldsymbol{v}_2, \ldots, \boldsymbol{v}_m$ で張られる空間に行列 A を射影したものになるため，この行列 H_m の固有値はもとの行列 A の固有値を近似したものになっている．そのため，行列 A よりも小さい次元のヘッセンベルグ行列の固有値を計算することで，A の近似固有値を得ることができる．このヘッセンベルグ行列はギブンス回転を用いた QR 分解により高速に固有値を

アルゴリズム **3.1** アーノルディ反復を利用したヘッセンベルグ行列の作成

```
 1: $\boldsymbol{v}_1$ := an initial guess
 2: $\boldsymbol{v}_1 := \boldsymbol{v}_1/\|\boldsymbol{v}_1\|$
 3: for $j = 1, m$ do
 4:     $\boldsymbol{w} := A\boldsymbol{v}_j$
 5:     for $i = 1, j$ do
 6:         $h_{i,j} := (\boldsymbol{v}_i, \boldsymbol{w})$
 7:         $\boldsymbol{w} := \boldsymbol{w} - h_{i,j}\boldsymbol{v}_i$
 8:     end for
 9:     $h_{i,i+1} = \|\boldsymbol{w}\|$
10:     $\boldsymbol{v}_{j+1} := \boldsymbol{w}/h_{i,i+1}$
11: end for
```

計算できることが知られている[42]. また, H_m の固有値 λ_j に対応する A の固有ベクトル $\boldsymbol{z}_i$ は固有値 λ_j に対応する H_m の固有ベクトル $\boldsymbol{y}_j$ を利用して

$$\boldsymbol{z}_j = V_m \boldsymbol{y}_j$$

で与えられる.

　実際にアーノルディ反復を利用してヘッセンベルグ行列を作成するアルゴリズムをアルゴリズム 3.1 に示す. アルゴリズム 3.1 では, 反復ごとに 1 回の行列ベクトル積が必要になる. また, この計算で保存すべきデータは, 行列 A の情報, 反復で求めたベクトル $\boldsymbol{v}_j$ およびヘッセンベルグ行列の要素 $h_{i,j}$ である. 行列 A は疎行列であることから, 非ゼロ要素のみを保存することでメモリの使用量を減らすことができるが, 行列ベクトル積を高速に実行するためには, 行列 A の非ゼロ要素の出現位置の規則性を考慮した格納法を用いることが重要になる. l 本の固有ベクトルを求める際には, ヘッセンベルグ行列の l 本の固有ベクトル $\boldsymbol{z}_j$ および A の l 本の固有ベクトルを格納する配列を用意する必要がある. また, このアルゴリズムを並列計算する際には, 6 行目の $h_{i,j}$ を求めるための内積計算を分割し, 総和を計算するための通信を行うことになるが, この通信は i についてのループ反復ごとに行う必要があるため, 通信のオーバヘッドが大きくなる. 通信をまとめて実行できるアルゴリズム 3.2 が考えられるが, このアルゴリズムの直交化は計算誤差の影響を受けやすい (例題 3.1).

例題 3.1 適切な初期ベクトル $\boldsymbol{v}_1$ を利用したアーノルディ反復において, j に関

82   3 疎行列の固有値計算

する 1 回目の反復において数値誤差の影響でベクトル $\boldsymbol{v}_1$ と $\boldsymbol{v}_2$ が厳密に直交しな
かったとき，アルゴリズム 3.2 を用いると $\boldsymbol{v}_3$ は $\boldsymbol{v}_1$, $\boldsymbol{v}_2$ の両方と直交しないが，
アルゴリズム 3.1 を用いると少なくとも $\boldsymbol{v}_2$ とは直交することを示せ.

(解) ベクトル $\boldsymbol{v}_1$ と $\boldsymbol{v}_2$ が直交していない仮定のため，その内積の値を $a(\neq 0)$ と
おく. また，$\boldsymbol{v}_3$ の正規化については省略する. アルゴリズム 3.2 では，$\boldsymbol{v}_3$ は

$$\boldsymbol{v}_3 = \boldsymbol{w} - (\boldsymbol{v}_1, \boldsymbol{w})\boldsymbol{v}_1 - (\boldsymbol{v}_2, \boldsymbol{w})\boldsymbol{v}_2$$

で計算する. この両辺に $\boldsymbol{v}_1^\mathsf{T}$ および $\boldsymbol{v}_2^\mathsf{T}$ をかけるとそれぞれ

$$(\boldsymbol{v}_1, \boldsymbol{v}_3) = (\boldsymbol{v}_1, \boldsymbol{w}) - (\boldsymbol{v}_1, \boldsymbol{w})(\boldsymbol{v}_1, \boldsymbol{v}_1) - (\boldsymbol{v}_2, \boldsymbol{w})(\boldsymbol{v}_1, \boldsymbol{v}_2) = -(\boldsymbol{v}_2, \boldsymbol{w})a \neq 0$$

$$(\boldsymbol{v}_2, \boldsymbol{v}_3) = (\boldsymbol{v}_2, \boldsymbol{w}) - (\boldsymbol{v}_1, \boldsymbol{w})(\boldsymbol{v}_2, \boldsymbol{v}_1) - (\boldsymbol{v}_2, \boldsymbol{w})(\boldsymbol{v}_2, \boldsymbol{v}_2) = -(\boldsymbol{v}_1, \boldsymbol{w})a \neq 0$$

となって，どちらとも直交しない.

一方，アルゴリズム 3.1 では，$\boldsymbol{v}_3$ は

$$\boldsymbol{w}_1 = \boldsymbol{w} - (\boldsymbol{v}_1, \boldsymbol{w})\boldsymbol{v}_1$$

$$\boldsymbol{v}_3 = \boldsymbol{w}_1 - (\boldsymbol{v}_2, \boldsymbol{w}_1)\boldsymbol{v}_2$$

で計算する. ここで，この両辺に $\boldsymbol{v}_2^\mathsf{T}$ をかけてまとめると

$$(\boldsymbol{v}_2, \boldsymbol{v}_3) = (\boldsymbol{v}_2, \boldsymbol{w}_1) - (\boldsymbol{v}_2, \boldsymbol{w}_1)(\boldsymbol{v}_2, \boldsymbol{v}_2) = 0$$

アルゴリズム **3.2**　通信をまとめて実行するアーノルディ反復

1: $\boldsymbol{v}_1 :=$ an initial guess
2: $\boldsymbol{v}_1 := \boldsymbol{v}_1/\|\boldsymbol{v}_1\|$
3: **for** $j = 1, m$ **do**
4: 　$\boldsymbol{w} := A\boldsymbol{v}_j$
5: 　**for** $i = 1, j$ **do**
6: 　　$h_{i,j} := (\boldsymbol{v}_i, \boldsymbol{w})$
7: 　**end for**
8: 　**for** $i = 1, j$ **do**
9: 　　$\boldsymbol{w} := \boldsymbol{w} - h_{i,j}\boldsymbol{v}_i$
10: 　**end for**
11: 　$h_{i,i+1} := \|\boldsymbol{w}\|$
12: 　$\boldsymbol{v}_{j+1} := \boldsymbol{w}/h_{i,i+1}$
13: **end for**

となり，$\boldsymbol{v}_2$ とは常に直交する．一方，この両辺に $\boldsymbol{v}_1^\mathsf{T}$ をかけてまとめると

$$(\boldsymbol{v}_1, \boldsymbol{v}_3) = (\boldsymbol{v}_1, \boldsymbol{w}_1) - (\boldsymbol{v}_2, \boldsymbol{w}_1)(\boldsymbol{v}_1, \boldsymbol{v}_2)$$
$$= (\boldsymbol{v}_1, \boldsymbol{w}) - (\boldsymbol{v}_1, \boldsymbol{w})(\boldsymbol{v}_1, \boldsymbol{v}_1) - (\boldsymbol{v}_2, \boldsymbol{w}_1)(\boldsymbol{v}_1, \boldsymbol{v}_2) = -(\boldsymbol{v}_2, \boldsymbol{w}_1)a$$

となり，$(\boldsymbol{v}_2, \boldsymbol{w}_1) = 0$ のケースを除いては $\boldsymbol{v}_1$ とは直交しない．

3.2.2 ヤコビ–ダビッドソン法

ヤコビ–ダビッドソン (Jacobi–Davidson) 法は Sleijpen らにより提案された反復法で，アーノルディ反復や後述のランチョス反復のように，適切な反復計算で生成されたベクトルを基底にもつ部分空間を作成して固有値および固有ベクトルを計算していく方法である[43]．以下では行列成分が実数であるとして説明を行っているが，適切に拡張することで複素行列にも適用できる．

まず正規直交化された k 本のベクトル $\boldsymbol{v}_1, \ldots, \boldsymbol{v}_k$ で構成される部分空間 $V_k (= [\boldsymbol{v}_1, \ldots, \boldsymbol{v}_k])$ を考える．この空間での行列 A の近似固有値および θ_k および対応する近似固有ベクトルを $\boldsymbol{u}_k$ とし，$\boldsymbol{u}_k = V_k \boldsymbol{y}_k$ とする．このとき，残差ベクトル $\boldsymbol{r}$ を

$$\boldsymbol{r} = A\boldsymbol{u}_k - \theta_k \boldsymbol{u}_k \tag{3.9}$$

とし，空間 V_k と直交しているとする．このとき式 (3.9) は

$$(V_k^\mathsf{T} A V_k)\boldsymbol{y}_m = \theta_k \boldsymbol{y}_m$$

と変形でき，$k \times k$ の行列の固有値問題になる．この固有値問題の固有値 θ_k および固有ベクトル $\boldsymbol{y}_m$ を計算することで，行列 A の近似固有値 θ_k および近似固有ベクトル $V_k \boldsymbol{y}_k$ を与えることができる．

このとき，残差ベクトル $\boldsymbol{r}$ のノルムが十分小さければ，反復計算が十分収束したとみなし，これらの値を行列 A の固有値およびそれに対応する固有ベクトルとすればよいが，そうでない場合には部分空間 V_k に新しい基底 $\boldsymbol{v}_{k+1}$ を追加し，$k+1$ 次元の部分空間 $V_{k+1} = [V_k, \boldsymbol{v}_{k+1}]$ を生成し，この部分空間で同様に固有値・固有ベクトルを計算することになる．

84   3　疎行列の固有値計算

この $\boldsymbol{v}_{k+1}$ の生成方法には任意性があるが，ヤコビ–ダビッドソン法では $\boldsymbol{u}_k$ と直交しているベクトルから生成する．つまり

$$A(\boldsymbol{u}_k + \boldsymbol{v}) = \lambda(\boldsymbol{u}_k + \boldsymbol{v}), \qquad \boldsymbol{v} \perp \boldsymbol{u}_k \tag{3.10}$$

を満たすベクトル $\boldsymbol{v}$ を利用する．

ここで，行列 A を $\boldsymbol{u}_k$ と直交している空間に射影すると

$$B = (I - \boldsymbol{u}_k\boldsymbol{u}_k^{\mathsf{T}})A(I - \boldsymbol{u}_k\boldsymbol{u}_k^{\mathsf{T}}) \tag{3.11}$$

で表せる．式 (3.11) の右辺に左から $\boldsymbol{u}_k^{\mathsf{T}}$ または右から $\boldsymbol{u}_k$ をかけるとゼロベクトルになることから直交性は明らかである．この式を式 (3.9) の両辺に左から $\boldsymbol{u}_k^{\mathsf{T}}$ をかけることで得られる関係式 $\boldsymbol{u}_k^{\mathsf{T}}A\boldsymbol{u}_k = \theta_k$ を利用して変形すると

$$A = B + \boldsymbol{u}_k\boldsymbol{u}_k^{\mathsf{T}}A + A\boldsymbol{u}_k\boldsymbol{u}_k^{\mathsf{T}} - \theta_k\boldsymbol{u}_k\boldsymbol{u}_k^{\mathsf{T}}$$

となり，この式を式 (3.10) に代入し，$\boldsymbol{u}_k^{\mathsf{T}}A\boldsymbol{v}$ がスカラー値になることを利用してまとめると，

$$(B - \lambda I)\boldsymbol{v} = -\boldsymbol{r} + (\lambda - \theta_k + \boldsymbol{u}_k^{\mathsf{T}}A\boldsymbol{v})\boldsymbol{u}_k$$

となるが，左辺ベクトルと右辺のベクトル $\boldsymbol{r}$ は $\boldsymbol{u}_k$ の成分をもっていないので，$\boldsymbol{u}_k$ の係数は 0 でなくてはならない．そのため，修正ベクトル $\boldsymbol{v}$ は

$$(B - \lambda I)\boldsymbol{v} = -\boldsymbol{r}$$

を満足する必要がある．実際は λ がわからないため，近似固有値である θ_k を用いて構成される連立 1 次方程式

$$(B - \theta_k I)\boldsymbol{v} = -\boldsymbol{r}$$

または，同値の

$$(I - \boldsymbol{u}_k\boldsymbol{u}_k^{\mathsf{T}})(A - \theta_k I)(I - \boldsymbol{u}_k\boldsymbol{u}_k^{\mathsf{T}})\boldsymbol{v} = -\boldsymbol{r}$$

を解いて $\boldsymbol{v}$ を求める．この方程式の係数行列を陽に計算してもよいが，係数行列の性質を利用することで係数行列を陽に計算しない方法も提案されている[43,44]．この方法で得られた $\boldsymbol{v}$ を空間 V_k に対して正規直交化し，得られたベクトル $\boldsymbol{v}_{k+1}$ を新しい基底として追加した $k+1$ 次元の部分空間 $V_{k+1} = [V_k, \boldsymbol{v}_{k+1}]$ を生成し，新たに固有値計算を行う．

3.3 対称行列の解法

3.3.1 ランチョス法

a. ランチョス法のアルゴリズム

アーノルディ法は非対称行列用の固有値計算法であったが，実対称行列または
エルミート行列にアーノルディ法を適用した方法がランチョス (Lanczos) 法であ
る[42, 45, 46]．ランチョス法は，大規模で実対称な疎行列の絶対値の大きい数個の
固有値とその固有ベクトルを求めるのに適している．

ここで，正規化されたベクトル $\boldsymbol{v}_0$ および $\boldsymbol{v}_0$ と直交し正規化されたベクトル $\boldsymbol{v}_1$
を用いて，関係式

$$A\boldsymbol{v}_0 = \alpha_0\boldsymbol{v}_0 + \beta_1\boldsymbol{v}_1 \tag{3.12}$$

のように表す．ここで，式の両辺に $\boldsymbol{v}_0^{\mathsf{T}}$ をかけることで

$$\alpha_0 = (\boldsymbol{v}_0, A\boldsymbol{v}_0)$$

を得る．また

$$\beta_1\boldsymbol{v}_1 = A\boldsymbol{v}_0 - \alpha_0\boldsymbol{v}_0 \tag{3.13}$$

であることから

$$(\beta_1\boldsymbol{v}_1, \beta_1\boldsymbol{v}_1) = (A\boldsymbol{v}_0 - \alpha_0\boldsymbol{v}_0, A\boldsymbol{v}_0 - \alpha_0\boldsymbol{v}_0)$$

となる．よって，β_1 は

$$\beta_1 = \sqrt{(A\boldsymbol{v}_0 - \alpha_0\boldsymbol{v}_0, A\boldsymbol{v}_0 - \alpha_0\boldsymbol{v}_0)}$$

で計算できる．

次に，$A\boldsymbol{v}_1$ を $\boldsymbol{v}_0, \boldsymbol{v}_1$ および，これらと直交し正規化されたベクトル $\boldsymbol{v}_2$ で

$$A\boldsymbol{v}_1 = \gamma\boldsymbol{v}_0 + \alpha_1\boldsymbol{v}_1 + \beta_2\boldsymbol{v}_2 \tag{3.14}$$

と表すことを考える．ここで，式の両辺に左から $\boldsymbol{v}_1^{\mathsf{T}}$ をかけ，3 つのベクトルが直
交していることを考慮すれば

$$\alpha_1 = (\boldsymbol{v}_1, A\boldsymbol{v}_1)$$

86   3 疎行列の固有値計算

を得る．さらに，式 (3.13) の両辺に左から $\boldsymbol{v}_1^\mathsf{T}$ をかけ，また，式 (3.14) の両辺に左から $\boldsymbol{v}_0^\mathsf{T}$ をかけるとそれぞれ

$$(\boldsymbol{v}_1, A\boldsymbol{v}_0) = \beta_1, \qquad (\boldsymbol{v}_0, A\boldsymbol{v}_1) = \gamma$$

となる．ここで，A が実対称行列であることを考慮することで，$\gamma = \beta_1$ であることがわかる．また，

$$\beta_2 \boldsymbol{v}_2 = A\boldsymbol{v}_1 - \gamma\boldsymbol{v}_0 - \alpha_1\boldsymbol{v}_1$$

であることから，

$$(\beta_2\boldsymbol{v}_2, \beta_2\boldsymbol{v}_2) = (A\boldsymbol{v}_1 - \gamma\boldsymbol{v}_0 - \alpha_1\boldsymbol{v}_1, A\boldsymbol{v}_1 - \gamma\boldsymbol{v}_0 - \alpha_1\boldsymbol{v}_1)$$

となることと，$\gamma = \beta_1$ を考慮することで，β_2 は

$$\beta_2 = \sqrt{(A\boldsymbol{v}_1 - \beta_1\boldsymbol{v}_0 - \alpha_1\boldsymbol{v}_1, A\boldsymbol{v}_1 - \beta_1\boldsymbol{v}_0 - \alpha_1\boldsymbol{v}_1)}$$

で計算できる．また，ベクトル $\boldsymbol{v}_2$ は

$$\boldsymbol{v}_2 = \frac{A\boldsymbol{v}_1 - \beta_1\boldsymbol{v}_0 - \alpha_1\boldsymbol{v}_1}{\beta_2} \tag{3.15}$$

で計算できる．

一般化すると，第 i 反復で求めるベクトル $\boldsymbol{v}_i$，およびスカラー値 α_{i-1} および β_i は

$$\boldsymbol{v}_i = \frac{A\boldsymbol{v}_{i-1} - \beta_{i-1}\boldsymbol{v}_{i-2} - \alpha_{i-1}\boldsymbol{v}_{i-1}}{\beta_i}$$

$$\alpha_{i-1} = (\boldsymbol{v}_{i-1}, A\boldsymbol{v}_{i-1})$$

$$\beta_i = \sqrt{(A\boldsymbol{v}_{i-1} - \beta_{i-1}\boldsymbol{v}_{i-2} - \alpha_{i-1}\boldsymbol{v}_{i-1}, A\boldsymbol{v}_{i-1} - \beta_{i-1}\boldsymbol{v}_{i-2} - \alpha_{i-1}\boldsymbol{v}_{i-1})}$$

で計算できる．この反復計算はランチョス反復とよばれている．

このランチョス反復を k 回繰り返し，求めた k 本のベクトル $\boldsymbol{v}_i$ をまとめた行列を V_k とし，$V_k^\mathsf{T} A V_k$ を計算すると

$$V_k^\mathsf{T} A V_k = \begin{pmatrix} \alpha_0 & \beta_1 & & & \\ \beta_1 & \alpha_1 & \beta_2 & & \\ & \ddots & \ddots & \ddots & \\ & & \beta_{k-2} & \alpha_{k-1} & \beta_{k-1} \\ & & & \beta_{k-1} & \alpha_{k-1} \end{pmatrix} \tag{3.16}$$

3.3 対称行列の解法 87

アルゴリズム **3.3**　ランチョス反復のアルゴリズム

1: $\boldsymbol{x}_0 :=$ an initial guess
2: $\beta_0 := 0, \boldsymbol{v}_{-1} := 0, \boldsymbol{v}_0 := \boldsymbol{x}_0/\|\boldsymbol{x}_0\|$
3: **for** $i = 0, ...k - 1$ **do**
4:　　$\boldsymbol{w} := A\boldsymbol{v}_i - \beta_i \boldsymbol{v}_{i-1}$
5:　　$\alpha_i := (\boldsymbol{w}, \boldsymbol{v}_i)$
6:　　$\boldsymbol{w} := \boldsymbol{w} - \alpha_i \boldsymbol{v}_i$
7:　　$\beta_{i+1} := \|\boldsymbol{w}\|$
8:　　$\boldsymbol{v}_{i+1} := \boldsymbol{w}/\beta_{i+1}$
9: **end for**

で表される実対称3重対角行列になる. ランチョス反復のアルゴリズムをアルゴリズム 3.3 に示す. この反復計算において, 行列 A の情報, スカラー値 α_i を k 個, β_i を $k-1$ 個, および固有ベクトルを求める場合には k 本のベクトル $\boldsymbol{v}_i$ を保存する必要がある (ただし, 後述の「b. 大規模行列向けの方法」に記載した方法を用いることで, 計算量は増加するが保存すべきベクトルの本数を減らすことができる).

3.1 節で説明したレイリー–リッツ法から, この3重対角行列は, k 本の正規直交基底 $\boldsymbol{v}_0, \boldsymbol{v}_2, ..., \boldsymbol{v}_{k-1}$ で張られる空間に行列 A を射影したものになるため, この3重対角行列の固有値は行列 A の固有値を近似している. そのため, 行列 A よりも次元が小さい3重対角行列の固有値を計算することで, A の近似固有値を得ることができる. また, 3重対角行列の固有値 λ_j に対応する A の固有ベクトル $\boldsymbol{z}_j$ は, 固有値 λ_j に対応する固有ベクトルを $\boldsymbol{y}_j$ とすると

$$\boldsymbol{z}_j = V_k \boldsymbol{y}_j$$

で与えられる. そのため, 3重対角行列の固有値および固有ベクトルを計算する必要があるが, それには2章の「3重対角行列の固有値計算」と同様の方法で計算すればよい.

この近似固有値は絶対値が大きい固有値をよく近似していることが経験的に知られている[42,45,46]. そのため, 大きい (または小さい) 方から複数個の固有値を求めたい際には, 求めたい固有値の絶対値が最大になるように適切に行列 A の対角成分をシフトさせてから3重対角行列を作成し複数個の固有値を計算すればよ

い (ゲルシュゴリンの定理などで固有値の存在区間 $[\lambda_{\min}^{\mathrm{est}}, \lambda_{\max}^{\mathrm{est}}]$ を推定し，大きい方を求めたいときに $\lambda_{\min}^{\mathrm{est}} < 0$ であれば，すべての固有値が正になるように対角成分に $|\lambda_{\min}^{\mathrm{est}}|$ を加えてプラスの方向にシフトし，逆に小さい方を求めたいときに $\lambda_{\max}^{\mathrm{est}} > 0$ であれば，すべてが負になるように対角成分から $\lambda_{\max}^{\mathrm{est}}$ を引いてマイナスの方向にシフトすればよい).

ただし，これまでの議論にもとづいて k 回の反復で得られる k 本のベクトル $\boldsymbol{v}_0$, $\boldsymbol{v}_1, \ldots, \boldsymbol{v}_{k-1}$ は理論的にはすべて直交化しているはずであるが，実際の計算では計算誤差が混入するため，直交性が崩れることがある．その場合，誤差がなければ 3 重対角行列になるはずの式 (3.16) は，誤差の影響で実際は 3 重対角行列にならない．また，行列ベクトル積を繰り返していることから，その誤差にはべき乗法により計算される絶対値最大の固有値に対応する固有ベクトル成分が含まれやすい．そのため，本来重複していない固有値が重複しているように計算されることがある．この問題を回避するには，ベクトルの再直交化を行うこと (アルゴリズム 3.4) や同時反復法のように複数のベクトルの直交性を保ちながら計算を進めるなどの工夫が必要になる．ただし，再直交化の計算コストが非常に大きくなることや，同時反復法を利用した場合はブロック 3 重対角行列になるため，3 重対角行列であることを利用した方法が使えなくなることに注意が必要である．

アルゴリズム 3.4　ランチョス反復のアルゴリズム (再直交化版)

1: $\boldsymbol{x}_0 :=$ an initial guess
2: $\beta_0 := 0, \boldsymbol{v}_{-1} := 0, \boldsymbol{v}_0 := \boldsymbol{x}_0 / \|\boldsymbol{x}_0\|$
3: **for** $i = 0, k - 1$ **do**
4: 　$\boldsymbol{w} := A\boldsymbol{v}_i$
5: 　**for** $j = 0, i - 2$ **do**
6: 　　$\alpha := (\boldsymbol{w}, \boldsymbol{v}_j)$
7: 　　$\boldsymbol{w} := \boldsymbol{w} - \alpha \boldsymbol{v}_j$
8: 　**end for**
9: 　$\boldsymbol{w} := \boldsymbol{w} - \beta_i \boldsymbol{v}_{i-1}$
10: 　$\alpha_i := (\boldsymbol{w}, \boldsymbol{v}_i)$
11: 　$\boldsymbol{w} := \boldsymbol{w} - \alpha_i \boldsymbol{v}_i$
12: 　$\beta_{i+1} := \|\boldsymbol{w}\|$
13: 　$\boldsymbol{v}_{i+1} := \boldsymbol{w} / \beta_{i+1}$
14: **end for**

3.3 対称行列の解法　　89

例 3.1 ベクトルの再直交化が有効な例を表 3.1 に示す．ここで扱った固有値問題は

$$A = 4\,I \otimes I + B \otimes I + I \otimes B \tag{3.17}$$

であり，I は n 次元の単位行列，B は n 次元の行列

$$B = \begin{pmatrix} 0 & 1 & & & \\ 1 & 0 & 1 & & \\ & \ddots & \ddots & \ddots & \\ & & 1 & 0 & 1 \\ & & & 1 & 0 \end{pmatrix}$$

である．そのため，行列 A の次元は n^2 である．この行列 A の固有値は

$$\mu_{i,j} = 4 + \mu_i + \mu_j \tag{3.18}$$

表 3.1 直交化の有無による計算結果の違い．倍精度で 1000 回反復したときの大きい方から 20 個の固有値分布．差が 10^{-12} 以下の固有値は重複しているとみなし，それらを破線で分けた．直交化を行わないと重複固有値でないものまで重複して現れているが，直交化をすることで解析解と同じ重複度で固有値が計算できていることが確認できる．

	解析解	直交化なし	直交化あり
1	7.9980651291679523	7.9980651291679514	7.9980651291679532
2	7.9951637588511648	7.9980651291679514	7.9951637588511648
3	7.9951637588511648	7.9980651291679514	7.9951637588511648
4	7.9922623885343773	7.9951637588511648	7.9922623885343782
5	7.9903312605220131	7.9951637588511648	7.9903312605220140
6	7.9903312605220131	7.9951637588511595	7.9903312605220123
7	7.9874298902052256	7.9922623885343782	7.9874298902052256
8	7.9874298902052256	7.9922623885343764	7.9874298902052256
9	7.9835723093105289	7.9922619408744335	7.9835723093105297
10	7.9835723093105289	7.9903312605220140	7.9835723093105297
11	7.9825973918760749	7.9903312605220140	7.9825973918760749
12	7.9806709389937414	7.9874298902052274	7.9806709389937414
13	7.9806709389937414	7.9874298902052256	7.9806709389937414
14	7.9758384406645906	7.9835723093105297	7.9758384406645906
15	7.9758384406645906	7.9835723093105297	7.9758384406645906
16	7.9748934440654899	7.9825973918760749	7.9748934440654899
17	7.9748934440654899	7.9825973918760749	7.9748934440654899
18	7.9719920737487016	7.9806709389937431	7.9719920737487016
19	7.9719920737487016	7.9806709389937414	7.9719920737487016
20	7.9690794894531063	7.9758384406645906	7.9690794894531063

90   3 疎行列の固有値計算

表 3.2 再直交化を行った際の反復回数による計算結果の違い. 倍精度で 300, 500, 800 回反復したときの大きい方から 20 個の固有値分布. 破線は表 3.1 の厳密解の第 10 番目と第 20 番目の位置を示す. 大きな固有値ほど正確に計算できていること, 再直交化を行っても反復回数が少ないと正確に計算できないことが確認できる.

	反復回数 300 回	反復回数 500 回	反復回数 800 回
1	7.9980651291679461	7.9980651291679532	7.9980651291679532
2	7.9951637588502535	7.9951637588511648	7.9951637588511648
3	7.9922623789135514	7.9922623885343782	7.9951637588511648
4	7.9903312202685299	7.9903312605220140	7.9922623885343782
5	7.9874297086373396	7.9874298902052256	7.9903312605220140
6	7.9832717805083924	7.9835723093105297	7.9903312605220123
7	7.9818225252981474	7.9825973918760749	7.9874298902052256
8	7.9805957371049754	7.9806709389937414	7.9874298902052256
9	7.9757513214500317	7.9758384406645941	7.9835723093105297
10	7.9693551796744622	7.9748934440669128	7.9835723093103734
11	7.9657237925002331	7.9719920737506893	7.9825973918760749
12	7.9622373014788437	7.9690794894599204	7.9806709389937414
13	7.9563385164886942	7.9671595756051108	7.9806709389909170
14	7.9509310123012558	7.9643030614693107	7.9758384406645906
15	7.9420230728642398	7.9614017399000812	7.9758381720405946
16	7.9371869914723998	7.9604007410910835	7.9748934440654899
17	7.9322690116382759	7.9565694535815261	7.9738562426264750
18	7.9222711634439182	7.9517344017440355	7.9719920737487016
19	7.9151257828512023	7.9502047073732420	7.9690794894531063
20	7.9055538997725670	7.9489616588452261	7.9671595754195508

である. ただし,

$$\mu_i = 2\cos\frac{i\pi}{n+1} \qquad (i = 1, 2, \ldots, n)$$

である. さらに, 直交化を行った際の反復回数による結果の変化を表 3.2 に示す.

例題 3.2 式 (3.17) で与えられる行列 A の固有値が式 (3.18) であることを確認せよ.

(解) 式 (3.18) で与えられる固有値に対応する固有ベクトル $\boldsymbol{v}_{i,j}$ が

$$\boldsymbol{v}_{i,j} = \boldsymbol{v}_i \otimes \boldsymbol{v}_j$$

であるとして計算すればよい. ただし,

$$\boldsymbol{v}_i = \left(\sin\frac{i\pi}{n+1}, \sin\frac{2i\pi}{n+1}, \ldots, \sin\frac{ni\pi}{n+1}\right)^\mathsf{T}$$

である.

b. 大規模行列向けの方法

大規模な行列に対してランチョス法を適用すると，行列の次元と同じ次元のベクトルを m 本保存する必要がある．しかし，計算機のメモリを最大限利用する規模の行列に対して，m 本のベクトルを保存するのは困難である．しかし，2 回のランチョス反復を行うことで，使用メモリ量の削減が可能になる．この方法では，1 回目のランチョス反復では反復ベクトルは保存せずに 3 重対角行列のみを保存し，3 重対角行列の固有ベクトルを計算する．2 回目の反復で，$\bm{v}_1, \ldots, \bm{v}_m$ を再計算し，大規模な行列に対する固有ベクトルを計算する．この方法では，過去の反復ベクトルは保存する必要がなく，メモリ量の削減が可能になる．また，

$$\bm{w} := A\bm{v}_i - \beta_k \bm{x}_{i-1}$$

をそのまま計算すると，3 本のベクトル $\bm{v}_{i-1}, \bm{v}_i, \bm{v}_{i+1}$ が必要になるが，この計算を

$$\bm{v}_{i-1} := -\beta_k \bm{v}_{i-1}$$
$$\bm{v}_{i-1} := \bm{v}_{i-1} + A\bm{v}_i$$

としてベクトルを再利用することで，2 本のベクトル $\bm{v}_{i-1}, \bm{v}_i$ でランチョス反復が実現できる．ただし，このアルゴリズムでは 1 回目と 2 回目のランチョス反復で得られる結果 (反復ベクトル，α_i，β_i) が厳密に同じになる必要がある．通常の逐次計算では，同じプログラムを同じ最適化オプションでコンパイルして計算すれば同じ計算順序が実現し同じ結果が得られるが，並列計算では，各プロセッサで計算した値を足し合わせるときの順序が一定ではなく，計算ごとに値が変わることがある．そのため，α_i および β_i を計算するための内積計算では，1 回目で求めた値を再利用することでこの問題を回避できるが，行列ベクトル積に関しては，図 3.1 のように並列化による足し合わせが発生しないアルゴリズムや，足し合わせの順序が常に同じになるようなアルゴリズムを使用する必要がある．

また，ランチョス法はある次元の 3 重対角行列を作成し，その固有ベクトルを利用して，計算したい行列の固有ベクトルを計算することになるため，反復途中

```
!$omp parallel do private(j)
do i=1,n
    y(i)=0.d0
    do j=1,n
        y(i)=y(i)+a(i,j)*x(j)
    enddo
enddo
```

(a) 並列化しても常に同じ結果が得られるプログラム

```
do i=1,n
    z=0.d0
!$omp parallel do reduction(+:z)
    do j=1,n
        z=z+a(i,j)*x(j)
    enddo
    y(i)=z
enddo
```

(b) 並列化すると同じ結果が得られるとは限らないプログラム

図 3.1 OpenMP を用いた行列ベクトル積 $y := Ax$ の計算方法. (a) の方法は i の ループを分割して y(i) の値を 1 つのスレッドで計算しているため,計算順序は変わら ず,常に同じ結果が得られる. (b) の方法は,部分和を各スレッドで計算し,その後部 分和を足し合わせるが,計算ごとに足し合せの順序が変わるため,誤差の混入量が変 わる.

の固有値と固有ベクトルを得ることができず,誤差の評価を行うことは困難であ る.そのため,3 重対角行列の固有値を反復ごとに計算し,固有値の収束状況から 収束性を評価する方法やあらかじめ反復回数を決める方法などが用いられている.

3.3.2 LOBPCG 法

LOBPCG (Locally Optimal Block Preconditioned Conjugate Gradient) 法は,Knyazev により共役勾配法の理論にもとづいて提案された実対称疎行列 用の固有値計算法である[47, 48].これまでに説明したアーノルディ法およびラン チョス法の反復計算では,ヘッセンベルグ行列または 3 重対角行列を生成するだ けであり,固有値および固有ベクトルは別のアルゴリズムを用いて計算する必要 があった.一方,LOBPCG 法は最小固有値や,その付近の複数個の固有値・固 有ベクトルを反復計算のみで直接求めることができる.

a. CG 法による固有値計算

CG (Conjugate Gradient; 共役勾配) 法は非線形関数 $\phi(\boldsymbol{x})$ の最小値を計算する方法の 1 つであり, よく知られたものに対称正定値行列 A を係数にもつ線形方程式 $A\boldsymbol{x} = \boldsymbol{b}$ の解 $\boldsymbol{x}$ を計算するものがある. この方程式の解 $\boldsymbol{x}$ が 2 次形式

$$\phi(\boldsymbol{x}) = \frac{1}{2}(\boldsymbol{x}, A\boldsymbol{x}) - (\boldsymbol{b}, \boldsymbol{x}) \tag{3.19}$$

を最小化することに注目し, この式を CG 法で計算することで線形方程式の解を計算する解法である. CG 法では解ベクトル $\boldsymbol{x}$, 残差ベクトル $\boldsymbol{w}$ および探索方向ベクトル $\boldsymbol{p}$ の 3 つのベクトルを更新しながら反復計算を実施する.

これに対し, 対称正定値行列 A の固有値計算に対する CG 法は, レイリー商

$$\rho(\boldsymbol{x}) = \frac{(\boldsymbol{x}, A\boldsymbol{x})}{(\boldsymbol{x}, \boldsymbol{x})} \tag{3.20}$$

の最小値が最小固有値になり, それを与える $\boldsymbol{x}$ がそれに対応する固有ベクトルになることを利用して計算する方法である. また, レイリー商 (3.20) をベクトル $\boldsymbol{x}$ で微分すると

$$\frac{\mathrm{d}\rho(\boldsymbol{x})}{\mathrm{d}\boldsymbol{x}} = 2\frac{A\boldsymbol{x}}{(\boldsymbol{x}, \boldsymbol{x})} - 2\frac{(\boldsymbol{x}, A\boldsymbol{x})\boldsymbol{x}}{(\boldsymbol{x}, \boldsymbol{x})^2} = \frac{2}{(\boldsymbol{x}, \boldsymbol{x})}(A\boldsymbol{x} - \rho(\boldsymbol{x})\boldsymbol{x}) = \frac{2}{(\boldsymbol{x}, \boldsymbol{x})}\boldsymbol{w} \tag{3.21}$$

となるため, $\rho(\boldsymbol{x})$ の停留点が残差ベクトル $\boldsymbol{w}(= A\boldsymbol{x} - \rho(\boldsymbol{x})\boldsymbol{x})$ のノルムを 0 にすることであり, このノルムが小さくなればその $\boldsymbol{x}$ が最小固有値に対応する固有ベクトルになる.

この式 (3.20) を CG 法にもとづいて最小化するには反復ごとに適切に α_i および β_i を求めてアルゴリズム 3.5 で計算することになる. ここで, β_i は

$$\beta_i = \frac{(\boldsymbol{w}_i, \boldsymbol{w}_i)}{(\boldsymbol{w}_{i-1}, \boldsymbol{w}_{i-1})} \tag{3.22}$$

アルゴリズム **3.5** CG 法にもとづいた最小固有値計算アルゴリズム

1: **for** $i = 1, k$ **do**
2:    $\rho(\boldsymbol{x}_i) := (\boldsymbol{x}_i, A\boldsymbol{x}_i)/(\boldsymbol{x}_i, \boldsymbol{x}_i)$
3:    $\boldsymbol{w}_i := 2(A\boldsymbol{x}_i - \rho(\boldsymbol{x}_i)\boldsymbol{x}_i)/(\boldsymbol{x}_i, \boldsymbol{x}_i)$
4:    $\boldsymbol{p}_i := -\boldsymbol{w}_i + \beta_{i-1}\boldsymbol{p}_{i-1}$
5:    $\boldsymbol{x}_{i+1} := \boldsymbol{x}_i + \alpha_i \boldsymbol{p}_i$
6: **end for**

94   3 疎行列の固有値計算

で計算できる[49]. 一方, α_i は

$$\rho(\boldsymbol{x}_i + \alpha_i \boldsymbol{p}_i) = \frac{(\boldsymbol{x}_i + \alpha_i \boldsymbol{p}_i, A(\boldsymbol{x}_i + \alpha_i \boldsymbol{p}_i))}{(\boldsymbol{x}_i + \alpha_i \boldsymbol{p}_i, \boldsymbol{x}_i + \alpha_i \boldsymbol{p}_i)} \tag{3.23}$$

を最小化する α_i を用いる必要があるが, 容易には求めることができないため, このままでは実用的ではない. この問題を解決する方法として LOBPCG 法が提案された.

b. LOBPCG 法のアルゴリズム

LOBPCG 法の説明を容易にするため, アルゴリズム 3.5 を整理し, さらに前処理を考慮した CG 法による固有値計算アルゴリズムをアルゴリズム 3.6 として示す. ここで, $\boldsymbol{x}_i$ は解ベクトル, $\boldsymbol{w}_i$ は残差ベクトル, $\boldsymbol{p}_i$ は探索方向ベクトル, T は前処理行列である.

Knyazev は α_i, β_i, γ_i を求めるのに $\boldsymbol{x}_i$, $\boldsymbol{w}_i$, $\boldsymbol{p}_i$ の 3 つのベクトルで生成される空間に対応する行列 A の最小固有値の固有ベクトルの情報を利用する方法を提案した. まず, 3 つのベクトルで構成される空間を

$$Z_i = [\boldsymbol{x}_i, \ \boldsymbol{w}_i, \ \boldsymbol{p}_i]$$

とおいたときの

$$Z_i^{\mathsf{T}} A Z_i \boldsymbol{v}_i = \lambda_i Z_i^{\mathsf{T}} Z \boldsymbol{v}_i$$

の最小固有値に対応する固有ベクトルの成分をそれぞれ (a_i, b_i, c_i) とする. ここで, 3.1 節で説明したレイリー–リッツ法から, Z_i 空間における A の最小固有値に対する固有ベクトル $\boldsymbol{v}_i$ は

$$\boldsymbol{v}_i = a_i \boldsymbol{x}_i + b_i \boldsymbol{w}_i + c_i \boldsymbol{p}_i$$

アルゴリズム **3.6**   前処理付き CG 法を利用した最小固有値計算アルゴリズム

1: **for** $i = 1, k$ **do**
2:     $\lambda_i := (\boldsymbol{x}_i, A\boldsymbol{x}_i)/(\boldsymbol{x}_i, \boldsymbol{x}_i)$
3:     $\boldsymbol{r} := (A\boldsymbol{x}_i - \lambda_i \boldsymbol{x}_i)$
4:     $\boldsymbol{w}_i := T^{-1}\boldsymbol{r}$
5:     $\boldsymbol{p}_{i+1} := \beta_i \boldsymbol{w}_i + \gamma_i \boldsymbol{p}_i$
6:     $\boldsymbol{x}_{i+1} := \alpha_i \boldsymbol{x}_i + \beta_i \boldsymbol{w}_i + \gamma_i \boldsymbol{p}_i$
7: **end for**

3.3 対称行列の解法　　95

アルゴリズム **3.7**　　LOBPCG 法による最小固有値計算アルゴリズム

1: $\boldsymbol{x}_0 :=$ an initial guess
2: $\boldsymbol{x}_0 := \boldsymbol{x}_0/\|\boldsymbol{x}_0\|,\ \boldsymbol{p}_0 := 0$
3: $\mu_{-1} := (\boldsymbol{x}_0, A\boldsymbol{x}_0),\ \boldsymbol{w}_0 := A\boldsymbol{x}_0 - \mu_{-1}\boldsymbol{x}_0$
4: **for** $k = 0, \dots$ until convergence **do**
5:　　$S_A := \{\boldsymbol{w}_k, \boldsymbol{x}_k, \boldsymbol{p}_k\}^\mathsf{T} A \{\boldsymbol{w}_k, \boldsymbol{x}_k, \boldsymbol{p}_k\}$
6:　　$S_B := \{\boldsymbol{w}_k, \boldsymbol{x}_k, \boldsymbol{p}_k\}^\mathsf{T} \{\boldsymbol{w}_k, \boldsymbol{x}_k, \boldsymbol{p}_k\}$
7:　　一般化固有値問題 $S_A \boldsymbol{v} = \mu S_B \boldsymbol{v}$ の最小固有値 μ およびそれに対応する固有ベクトル $\boldsymbol{v} = (\alpha, \beta, \gamma)^\mathsf{T}$ を計算
8:　　$\mu_k := (\mu + (\boldsymbol{x}_k, X_k))/2$
9:　　$\boldsymbol{x}_{k+1} := \alpha \boldsymbol{w}_k + \beta \boldsymbol{x}_k + \gamma \boldsymbol{p}_k,\ \boldsymbol{x}_{k+1} := \boldsymbol{x}_{k+1}/\|\boldsymbol{x}_{k+1}\|$
10:　　$\boldsymbol{p}_{k+1} := \alpha \boldsymbol{w}_k + \gamma \boldsymbol{p}_k,\ \boldsymbol{p}_{k+1} := \boldsymbol{p}_{k+1}/\|\boldsymbol{p}_{k+1}\|$
11:　　$\boldsymbol{w}_{k+1} := T^{-1}(A\boldsymbol{x}_{k+1} - \mu_k \boldsymbol{x}_{k+1}),\ \boldsymbol{w}_{k+1} := \boldsymbol{w}_{k+1}/\|\boldsymbol{w}_{k+1}\|$
12: **end for**

で表現できることから，この $a_i,\ b_i,\ c_i$ を $\alpha_i,\ \beta_i,\ \gamma_i$ とする方法が LOBPCG 法とよばれている．

　上記の LOBPCG 法はアルゴリズム 3.7 になる．しかし，この方法は 1 回の反復あたり 3 回の行列ベクトル積が必要になるが，通常は，$A\boldsymbol{x}_{k+1}(= \boldsymbol{x}_{A,k+1})$ および $A\boldsymbol{p}_{k+1}(= \boldsymbol{p}_{A,k+1})$ を陽に計算しないで，

$$\boldsymbol{x}_{A,k+1} := \alpha \boldsymbol{w}_{A,k} + \beta \boldsymbol{x}_{A,k} + \gamma \boldsymbol{p}_{A,k}, \quad \boldsymbol{x}_{A,k+1} := \boldsymbol{x}_{A,k+1}/\|\boldsymbol{x}_{k+1}\|$$

$$\boldsymbol{p}_{A,k+1} := \alpha \boldsymbol{w}_{A,k} + \gamma \boldsymbol{p}_{A,k}, \qquad\qquad \boldsymbol{p}_{A,k+1} := \boldsymbol{p}_{A,k+1}/\|\boldsymbol{p}_{k+1}\|,$$

のようにベクトルの線形計算で代用することで，1 回の反復あたり 1 回の行列ベクトル積で実行できるアルゴリズムが用いられる．ここで，$\boldsymbol{w}_{A,k} := A\boldsymbol{w}_k$ である．この方法は，行列 A と $\boldsymbol{x}_k$ および $\boldsymbol{p}_k$ とのかけ算を回避しているが，行列によっては誤差が累積し，$\boldsymbol{x}_{A,k}$ や $\boldsymbol{p}_{A,k}$ が本来のベクトルである $A\boldsymbol{x}_k$ や $A\boldsymbol{p}_k$ からかけ離れた値になってしまい，計算が破綻する場合がある．その場合は計算量が多くなっても行列ベクトル積を計算する必要がある．また，反復ごとに一般化固有値問題を解くことになるが，行列 S_B は理論的には対称正定値行列になるため，一般に利用されている LAPACK などのルーチンを用いて計算すればよい．ただし，$\boldsymbol{w}_k$ や $\boldsymbol{p}_k$ のノルムがマシンイプシロン程度まで小さくなると，丸め誤差の影響で，正定値性が保たれないことがある．その際には 3 つのベクトルを $\boldsymbol{x}_i,\ \boldsymbol{w}_i,$ $\boldsymbol{p}_i$ を正規直交化する必要がある．その場合，行列 S_B は単位行列になるため標準

96   3 疎行列の固有値計算

固有値問題になる.

c. LOBPCG 法の前処理

LOBPCG 法は適切な前処理行列 T を用いることで収束性が向上することが報告されている.CG 法などの線形方程式に対する解法では,固有値の分布が 1 付近に集まるような前処理行列を用いるのが望ましいとされている.一方,同様の行列をそのまま前処理行列として LOBPCG 法に適用すると,最小固有値ではなく,0 に最も近い固有値に対応する固有ベクトルの成分に漸近していく.そのため,最小固有値 $\lambda_{\min}$ に対応する固有ベクトル成分に漸近させる

$$T = A - \lambda_{\min} I \tag{3.24}$$

を前処理行列に用いることが望ましい.しかし,この行列 T を用いるためには求めたい最小固有値を知っている必要があることや,疎行列を係数行列にもつ連立 1 次方程式を解く必要があるため現実的ではない.そのため,最小固有値はゲルシュゴリンの定理や,反復過程で得られた近似固有値の情報を利用して推定するなどの方法が必要になるとともに,逆行列の計算が容易な行列の形で近似する必要がある[50].この近似は点ヤコビ法やブロック・ヤコビ法などの線形方程式で利用した方法をそのまま利用すればよい.

d. 複数固有値の計算

LOBPCG 法は,反復ベクトルを複数本用意することで,最小固有値だけでなく,小さい方から複数の固有値およびそれに対応する固有ベクトルを計算することができる.具体的には,解ベクトル,残差ベクトル,探索方向ベクトルそれぞれを m 本,つまり合計で $3m$ 本の反復のためのベクトルを用意することで,m 組の固有値・固有ベクトルを求めることができる.ここで,i 回目の反復のベクトルをまとめたものをそれぞれ

$$X_i = \left(\boldsymbol{x}_i^{(1)}, \boldsymbol{x}_i^{(2)}, \ldots, \boldsymbol{x}_i^{(m)} \right) \quad \text{(解ベクトル)}$$
$$W_i = \left(\boldsymbol{w}_i^{(1)}, \boldsymbol{w}_i^{(2)}, \ldots, \boldsymbol{w}_i^{(m)} \right) \quad \text{(残差ベクトル)}$$
$$P_i = \left(\boldsymbol{p}_i^{(1)}, \boldsymbol{p}_i^{(2)}, \ldots, \boldsymbol{p}_i^{(m)} \right) \quad \text{(探索方向ベクトル)}$$

と表す.また,この X_i, W_i, P_i をまとめて

$$Y_i = [X_i W_i P_i]$$

と表す．ここで，i 回目の反復で得られた $3m$ 本のベクトルで構成される空間 Y_i を用いたレイリー–リッツ法により行列 A の固有値を計算する．3.1 節に示したように，Λ_i を部分空間 Y_i で近似された行列 A の $3m$ 個の近似固有値を対角成分に配置した対角行列，V_i は近似固有値に対応した固有ベクトルにより構成される行列であるとすると，

$$Y_i^{\mathsf{T}} A Y_i V_i = Y_i^{\mathsf{T}} Y_i \Lambda_i V_i \tag{3.25}$$

となる．ここで，$S_A := Y_i^{\mathsf{T}} A Y_i$, $S_B := Y_i^{\mathsf{T}} Y_i$ とすると，式 (3.25) は一般化固有値問題

$$S_A V_i = S_B \Lambda_i V_i$$

で表現できる．ここで，S_B は対称正定値行列である必要がある．Y_i を構成するすべてのベクトルが独立であれば S_B は対称正定値行列になる．しかし，W_i を構成する残差ベクトルの独立性が保証されていないのに加え，反復が進むにつれて残差ベクトルのノルムが小さくなり，計算誤差の影響を受けやすくなることから，S_B が数値的に対称正定値行列にならないことがある．そのため，Y_i の列ベクトルを正規直交化することで，S_B を強制的に単位行列にし，標準固有値問題にして計算するのが一般的である．

以上の方法により求めた小さい方から m 個の固有値とそれらに対応する固有ベクトルをまとめた行列をそれぞれ

$$\Lambda_i^{(m)} = \mathrm{diag}\left(\lambda_i^{(1)}, \lambda_i^{(2)}, \ldots, \lambda_i^{(m)}\right)$$
$$V_i^{(m)} = \left(\boldsymbol{v}_i^{(1)}, \boldsymbol{v}_i^{(2)}, \ldots, \boldsymbol{v}_i^{(m)}\right)$$

と表すと，$i+1$ 反復目の $3m$ 本のベクトルは

$$X_{i+1} := Y_i V_i^{(m)}$$
$$P_{i+1} := [\boldsymbol{0} \ W_i P_i] V_i^{(m)}$$
$$W_{i+1} := A X_{i+1} - X_{i+1} \Lambda_i^{(m)}$$

で計算できる．

98   3 疎行列の固有値計算

アルゴリズム **3.8**   LOBPCG 法による複数固有値計算アルゴリズム

1: $\boldsymbol{x}_0^{(i)} :=$ an initial guess, $\boldsymbol{p}_0^{(i)} := 0,\ i = 1, \ldots, m$
2: **for** $k=0, \ldots$ until convergence **do**
3: $\quad \mu_k^{(i)} := (\boldsymbol{x}_k^{(i)}, A\boldsymbol{x}_k^{(i)})/(\boldsymbol{x}_k^{(i)}, \boldsymbol{x}_k^{(i)}),\ i = 1, \ldots, m$
4: $\quad \boldsymbol{w}_k^{(i)} := T^{(i)-1}(A\boldsymbol{x}_k^{(i)} - \mu^{(i)}\boldsymbol{x}_k^{(i)}),\ i = 1, \ldots, m$
5: $\quad S_A := \{\boldsymbol{w}_k^{(1)}, \ldots, \boldsymbol{w}_k^{(m)}, \boldsymbol{x}_k^{(1)}, \ldots, \boldsymbol{x}_k^{(m)}, \boldsymbol{p}_k^{(1)}, \ldots, \boldsymbol{p}_k^{(m)}\}^{\mathsf{T}}$
$\qquad\qquad A\{\boldsymbol{w}_k^{(1)}, \ldots, \boldsymbol{w}_k^{(m)}, \boldsymbol{x}_k^{(1)}, \ldots, \boldsymbol{x}_k^{(m)}, \boldsymbol{p}_k^{(1)}, \ldots, \boldsymbol{p}_k^{(m)}\}$
6: $\quad S_B := \{\boldsymbol{w}_k^{(1)}, \ldots, \boldsymbol{w}_k^{(m)}, \boldsymbol{x}_k^{(1)}, \ldots, \boldsymbol{x}_k^{(m)}, \boldsymbol{p}_k^{(1)}, \ldots, \boldsymbol{p}_k^{(m)}\}^{\mathsf{T}}$
$\qquad\qquad \{\boldsymbol{w}_k^{(1)}, \ldots, \boldsymbol{w}_k^{(m)}, \boldsymbol{x}_k^{(1)}, \ldots, \boldsymbol{x}_k^{(m)}, \boldsymbol{p}_k^{(1)}, \ldots, \boldsymbol{p}_k^{(m)}\}$
7: $\quad$一般化固有値問題 $S_A\boldsymbol{v} = \mu S_B\boldsymbol{v}$ の小さい方から i 番目までの固有値 $\mu^{(i)}$ および
$\qquad$対応する固有ベクトル $\boldsymbol{v}^{(i)} = (\alpha_1^{(i)}, \ldots, \alpha_m^{(i)}, \beta_1^{(i)}, \ldots, \beta_m^{(i)}, \gamma_1^{(i)}, \ldots, \gamma_m^{(i)})^{\mathsf{T}}$ を計算
$\qquad (i = 1, \ldots, m)$
8: $\quad \boldsymbol{x}_{k+1}^{(i)} := \sum_{j=1}^m \{\alpha_j^{(i)}\boldsymbol{w}_k^{(j)} + \beta_j^{(i)}\boldsymbol{x}_k^{(j)} + \gamma_j^{(i)}\boldsymbol{p}_k^{(j)}\},\ i = 1, \ldots, m$
9: $\quad \boldsymbol{p}_{k+1}^{(i)} := \sum_{j=1}^m \{\alpha_j^{(i)}\boldsymbol{w}_k^{(j)} + \gamma_j^{(i)}\boldsymbol{p}_k^{(j)}\},\ i = 1, \ldots, m$
10: **end for**

上記の方法にもとづいて複数固有値を計算する LOBPCG 法をアルゴリズム 3.8 に示す。この方法でも，最小固有値を計算する場合と同様に，$\boldsymbol{x}_{A,k+1}^{(i)} := A\boldsymbol{x}_{k+1}^{(i)}$ および $\boldsymbol{p}_{A,k+1}^{(i)} := A\boldsymbol{p}_{k+1}^{(i)}$ を陽に計算しないで，

$$\boldsymbol{x}_{A,k+1}^{(i)} := \sum_{j=1}^m \{\alpha_j^{(i)}\boldsymbol{w}_{A,k}^{(j)} + \beta_j^{(i)}\boldsymbol{x}_{A,k}^{(j)} + \gamma_j^{(i)}\boldsymbol{p}_{A,k}^{(j)}\}$$

$$\boldsymbol{p}_{A,k+1}^{(i)} := \sum_{j=1}^m \{\alpha_j^{(i)}\boldsymbol{w}_{A,k}^{(j)} + \gamma_j^{(i)}\boldsymbol{p}_{A,k}^{(j)}\}$$

で計算することも可能である。ここで，$\boldsymbol{w}_{A,k}^{(j)} := A\boldsymbol{w}_k^{(j)}$ である。しかし，最小固有値のみの計算時よりも誤差が溜まりやすく，$\boldsymbol{x}_{A,k+1}^{(i)}$ や $\boldsymbol{p}_{A,k+1}^{(i)}$ が本来のベクトル $A\boldsymbol{x}_{k+1}^{(i)}$ や $A\boldsymbol{p}_{k+1}^{(i)}$ からかけ離れた値になりやすい。そのため，どちらの方法で計算するかは，最小固有値のみを計算する場合よりも気をつけて決定する必要がある。

また，Y_i の列ベクトルを正規直交化する際には，修正グラム–シュミット法を用いるのが一般的であるが，通信回数が多く，大規模な並列計算機では高速計算できないことが指摘されている。そのため，大規模な並列計算機では縦長の行列向きの QR 分解法である TSQR (Tall Skinny QR) 分解を用いて正規直交化することで計算機の性能を有効に利用できる可能性がある[51]。

表 3.3 LOBPCG 法による複数固有値の計算結果. 小さいから 20 個の固有値分布. LOBPCG 法は計算途中で誤差が計算できるため小さい方から 20 個の固有値 λ_i および固有ベクトル v_i の残差ノルム $\|Ax_i - \lambda_i x_i\|$ のすべてが 10^{-6} および 10^{-8} 以下になるまで反復している. 反復回数はそれぞれ, 385 回, 511 回である. LOBPCG 法のほうが少ない反復回数で重複度を反映した高精度な計算ができる.

	解析解	残差ノルム $< 10^{-6}$	残差ノルム $< 10^{-8}$
1	0.0019348708320477	0.0019348708320477	0.0019348708320477
2	0.0048362411488352	0.0048362411488352	0.0048362411488352
3	0.0048362411488352	0.0048362411488352	0.0048362411488352
4	0.0077376114656227	0.0077376114656226	0.0077376114656226
5	0.0096687394779869	0.0096687394779867	0.0096687394779867
6	0.0096687394779869	0.0096687394779867	0.0096687394779867
7	0.0125701097947744	0.0125701097947742	0.0125701097947742
8	0.0125701097947744	0.0125701097947742	0.0125701097947741
9	0.0164276906894711	0.0164276906894709	0.0164276906894708
10	0.0164276906894711	0.0164276906894709	0.0164276906894708
11	0.0174026081239256	0.0174026081239257	0.0174026081239257
12	0.0193290610062586	0.0193290610062582	0.0193290610062583
13	0.0193290610062586	0.0193290610062584	0.0193290610062583
14	0.0241615593354099	0.0241615593354098	0.0241615593354098
15	0.0241615593354099	0.0241615593354099	0.0241615593354099
16	0.0251065559345105	0.0251065559345104	0.0251065559345104
17	0.0251065559345105	0.0251065559345104	0.0251065559345105
18	0.0280079262512980	0.0280079262512979	0.0280079262512945
19	0.0280079262512980	0.0280079262512979	0.0280079262513012
20	0.0309205105468942	0.0309205105519407	0.0309205105468947

例 3.2 LOBPCG 法により複数固有値を計算した際の計算例を表 3.3 に示す. 例 3.1 と同じ問題であるが, 小さい方から 20 個計算している. また, LOBPCG 法では安定に計算するため, 反復ごとに修正グラム–シュミット法による再直交化を行っている.

3.4 量子力学に現れる固有値問題

量子力学では, その物理を解明するために, 基礎方程式であるシュレーディンガー方程式を計算する必要がある. シュレーディンガー方程式には時間に依存するものと依存しないものがあるが, 依存しないものは

$$\hat{H}\Phi(x) = E\Phi(x)$$

と表現できる．ここで，$\hat{H}$ はハミルトニアン，$\Phi(x)$ は波動関数，E はエネルギー固有値である．このハミルトニアンは一般に疎な対称 (またはエルミート) 行列になり，小さい固有値および対応する固有ベクトルを計算することで，エネルギーが低い状態 (絶対零度付近) の様々な量子状態の物理的性質を理解することができる．そのため，多くの物理研究者が頻繁に反復法で固有値および固有ベクトルの計算を行っている．以下では，代表的なハミルトニアンであるハバードモデル (ハバード模型) から導かれる行列の計算例を示す．

3.4.1 ハバードモデルのハミルトニアン

ハバードモデルは高温超伝導体や強磁性などの電子間のクーロン反発力が主要な役割を果たす強相関電子系を表現するモデルである．ここで扱うハバードモデルは図 3.2 に示すような格子状のサイトと上向きのスピン (アップスピン) と下向きのスピン (ダウンスピン) の電子が接続しているサイト間を移動するモデルであり，電子の移動を表現する項とクーロン反発力からなる項で構成される．このとき，パウリの排他律により 1 つのサイトに同じ向きの電子は 1 つしか存在できない．

ここで，ハミルトニアンの要素の作成方法を簡単に説明する．まず，条件を満たす電子の配置状態をすべて作成し，それらに連続した番号をつける．次に，あ

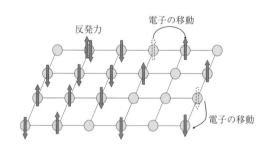

図 3.2 ハバードモデルの模式図．原子 (サイト) が格子を組んでおり (この図では 2 次元正方格子)，電子は接続しているサイト間を飛び移っている．パウリの排他律から 1 つのサイトには同じ向きの電子は 1 つしか存在できない．また，1 つのサイトにアップスピンとダウンスピンの電子が存在すると反発力が，電子が移動すると移動パラメータが生じる．

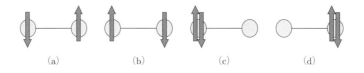

図 3.3 アップスピンおよびダウンスピンの電子が 1 個ずつの 2 サイトのハバードモデルがとりうる 4 つの状態.

る配置状態 (k 番目の配置状態) を考え，あるサイトに存在する 1 つの電子をそのサイトに接続しているサイトに移動させる (ただし，パウリの排他律から，移動先のサイトに同じ向きの電子が存在していない必要がある). この作用により生成される電子の配置状態が l 番目の状態であれば，ハミルトニアンの (l, k) 要素に移動パラメータが入る．この作業をすべての配置状態のすべての電子に対して行い，ハミルトニアンの非対角要素を作成する．また，k 番目の配置状態において，m 個のサイトにアップスピンとダウンスピンの両方の電子が存在すれば，(k, k) 成分に m 個分のクーロン反発力が入る．通常，電子の移動は逆方向にも起こるため，上記の方法で作成したハミルトニアンは対称行列になる．つまり，サイトが 2 個，アップスピンおよびダウンスピンの電子がともに 1 個ずつの場合は，図 3.3 に示すように 4 状態が考えられ，それらに左から順序を付けるとハミルトニアン H は

$$H = \begin{pmatrix} 0 & 0 & -t & -t \\ 0 & 0 & -t & -t \\ -t & -t & U & 0 \\ -t & -t & 0 & U \end{pmatrix} \tag{3.26}$$

となる．ここで，$-t$ および U はそれぞれ電子の移動パラメータおよびクーロン反発力である．

これを一般のサイト数および電子数に拡張したものは

$$H = -t \sum_{i,j,\sigma} c_{j\sigma}^\dagger c_{i\sigma} + U \sum_i n_{i\uparrow} n_{i\downarrow} \tag{3.27}$$

と表現できる．ただし i 番目のサイトと j 番目のサイトは接続しているとする．ここで $-t$ は電子がサイト間を移動する際の移動パラメータ，U はあるサイトにアップスピンとダウンスピンの電子が存在するときのクーロン反発力である．また，σ

102　3　疎行列の固有値計算

は電子のスピンの向き (↑ または ↓) であり，$c_{i\sigma}$, $c_{i\sigma}^{\dagger}$ および $n_{i\sigma}$ は i 番目のサイトにおける σ 方向のスピンの電子の生成演算子，消滅演算子，個数演算子である．このハミルトニアンの次元は，電子の取りうる組合せ数になるため，サイト数を n_s，アップスピン，ダウンスピンの電子数をそれぞれ n_u, n_d とすると，

$$\text{ハミルトニアンの次元} = {}_{n_s}C_{u_n} \times {}_{n_s}C_{n_d}$$

となる．このことから，ハミルトニアンの次元はモデルの大きさに対して指数関数的に大きくなる．そのため，反復法を用いた固有値計算法が必須になる．また，状態の順序付け方法によりハミルトニアンの非ゼロ要素の分布が変化するため，行列ベクトル積の並列化や高速化を行う際には適切な順序付けを行い，非ゼロ要素を規則的にするのが望ましい．

3.4.2　ハミルトニアンの固有値計算

　ハミルトニアン H は対称行列であるため，ランチョス法および LOBPCG 法で固有値計算できる．はじめに，最小固有値とそれに対応する固有ベクトルを計算する．

　ここでは，1 次元の 16 サイトのモデル上にアップスピンおよびダウンスピンの電子がともに 5 個のケースのハミルトニアンを対象とする．まずはじめに，反発力 U が大きい場合として，$U = 10, t = 1$ とする．この問題では，U によって生成される対角成分が t による非対角成分よりも大きくなりやすい行列である．この行列の次元は約 1.9×10^7 であり，反復計算に用いるベクトル 1 本が必要とするメモリ量は約 146 MB であることから，ランチョス法においてすべてのベクトルを保存することができず，大規模行列に対するランチョス法を利用するために行列ベクトル積の回数は反復回数の 2 倍になっている．

　この行列を，ランチョス法および LOBPCG 法で計算し，その収束性を比較する．LOBPCG 法ではゲルシュゴリンの定理により推定したハミルトニアンの最小固有値により，その対角成分を式 (3.24) のようにシフトさせ，その対角成分を点ヤコビ法のような前処理行列として利用する．その際の反復回数と残差の関係を図 3.4 に示す．この結果から，ランチョス法と前処理のない LOBPCG 法の収束性はほぼ同じであるが，ランチョス法は行列ベクトル積の回数が 2 倍であるこ

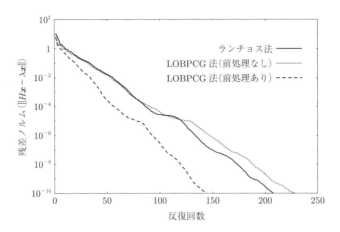

図 **3.4** 反発力が大きいハミルトニアンに対する固有値計算

とや，計算途中で誤差の評価ができないことから，前処理がなくても LOBPCG 法が優れていると考えられる．また，前処理を用いることで，収束性が向上していることが確認できる．これは対角成分を生成する反発力が大きく，対角成分だけでも本来の行列を比較的よく近似できるためである．

次に，反発力 U が小さい場合として，$U=1, t=1$ とする．この問題では，対

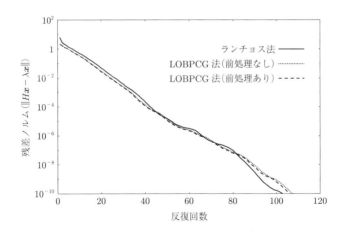

図 **3.5** 反発力が小さいハミルトニアンに対する固有値計算

104   3 疎行列の固有値計算

角成分よりも非対角成分の影響が大きい行列になる．この行列を前回と同じ条件
で計算した際の収束性を図 3.5 に示す．今回の前処理では，LOBPCG 法の収束
性がほとんど向上せず，ランチョス法とほぼ同じであることが確認できる．しか
し，先ほどと同様の理由から，計算時間の点では LOBPCG 法の方が有利である．
また，LOBPCG 法において前処理の効果がほとんど得られないのは，非対角成
分の影響が対角成分よりも大きい行列に対して，対角成分のみで表現した前処理
行列ではうまく近似できていないためと考えられる．このことより，同じ物理モ
デルから導出され，非ゼロ要素の分布が同じ行列に対して同じ前処理を用いても，
行列要素の値が異なるだけで有効に作用しないことがあることが確認できる．そ
のため，問題ごとに適切な前処理を採用する必要があり，様々な方法が提案され
ている[50, 52]．

3.5 プ ロ グ ラ ム

lanczos.f90

式 (3.17) で与えられる行列の最大固有値とそれに対応する固有ベクトルをラン
チョス法を用いて計算するプログラム．過去のベクトルをすべて保存し，新しく
計算したベクトルはそれらに対して直交化している．3 重対角行列の固有値計算
において LAPACK のルーチン DSTEVX を利用しているため，コンパイル時には
LAPACK (必要に応じて BLAS も) をリンクする必要がある．

lobpcg.f90

式 (3.17) で与えられる行列の最小固有値とそれに対応する固有ベクトルを
LOBPCG 法を用いて計算するプログラム．一般化固有値問題の計算において
LAPACK のルーチン DSYGV を利用しているため，コンパイル時には LAPACK
(必要に応じて BLAS も) をリンクする必要がある．

4 櫻 井 – 杉 浦 法

本章では大規模疎行列向きの並列固有値解法である櫻井–杉浦法 (SSM) について説明する．この方法は，対象とする実軸上の区間や複素平面上の領域を指定し，その区間や領域内にある固有値と対応する固有ベクトルを求める．櫻井–杉浦法は数値積分によって固有空間を抽出するため，アルゴリズムレベルでの並列性を備えている．また，求めようとする固有値の区間や領域ごとに独立に計算できるため，対象とする区間や領域を分割することで，領域ごとの並列性も備える．

4.1 行列のスペクトル分解

櫻井–杉浦法 (Sakurai–Sugiura Method; SSM)[53] は 2003 年に櫻井らによって提案された固有値解法であり，とくに並列計算で高い性能を発揮する．実対称行列や複素エルミート行列だけでなく，複素非対称行列など幅広い種類の行列に対して適用することができる．また，標準固有値問題だけでなく，一般化固有値問題や非線形固有値問題にも適用可能である．

本節では，櫻井–杉浦法の導出において必要となる行列のスペクトル分解 (spectral decomposition) について説明する．

行列 $A \in \mathbb{C}^{n \times n}$ について，標準固有値問題

$$A\boldsymbol{x} = \lambda\boldsymbol{x} \tag{4.1}$$

を考える．行列 A の n 個の固有値を $\lambda_1, \lambda_2, \ldots, \lambda_n$ とし，対応する固有ベクトルを $\boldsymbol{x}_1, \boldsymbol{x}_2, \ldots, \boldsymbol{x}_n$ とする．このとき，

$$A\boldsymbol{x}_i = \lambda_i\boldsymbol{x}_i \qquad (i = 1, 2, \ldots, n) \tag{4.2}$$

106   4 櫻井 – 杉浦法

である．行列 A に対して

$$\boldsymbol{y}_i^{\mathsf{H}} A = \lambda_i \boldsymbol{y}_i^{\mathsf{H}} \qquad (i = 1, 2, \ldots, n) \tag{4.3}$$

を満たすベクトル $\boldsymbol{y}_1, \boldsymbol{y}_2, \ldots, \boldsymbol{y}_n$ を左固有ベクトルとよぶ．左固有ベクトルに対応させて $\boldsymbol{x}_1, \boldsymbol{x}_2, \ldots, \boldsymbol{x}_n$ は右固有ベクトルとよぶ．

行列 X, Y, $\varLambda$ を

$$X := [\boldsymbol{x}_1, \boldsymbol{x}_2, \ldots, \boldsymbol{x}_n] \tag{4.4}$$

$$Y := [\boldsymbol{y}_1, \boldsymbol{y}_2, \ldots, \boldsymbol{y}_n] \tag{4.5}$$

$$\varLambda := \mathrm{diag}\,(\lambda_1, \lambda_2, \ldots, \lambda_n) \tag{4.6}$$

とおく．ここで記号 $\mathrm{diag}\,(\lambda_1, \lambda_2, \ldots, \lambda_n)$ は $\lambda_1, \lambda_2, \ldots, \lambda_n$ を対角要素とする対角行列を表すものとする．このとき，式 (4.2)，(4.3) はそれぞれ

$$AX = X\varLambda \tag{4.7}$$

および

$$Y^{\mathsf{H}} A = \varLambda Y^{\mathsf{H}} \tag{4.8}$$

と表される．

説明を簡単にするため，ここでは $\lambda_i \ (i = 1, 2, \ldots, n)$ に重複はなく相異なるとする．このとき $\boldsymbol{x}_i \ (i = 1, 2, \ldots, n)$ は線形独立であり，$X^{-1} = Y^{\mathsf{H}}$ であることから，

$$A = X\varLambda Y^{\mathsf{H}} \tag{4.9}$$

となる．また，$1 \le i, j \le n$ について

$$\boldsymbol{y}_i^{\mathsf{H}} \boldsymbol{x}_j = \begin{cases} 0 & (i \ne j) \\ 1 & (i = j) \end{cases} \tag{4.10}$$

であり，

$$Y^{\mathsf{H}} X = I \tag{4.11}$$

となる．ここで I は n 次の単位行列である．

式 (4.9) より，行列 A は

$$A = (\boldsymbol{x}_1, \boldsymbol{x}_2, \ldots, \boldsymbol{x}_n) \begin{pmatrix} \lambda_1 & & & \\ & \lambda_2 & & \\ & & \ddots & \\ & & & \lambda_n \end{pmatrix} \begin{pmatrix} \boldsymbol{y}_1^{\mathsf{H}} \\ \boldsymbol{y}_2^{\mathsf{H}} \\ \vdots \\ \boldsymbol{y}_n^{\mathsf{H}} \end{pmatrix}$$

$$= (\boldsymbol{x}_1, \boldsymbol{x}_2, \ldots, \boldsymbol{x}_n) \begin{pmatrix} \lambda_1 \boldsymbol{y}_1^{\mathsf{H}} \\ \lambda_2 \boldsymbol{y}_2^{\mathsf{H}} \\ \vdots \\ \lambda_n \boldsymbol{y}_n^{\mathsf{H}} \end{pmatrix} \tag{4.12}$$

$$= \sum_{i=1}^{n} \lambda_i \boldsymbol{x}_i \boldsymbol{y}_i^{\mathsf{H}} \tag{4.13}$$

と表せる．行列 A について

$$A = \sum_{i=1}^{n} \lambda_i \boldsymbol{x}_i \boldsymbol{y}_i^{\mathsf{H}} \tag{4.14}$$

は A のスペクトル分解とよばれる．

スカラー $z \in \mathbb{C}$ について $(zI - A)^{-1}$ を考える．このとき，

$$(zI - A)^{-1} = \left(X(zI - \Lambda)Y^{\mathsf{H}} \right)^{-1} = X(zI - \Lambda)^{-1}Y^{\mathsf{H}} \tag{4.15}$$

と表される．これより，

$$(zI - A)^{-1} = (\boldsymbol{x}_1, \boldsymbol{x}_2, \ldots, \boldsymbol{x}_n) \begin{pmatrix} \dfrac{1}{z - \lambda_1} & & & \\ & \dfrac{1}{z - \lambda_2} & & \\ & & \ddots & \\ & & & \dfrac{1}{z - \lambda_n} \end{pmatrix} \begin{pmatrix} \boldsymbol{y}_1^{\mathsf{H}} \\ \boldsymbol{y}_2^{\mathsf{H}} \\ \vdots \\ \boldsymbol{y}_n^{\mathsf{H}} \end{pmatrix}$$

$$= \sum_{i=1}^{n} \frac{\boldsymbol{x}_i \boldsymbol{y}_i^{\mathsf{H}}}{z - \lambda_i} \tag{4.16}$$

を得る．これは行列 $(zI - A)^{-1}$ のスペクトル分解である．これより，行列 $(zI - A)^{-1}$ は A の固有値 $\lambda_1, \lambda_2, \ldots, \lambda_n$ を極にもつ有理式とみなせる．

右固有ベクトルと左固有ベクトルを用いて

$$P_i := \boldsymbol{x}_i \boldsymbol{y}_i^{\mathsf{H}} \qquad (i = 1, 2, \ldots, n) \tag{4.17}$$

とおく．このとき，

$$P_i^2 = P_i \tag{4.18}$$

や

$$P_i P_j = 0 \qquad (i \neq j) \tag{4.19}$$

などの関係が確かめられる．また，

$$A^k = \sum_{i=1}^{n} \lambda_i^k P_i \tag{4.20}$$

のように行列 A のべき乗なども表すことができる．

ベクトル $\boldsymbol{v}$ が固有ベクトル $\boldsymbol{x}_j$ によって

$$\boldsymbol{v} = \sum_{j=1}^{n} \kappa_j \boldsymbol{x}_j \tag{4.21}$$

と表されているものとする．ここで，$\kappa_j \ (j = 1, 2, \ldots, n)$ は適当な係数とする．このとき，

$$\begin{aligned}
P_i \boldsymbol{v} &= \sum_{j=1}^{n} \kappa_j P_i \boldsymbol{x}_j \\
&= \sum_{j=1}^{n} \kappa_j \boldsymbol{x}_i \boldsymbol{y}_i^{\mathsf{H}} \boldsymbol{x}_j \\
&= \kappa_i \boldsymbol{x}_i
\end{aligned} \tag{4.22}$$

となる．これより，行列 P_i とベクトル $\boldsymbol{v}$ の積により，$\boldsymbol{v}$ に含まれる固有ベクトル成分 $\kappa_i \boldsymbol{x}_i$ が取り出されることがわかる．

4.2 周回積分による固有ベクトルの抽出

複素平面上のジョルダン曲線を Γ とする．Γ で囲まれた領域に m 個の固有値 $\lambda_1, \lambda_2, \ldots, \lambda_m$ があるとし，他の固有値は Γ の外部にあるとする．また，Γ 上に固有値はないものとする．

周回積分を用いて，行列 P_Γ を

$$P_\Gamma := \frac{1}{2\pi \mathrm{i}} \int_\Gamma (zI - A)^{-1} \mathrm{d}z \tag{4.23}$$

と定義する．このとき，$(zI - A)^{-1}$ のスペクトル分解の式 (4.16) から

$$\begin{aligned}
P_\Gamma &= \frac{1}{2\pi \mathrm{i}} \int_\Gamma (zI - A)^{-1} \mathrm{d}z \\
&= \frac{1}{2\pi \mathrm{i}} \int_\Gamma \left(\sum_{i=1}^n \frac{P_i}{z - \lambda_i} \right) \mathrm{d}z \\
&= \sum_{i=1}^n \left(\frac{1}{2\pi \mathrm{i}} \int_\Gamma \frac{P_i}{z - \lambda_i} \mathrm{d}z \right)
\end{aligned} \tag{4.24}$$

と表される．式 (4.24) において，Γ 内で $\lambda_1, \lambda_2, \ldots, \lambda_m$ が極となっていることから，留数定理より，

$$P_\Gamma = \sum_{i=1}^m P_i \tag{4.25}$$

を得る．これより，行列 P_Γ とベクトル $\boldsymbol{v} = \sum_{j=1}^n \kappa_j \boldsymbol{x}_j$ の積は

$$\begin{aligned}
P_\Gamma \boldsymbol{v} &= \left(\frac{1}{2\pi \mathrm{i}} \int_\Gamma (zI - A)^{-1} \mathrm{d}z \right) \boldsymbol{v} = \sum_{i=1}^m P_i \boldsymbol{v} \\
&= \sum_{i=1}^m \kappa_i \boldsymbol{x}_i
\end{aligned} \tag{4.26}$$

となる．

ここで，行列 A_Γ を

$$A_\Gamma := \sum_{i=1}^m \lambda_i P_i \tag{4.27}$$

とおく．このとき，Γ 内で解析的な関数 $\psi(z)$ について

$$\psi(A_\Gamma) = \frac{1}{2\pi \mathrm{i}} \int_\Gamma \psi(z)(zI - A)^{-1} \mathrm{d}z \tag{4.28}$$

となる．特に Γ が A のすべての固有値を囲むときには

$$\psi(A) = \frac{1}{2\pi \mathrm{i}} \int_\Gamma \psi(z)(zI - A)^{-1} \mathrm{d}z \tag{4.29}$$

である．

110   4 櫻井 – 杉浦法

任意の非負の整数 k に対してベクトル $\boldsymbol{s}_k$ を

$$\boldsymbol{s}_k := \left\{ \frac{1}{2\pi\mathrm{i}} \int_\Gamma z^k (zI - A)^{-1} \mathrm{d}z \right\} \boldsymbol{v} \qquad (k = 0, 1, \cdots) \tag{4.30}$$

とおく. $\boldsymbol{s}_k$ は

$$\boldsymbol{s}_k = \sum_{i=1}^m \kappa_i \lambda_i^k \boldsymbol{x}_i \tag{4.31}$$

と表される. 行列 S を

$$S := [\boldsymbol{s}_0, \boldsymbol{s}_1, \ldots, \boldsymbol{s}_{m-1}] \tag{4.32}$$

とする. このとき,

$$S = X_m \Lambda_m^k C_m \tag{4.33}$$

となる. ここで,

$$X_m := [\boldsymbol{x}_1, \boldsymbol{x}_2, \ldots, \boldsymbol{x}_m] \tag{4.34}$$

$$\Lambda_m := \mathrm{diag}\,(\lambda_1, \lambda_2, \ldots, \lambda_m) \tag{4.35}$$

$$C_m := \mathrm{diag}\,(\kappa_1, \kappa_2, \ldots, \kappa_m) \tag{4.36}$$

である.

周回積分で得られる S からレイリー–リッツ法を用いて固有ベクトルを抽出する. S から求めた正規直交基底を列ベクトルとする行列を $Q \in \mathbb{C}^{n \times m}$ とおく. このとき, $Q^{\mathsf{H}} Q = I$ である. Q と $A\boldsymbol{x} - \lambda\boldsymbol{x}$ が直交するとき,

$$Q^{\mathsf{H}}(A\boldsymbol{x} - \lambda\boldsymbol{x}) = \boldsymbol{0} \tag{4.37}$$

と表される. 適当なベクトル $\boldsymbol{p}$ によって $\boldsymbol{x} = Q\boldsymbol{p}$ と表せるとき,

$$Q^{\mathsf{H}} A Q \boldsymbol{p} - \lambda Q^{\mathsf{H}} Q \boldsymbol{p} = \boldsymbol{0} \tag{4.38}$$

となる. ここで $\hat{A} := Q^{\mathsf{H}} A Q$ とおくと, 上式から

$$\hat{A}\boldsymbol{p} = \lambda\boldsymbol{p} \tag{4.39}$$

を得る. 式 (4.31) より, Q の列ベクトルは固有ベクトル $\boldsymbol{x}_1, \boldsymbol{x}_2, \ldots, \boldsymbol{x}_m$ の線形結合で表され, $\hat{A} = Q^{\mathsf{H}} A Q$ の固有値は $\lambda_1, \lambda_2, \ldots, \lambda_m$ となる. このとき, 対応する $\hat{A}$ の固有ベクトルを $\boldsymbol{p}_1, \boldsymbol{p}_2, \ldots, \boldsymbol{p}_m$ とすると,

$$\boldsymbol{x}_i = Q\boldsymbol{p}_i \qquad (i = 1, 2, \ldots, m) \tag{4.40}$$

である.

次に，S からハンケル行列を用いて固有ベクトルを求める方法について示す. 任意のゼロでないベクトル $\boldsymbol{u}, \boldsymbol{v} \in \mathbb{C}^n$ に対して関数 $f(z)$ を

$$f(z) := \boldsymbol{u}^{\mathsf{H}} (zI - A)^{-1} \boldsymbol{v} \tag{4.41}$$

とおく. $f(z)$ は

$$f(z) = \sum_{i=1}^{n} \frac{\boldsymbol{u}^{\mathsf{H}} P_i \boldsymbol{v}}{z - \lambda_i} = \sum_{i=1}^{n} \frac{\nu_i}{z - \lambda_i} \tag{4.42}$$

と表される. ここで，$\nu_i := \boldsymbol{u}^{\mathsf{H}} P_i \boldsymbol{v}$ $(i = 1, 2, \ldots, n)$ とした. 以後，ν_i $(i = 1, 2, \ldots, n)$ は 0 でないとする. これより，関数 $f(z)$ は固有値 λ_i $(i = 1, 2, \ldots, n)$ を極にもつ有理式であることがわかる.

ここで，

$$\mu_k := \frac{1}{2\pi \mathrm{i}} \int_{\Gamma} z^k f(z) \, \mathrm{d}z \qquad (k = 0, 1, \ldots) \tag{4.43}$$

とおく. このとき，留数定理より

$$\mu_k = \frac{1}{2\pi \mathrm{i}} \int_{\Gamma} \sum_{i=1}^{n} \frac{\nu_i z^k}{z - \lambda_i} \mathrm{d}z = \sum_{i=1}^{m} \nu_i \lambda_i^k \tag{4.44}$$

となる.

要素が μ_0 から始まる m 次のハンケル行列を

$$H_m^{(0)} := \begin{pmatrix} \mu_0 & \mu_1 & \cdots & \mu_{m-1} \\ \mu_1 & \mu_2 & \cdots & \mu_m \\ \vdots & \vdots & & \vdots \\ \mu_{m-1} & \mu_m & \cdots & \mu_{2m-2} \end{pmatrix} \tag{4.45}$$

とおく. 式 (4.44) より，$H_m^{(0)}$ は

$$H_m^{(0)} = \sum_{i=1}^{m} \nu_i \begin{pmatrix} 1 & \lambda_i & \cdots & \lambda_i^{m-1} \\ \lambda_i & \lambda_i^2 & \cdots & \lambda_i^m \\ \vdots & \vdots & & \vdots \\ \lambda_i^{m-1} & \lambda_i^m & \cdots & \lambda_i^{2m-2} \end{pmatrix} \tag{4.46}$$

$$= \sum_{i=1}^{m} \nu_i \begin{pmatrix} 1 \\ \lambda_i \\ \vdots \\ \lambda_i^{m-1} \end{pmatrix} \begin{pmatrix} 1 & \lambda_i & \cdots & \lambda_i^{m-1} \end{pmatrix} \tag{4.47}$$

と表すことができる．行列 V_m を

$$V_m := \begin{pmatrix} 1 & 1 & \cdots & 1 \\ \lambda_1 & \lambda_2 & \cdots & \lambda_m \\ \vdots & \vdots & & \vdots \\ \lambda_1^{m-1} & \lambda_2^{m-1} & \cdots & \lambda_m^{m-1} \end{pmatrix} \tag{4.48}$$

とおき，$D_m = \mathrm{diag}\,(\nu_1, \nu_2, \ldots, \nu_m)$ とおく．V_m と D_m によって $H_m^{(0)}$ は

$$H_m^{(0)} = V_m D_m V_m^{\mathsf{T}} \tag{4.49}$$

と表せる．

要素が μ_1 から始まる m 次のハンケル行列 $H_m^{(1)}$ を

$$H_m^{(1)} := \begin{pmatrix} \mu_1 & \mu_2 & \cdots & \mu_m \\ \mu_2 & \mu_3 & \cdots & \mu_{m+1} \\ \vdots & \vdots & & \vdots \\ \mu_m & \mu_{m+1} & \cdots & \mu_{2m-1} \end{pmatrix} \tag{4.50}$$

とおく．このとき，$\Lambda_m = \mathrm{diag}\,(\lambda_1, \lambda_2, \ldots, \lambda_m)$ とおくと

$$H_m^{(1)} = V_m \Lambda_m D_m V_m^{\mathsf{T}} \tag{4.51}$$

と表される．

式 (4.49)，(4.51) より

$$\begin{aligned} H_m^{(1)} - \lambda H_m^{(0)} &= V_m \Lambda_m D_m V_m^{\mathsf{T}} - \lambda V_m D_m V_m^{\mathsf{T}} \\ &= V_m (\Lambda_m - \lambda I) D_m V_m^{\mathsf{T}} \end{aligned} \tag{4.52}$$

となる. $\nu_i \neq 0$ $(i = 1, 2, \ldots, m)$ としたため D_m は正則となる. V_m は

$$\det(V_m) = \prod_{i,j=1, i>j}^{m} (\lambda_i - \lambda_j) \tag{4.53}$$

であることから, $\lambda_1, \lambda_2, \ldots, \lambda_m$ が相異なるとき $\det(V_m) \neq 0$ であり, V_m は正則となる. これより, 行列束 $H_m^{(1)} - \lambda H_m^{(0)}$ の固有値は対角行列 Λ_m の固有値に一致し, $\lambda_1, \lambda_2, \ldots, \lambda_m$ であることがわかる. このように, 行列 A について Γ 内部の固有値を求める問題は, ハンケル行列による一般化固有値問題

$$H_m^{(1)} \boldsymbol{p} = \lambda H_m^{(0)} \boldsymbol{p} \tag{4.54}$$

に帰着できる.

ハンケル行列による一般化固有値問題 (4.54) の固有値と固有ベクトルをそれぞれ λ_i, $\boldsymbol{p}_i$ $(i = 1, 2, \ldots, m)$ とする. このとき,

$$H_m^{(1)} \boldsymbol{p}_i = \lambda_i H_m^{(0)} \boldsymbol{p}_i \qquad (i = 1, 2, \ldots, m) \tag{4.55}$$

である. これより, 式 (4.52) から

$$\Lambda_m D_m V_m^{\mathsf{T}} \boldsymbol{p}_i = \lambda_i D_m V_m^{\mathsf{T}} \boldsymbol{p}_i \tag{4.56}$$

となる. Λ_m は対角行列であることから, その固有ベクトルは単位行列の第 i 列ベクトル $\boldsymbol{e}_i$ になる. したがって,

$$D_m V_m^{\mathsf{T}} \boldsymbol{p}_i = \boldsymbol{e}_i \qquad (i = 1, 2, \ldots, m) \tag{4.57}$$

となる. これより,

$$\boldsymbol{p}_i = (D_m V_m^{\mathsf{T}})^{-1} \boldsymbol{e}_i \qquad (i = 1, 2, \ldots, m) \tag{4.58}$$

を得る. このとき,

$$S = X_m D_m V_m^{\mathsf{T}} \tag{4.59}$$

と表されることから

$$X_m = S(D_m V_m^{\mathsf{T}})^{-1} = SP_m \tag{4.60}$$

となる. したがって,

$$\boldsymbol{x}_i = S\boldsymbol{p}_i \qquad (i = 1, 2, \ldots, m) \tag{4.61}$$

を得る.

一般化固有値問題

$$A\boldsymbol{x} = \lambda B\boldsymbol{x} \tag{4.62}$$

の場合には, $zI - A$ のかわりに $zB - A$ とする. また, ベクトル $\boldsymbol{v}$ のかわりに $B\boldsymbol{v}$ とする. これにより, $\boldsymbol{s}_k$ は

$$\boldsymbol{s}_k = \frac{1}{2\pi\mathrm{i}} \int_\Gamma z^k (zB - A)^{-1} B\boldsymbol{v}\, \mathrm{d}z \tag{4.63}$$

となる.

1本のベクトル $\boldsymbol{v}$ のかわりに複数のベクトルからなる行列 $V \in \mathbb{C}^{n \times L}$ に対して P_Γ を作用させることで複数の結果を得る. ここで L は適当な正の整数である. 入力ベクトル $\boldsymbol{v}_1, \boldsymbol{v}_2, \ldots, \boldsymbol{v}_L$ に対して $V := [\boldsymbol{v}_1, \boldsymbol{v}_2, \ldots, \boldsymbol{v}_L]$ とおき,

$$S_k = \frac{1}{2\pi\mathrm{i}} \int_\Gamma z^k (zB - A)^{-1} BV\, \mathrm{d}z \tag{4.64}$$

を求める. S_0 から S_{M-1} までを並べた行列 S を

$$S = [S_0, S_1, \ldots, S_{M-1}] \tag{4.65}$$

とおく. ここで M は $ML \geq m$ となるような整数である.

このようにして得られた S から固有ベクトルを抽出するとき, レイリー–リッツ法を用いる場合には $\boldsymbol{v}$ が1本の場合と同様である. ハンケル行列を用いる方法の場合, 行列 $U \in \mathbb{C}^{n \times L}$ と $V \in \mathbb{C}^{n \times L}$ を用いて $f(z)$ を以下のようにする.

$$f(z) = U^{\mathsf{H}} (zI - A)^{-1} V \tag{4.66}$$

このとき, 周回積分によって求めた μ_k は $L \times L$ の行列となる. これによって得られる $H_M^{(0)}$, $H_M^{(1)}$ は $L \times L$ の行列 μ_k を要素とするブロックハンケル行列となる.

このような, $\boldsymbol{v}$ のかわりに L 本のベクトルを用いる方法はブロック版とよばれる. ブロック版では, Γ で囲まれる領域内の固有値について, 最大で L 重の多重度まで求めることができる. 以後, ブロック版での方法を説明する.

4.3 数値積分による近似

　一般には周回積分は解析的に求めることができないため，数値積分によって近似する．積分点数を N とし，積分点を $z_1, z_2, \ldots, z_N$ とする．$z_1, z_2, \ldots, z_N$ は相異なる点とする．$w_1, w_2, \ldots, w_N$ を積分の重みとする．この積分点と重みを用いて与えられた関数 $g(z)$ の数値積分を

$$G_N = \sum_{j=1}^{N} w_j g(z_j) \tag{4.67}$$

によって求める．重みは以下によって与えられる．

$$w_j = \frac{\displaystyle\prod_{l=1}^{N} z_l}{\displaystyle\prod_{l=1, l \neq j}^{N} (z_j - z_l)} \qquad (j = 1, 2, \ldots, N) \tag{4.68}$$

このような数値積分では，積分点 z_j において関数値 $g(z_j)$ を求め，その値に積分の重みをかけて $j = 1$ から N まで足し合わせることで数値積分の値を求める．このとき，各積分点における関数値は積分点ごとに独立して計算できる．

　周回積分

$$\mu_k = \frac{1}{2\pi \mathrm{i}} \int_{\Gamma} z^k f(z) \, \mathrm{d}z \tag{4.69}$$

に対して以下のように数値積分によって近似する．

$$\frac{1}{2\pi \mathrm{i}} \int_{\Gamma} z^k f(z) \, \mathrm{d}z \approx \sum_{j=1}^{N} w_j z_j^k f(z_j) \tag{4.70}$$

　上記の数値積分で z_j^k が現れ，関数値 $f(z_j)$ に $w_j z_j^k$ を係数としてかけて足し合わせる計算をしている．k の値を大きくしたときにも z_1^k から z_N の絶対値ができるだけ大きく異ならないようにするため，以下のような変数変換によって z_j を ζ_j に置き換え，その絶対値がなるべく 1 に近くなるようにする．

$$\zeta_j = \frac{z_j - \gamma}{\rho} \tag{4.71}$$

ここで γ は Γ 内部の点で,ρ は $|\zeta_j|$ が 1 に近くなるような値とする.Γ が円のときには γ として円の中心,ρ を円の半径とすると,変換後の積分点は単位円周上の点となる.この ζ_j を用いて

$$\tilde{\mu}_k = \sum_{j=1}^{N} w_j {\zeta_j}^k f(z_j) \tag{4.72}$$

とする.

以下では,Γ は中心が γ,半径が ρ の円とする.z_j を円周上に等間隔に配置するときには

$$z_j = \gamma + \rho\, e^{(2\pi i/N)(j-1/2)} \qquad (j=1,2,\ldots,N) \tag{4.73}$$

とする.ここで i は虚数単位である.このとき,ζ_j は単位円周上に配置され,

$$\zeta_j = e^{(2\pi i/N)(j-1/2)} \qquad (j=1,2,\ldots,N) \tag{4.74}$$

となる.式 (4.73) において,$j-1/2$ のように整数 j から $1/2$ ずらすことで

$$z_j = \bar{z}_{N-j+1} \qquad (j=1,2,\ldots,N/2) \tag{4.75}$$

となる.このようにすると,γ を実軸上にとったとき z_j は実数にならないため,実軸上にのみ固有値がある場合には,積分点が固有値と一致することがない.

固有値が実軸上にあるとき,ζ_j を楕円上に置くことで積分の精度が改善されることがある.このような楕円上の点は以下のようにして与えられる.

$$\zeta_j = \cos\theta_j + i\alpha\sin\theta_j \qquad (j=1,2,\ldots,N) \tag{4.76}$$

ここで $\theta_j = (2\pi/N)(j-1/2)$ $(j=1,2,\ldots,N)$ である.このとき,対応する重みは

$$w_j = \frac{1}{N}(\alpha\sin\theta_j + i\cos\theta_j) \qquad (j=1,2,\ldots,N) \tag{4.77}$$

によって与えられる.$\alpha=1$ のときには円の場合と一致する.

行列 S_k の数値積分による近似 $\tilde{S}_k$ は,

$$Y_j = (z_j I - A)^{-1} V \qquad (j=1,2,\ldots,N) \tag{4.78}$$

を求めた後に

$$\tilde{S}_k = \sum_{j=1}^{N} w_j \zeta_j^k Y_j \qquad (k = 0, 1, \ldots, M-1) \tag{4.79}$$

とする．これを用いて

$$\tilde{S} = [\tilde{S}_0, \tilde{S}_1, \ldots, \tilde{S}_{M-1}] \tag{4.80}$$

とする．

レイリー–リッツ法を用いて $\tilde{S}$ から固有値と固有ベクトルを抽出する．$\tilde{S}$ の特異値を $\sigma_1, \sigma_2, \ldots, \sigma_{LM}$ とし，δ 以上の大きさの特異値の数を m' とする．このとき，$\sigma_i \geq \delta$ $(i = 1, 2, \ldots, m')$ および $\sigma_i < \delta$ $(i = m'+1, m'+2, \ldots, LM)$ である．Σ_1, Σ_2 を

$$\Sigma_1 = \mathrm{diag}\,(\sigma_1, \sigma_2, \ldots, \sigma_{m'}) \tag{4.81}$$

$$\Sigma_2 = \mathrm{diag}\,(\sigma_{m'+1}, \sigma_{m'+2}, \ldots, \sigma_{LM}) \tag{4.82}$$

とし，$\tilde{S}$ の特異値分解を

$$\tilde{S} = [U_1, U_2] \begin{pmatrix} \Sigma_1 & O \\ O & \Sigma_2 \end{pmatrix} [W_1, W_2]^{\mathsf{H}} \tag{4.83}$$

とする．U_1 を用いて

$$\tilde{A} := U_1^{\mathsf{H}} A U_1 \tag{4.84}$$

および

$$\tilde{B} := U_1^{\mathsf{H}} U_1 \tag{4.85}$$

とする．ここで $U_1^{\mathsf{H}} U_1$ は理論上は単位行列となるはずであるが，実際の数値計算では誤差のために単位行列にはならない．そのため，$\tilde{A}$ と $\tilde{B}$ による一般化固有値問題

$$\tilde{A}\tilde{\boldsymbol{p}} = \tilde{\lambda} \tilde{B} \tilde{\boldsymbol{p}} \tag{4.86}$$

を解く．$\tilde{A}$ と $\tilde{B}$ はもとの行列 A と比べると十分にサイズが小さくなっているとみなせる．

得られた固有値と固有ベクトルを $\tilde{\lambda}_i$, $\tilde{\boldsymbol{p}}_i$ $(i = 1, 2, \ldots, m')$ とする．このとき，A の固有値は $\tilde{\lambda}_1, \tilde{\lambda}_2, \ldots, \tilde{\lambda}_{m'}$ によって近似される．また，固有ベクトルは

$$\tilde{\boldsymbol{x}}_i = U_1 \tilde{\boldsymbol{p}}_i \qquad (i = 1, 2, \ldots, m') \tag{4.87}$$

によって近似される．

次に，$\tilde{S}$ からハンケル行列を用いて固有ベクトルを求める方法について説明する．ハンケル行列 $\tilde{H}_M^{(0)}$, $\tilde{H}_M^{(1)}$ を以下のようにする．

$$\tilde{H}_M^{(0)} = \begin{pmatrix} \tilde{\mu}_0 & \tilde{\mu}_1 & \cdots & \tilde{\mu}_{M-1} \\ \tilde{\mu}_1 & \tilde{\mu}_2 & \cdots & \tilde{\mu}_M \\ \vdots & \vdots & & \vdots \\ \tilde{\mu}_{M-1} & \tilde{\mu}_M & \cdots & \tilde{\mu}_{2M-2} \end{pmatrix} \tag{4.88}$$

$$\tilde{H}_M^{(1)} = \begin{pmatrix} \tilde{\mu}_1 & \tilde{\mu}_2 & \cdots & \tilde{\mu}_M \\ \tilde{\mu}_2 & \tilde{\mu}_3 & \cdots & \tilde{\mu}_{M+1} \\ \vdots & \vdots & & \vdots \\ \tilde{\mu}_M & \tilde{\mu}_{M+1} & \cdots & \tilde{\mu}_{2M-1} \end{pmatrix} \tag{4.89}$$

$\tilde{H}_M^{(0)}$ の特異値分解を

$$\tilde{H}_M^{(0)} = [U_1, U_2] \begin{pmatrix} \Sigma_1 & O \\ O & \Sigma_2 \end{pmatrix} [W_1, W_2]^{\mathsf{H}} \tag{4.90}$$

とする．ここで，Σ_1 の対角成分を $\sigma_1, \sigma_2, \ldots, \sigma_{m'}$ とし，すべて δ 以上とする．また，Σ_2 の対角成分を $\sigma_{m'+1}, \sigma_{m'+2}, \ldots, \sigma_{LM}$ とし，すべて δ より小さいとする．Σ_2 は十分に小さいとみなして $\tilde{H}_M^{(0)}$ を

$$\tilde{H}_M^{(0)} \approx U_1 \Sigma_1 W_1^{\mathsf{H}} \tag{4.91}$$

のように近似する．数値積分によって得られたハンケル行列の固有値問題

$$\tilde{H}_M^{(1)} \boldsymbol{p} = \lambda \tilde{H}_M^{(0)} \boldsymbol{p} \tag{4.92}$$

に対して，左辺から $\Sigma_1^{-1/2} U_1^{\mathsf{H}}$ をかけ，

$$(\Sigma_1^{-1/2} U_1^{\mathsf{H}} \tilde{H}_M^{(1)} W_1 \Sigma_1^{1/2})(\Sigma_1^{-1/2} W_1^{\mathsf{H}}) \boldsymbol{p} = \tilde{\lambda}(\Sigma_1^{-1/2} W_1^{\mathsf{H}}) \boldsymbol{p} \tag{4.93}$$

のように式を変形する．ここで，$\tilde{\boldsymbol{p}} := (\Sigma_1^{-1/2} W_1^{\mathsf{H}})\boldsymbol{p}$ および

$$\tilde{A} := \Sigma_1^{-1/2} U_1^{\mathsf{H}} \tilde{H}^{(1)} W_1 \Sigma_1^{1/2} \tag{4.94}$$

とおき，$\tilde{A}$ についての固有値問題

$$\tilde{A}\tilde{\boldsymbol{p}} = \tilde{\lambda}\tilde{\boldsymbol{p}} \tag{4.95}$$

を解く．得られた固有値と固有ベクトルを $\tilde{\lambda}_i$, $\tilde{\boldsymbol{p}}_i$ $(i = 1, 2, \ldots, m')$ とする．これより，A の固有値は

$$\lambda_i = \rho\tilde{\lambda}_i + \gamma \qquad (i = 1, 2, \ldots, m') \tag{4.96}$$

によって求める．対応する固有ベクトルは

$$\tilde{\boldsymbol{x}}_i = \tilde{S}(:, 1:m') W_1 \Sigma_1^{1/2} \tilde{\boldsymbol{p}}_i \qquad (i = 1, 2, \ldots, m') \tag{4.97}$$

となる．$\tilde{S}(:, 1:m')$ は行列 $\tilde{S}$ の第 1 列から第 m' 列を表す．ここで，周回積分を数値積分で近似したときの影響について考える．関数 $\varphi(z)$ を

$$\varphi(z) = \frac{1}{2\pi\mathrm{i}} \int_{\Gamma} \frac{1}{z - \lambda} \mathrm{d}z \tag{4.98}$$

とおく．このとき，

$$\varphi(z) = \begin{cases} 1 & (\lambda \text{ は } \Gamma \text{ の内部}) \\ 0 & (\lambda \text{ は } \Gamma \text{ の外部}) \end{cases} \tag{4.99}$$

となる．Γ の内部に $\lambda_1, \lambda_2, \ldots, \lambda_m$ があるため，$\varphi(z)$ を用いて μ_k は

$$\mu_k = \sum_{i=1}^{m} \nu_i \lambda_i^k = \sum_{i=1}^{n} \varphi(\lambda_i)\nu_i \lambda_i^k \tag{4.100}$$

と表される．同様に $\boldsymbol{s}_k$ は

$$\boldsymbol{s}_k = \sum_{i=1}^{m} \nu_i \lambda_i^k \boldsymbol{x}_i = \sum_{i=1}^{n} \varphi(\lambda_i)\nu_i \lambda_i^k \boldsymbol{x}_i \tag{4.101}$$

と表される．$(zI - A)^{-1}\boldsymbol{v}$ の周回積分は，ベクトル $\boldsymbol{v}$ に対して Γ 内部にある固有値に対応する固有ベクトル成分のみを通すフィルターとみなすことができる．このとき，フィルターを表す関数が $\varphi(z)$ である．

N 点の数値積分によって近似する場合, フィルターを表す関数 $\varphi_N(\lambda)$ は

$$\varphi_N(\lambda) = \sum_{j=1}^{N} \frac{w_j}{z_j - \lambda} \qquad (4.102)$$

によって与えられる. 積分点が単位円周上の等間隔点のとき,

$$\sum_{j=1}^{N} \frac{w_j}{\theta_j - \eta} = \frac{\zeta_j}{1 + \eta^N} \qquad (4.103)$$

の関係がある[54]. ここで $\eta = (\lambda - \gamma)/\rho$ である. この関係を用いると Γ が半径 ρ の円のとき,

$$\varphi_N(\lambda_i) = \frac{1}{1 + \eta_i^N} \qquad (4.104)$$

と表される. ここで $\eta_i = (\lambda_i - \gamma)/\rho$ であり, 円の中心から固有値までの距離と円の半径との比を表している. このことから, もし λ_i が円の内部のときには $|\varphi_N(\lambda_i)|$ はほぼ 1 であり, 円の外部のときには $|\varphi_N(\lambda_i)|$ は $|(\lambda_i - \gamma)/\rho|^N$ で減少することがわかる.

櫻井–杉浦法は数値積分によって $\tilde{S}$ を求める計算と, その $\tilde{S}$ から固有ベクトルを抽出する計算から構成される. $\tilde{S}$ から固有ベクトルを抽出するとき, 上述したハンケル行列を用いる方法[53,55], およびレイリー–リッツ法を用いる方法[56,57] 以外にも, アーノルディ(Arnoldi) プロセスを用いる方法など[58-60]が提案されている. 関数 $f(z)$ の極とハンケル行列の関係は文献 [61,62] に示されている. 櫻井–杉浦法を表すときには Sakurai–Sugiura Method を省略して SSM とする. 数値積分で得られた $\tilde{S}$ から固有値と固有ベクトルを抽出するときに用いる方法によって区別するときには, レイリー–リッツ法を用いた櫻井–杉浦法を SS-RR, ハンケル行列を用いた櫻井–杉浦法を SS–Hankel, アーノルディプロセスを用いた櫻井–杉浦法を SS–Arnoldi のように表す.

複数の入力ベクトルを用いる方法は入力ベクトルが 1 本の場合と区別するためにブロック櫻井–杉浦法 (Block SSM) とよぶが, 通常はブロック版も単に櫻井–杉浦法 (SSM) とよぶ. ブロック版について示した論文として文献 [55,56] などがある. ブロック版では, Γ で囲まれる領域内の固有値について, 最大で L 重の多重度まで求めることができる. そのため, 求めようとする固有値に重複固有値があると予想されるときには, L としてある程度の大きさの値を設定しておくとよい.

数値積分によるフィルターについては文献 [55]，数値積分の影響の解析は文献 [54, 63–65] などで示されている．

4.4 非線形固有値問題への適用

変数 z の関数を要素とする行列を行列値関数とよぶ．行列値関数 $A(z)$ に対して

$$A(\lambda)\boldsymbol{x} = \boldsymbol{0} \tag{4.105}$$

となるようなスカラー λ とゼロでないベクトル $\boldsymbol{x}$ を求める問題は，$A(z)$ が z について非線形のとき，非線形固有値問題とよぶ．非線形固有値問題は，振動解析において減衰を考える場合や，時間遅れのある微分方程式の解などで現れる．また，境界要素法などでも行列の要素が非線形な関数が現れる．$A(z)$ が

$$A(z) = A_0 + zA_1 \tag{4.106}$$

のときは一般化固有値問題であり，とくに $A_1 = I$ のときは標準固有値問題となる．

行列 $A_0, A_1, A_2 \in \mathbb{R}^{n \times n}$ に対して

$$A(z) = A_0 + zA_1 + z^2 A_2 \tag{4.107}$$

のとき，A の要素は z についての 2 次多項式で表され，2 次の固有値問題となる．一般に，

$$A(z) = A_0 + zA_1 + z^2 A_2 + \cdots + z^l A_l \tag{4.108}$$

のとき，l 次の多項式固有値問題となる．

$$A(z) = A_0 + e^z A_1 \tag{4.109}$$

のように，指数関数で表されるような場合もある．

非線形固有値問題に対する櫻井–杉浦法は文献 [66–68] に示されている．これらの方法では，$A(z_j)$ を係数行列とする連立 1 次方程式

$$A(z_j)Y_j = V \qquad (j = 1, 2, \ldots, N) \tag{4.110}$$

を Y_j $(j = 1, 2, \ldots, N)$ について解く．右辺は V のかわりに $A(z)$ の微分を用いて $A'(z_j)V$ とする場合もある．ハンケル行列を用いた櫻井–杉浦法では，これ以

降の計算法は一般化固有値問題のときと同様である．レイリー–リッツ法を用いる場合には，一般化固有値問題のときの $U_1^H(zB - A)U_1$ のかわりに

$$\tilde{A}(z) = U_1^H A(z) U_1 \tag{4.111}$$

とする．このとき得られる射影された行列 $\tilde{A}(z)$ はまた z の非線形の関数となる．この $\tilde{A}(z)$ はもとの行列 $A(z)$ よりは小規模な行列になるため，$\tilde{A}(z)$ に対してハンケル行列を用いた櫻井–杉浦法を適用して固有値と固有ベクトルを求める．多項式固有値問題のときには，コンパニオン行列を用いた方法によって $\tilde{A}(z)$ による非線形固有値問題を解くこともできる．コンパニオン行列を用いる場合の数値的な安定性の改善は文献 [69, 70] に示されている．

4.5 櫻井–杉浦法のアルゴリズム

行列 A および B が与えられたときに一般化固有値問題

$$A\boldsymbol{x} = \lambda B\boldsymbol{x} \tag{4.112}$$

を解くときの櫻井–杉浦法のアルゴリズムを以下に示す．標準固有値問題のときには $B = I$ とすればよい．

積分点数を N とし，積分点 $z_1, z_2, \ldots, z_N$ を求めたい領域を囲む曲線 Γ 上に置く．積分の重みは積分点に対応して決定する．Γ が円の場合には，κ は円の中心，ρ は円の半径とする．z^k の k の範囲を決めるパラメータ M は，多くの場合 $M = N/4$ または $M = N/2$ とする．

アルゴリズム 4.1 では，積分点上で連立 1 次方程式の解 Y_j $(j = 1, 2, \ldots, N)$ を求め，$Y = [Y_1, Y_2, \ldots, Y_N]$ とし，数値積分によって $\tilde{S} = [\tilde{S}_0, \tilde{S}_1, \ldots, \tilde{S}_{M-1}]$ を求める．行列 V の列ベクトルは通常は乱数で与える．固有ベクトルの近似ベクトルが得られているときには，それらの線形結合によってベクトルを生成して用いるとよい．このとき，線形結合の係数は乱数で生成する．後で示すように Γ で囲まれる領域内の固有値の数を推定する場合には，行列 V をその要素が 1 または -1 が等確率で現れるような行列とする．

アルゴリズム **4.1** 数値積分による固有空間の構成

1: A, B, $\{\zeta_j\}_{j=1}^N$, $\{w_j\}_{j=1}^N$, V, γ, ρ, M を与える.
2: $z_j := \rho\zeta_j + \gamma$, $j = 1, 2, \ldots, N$
3: **for** $j = 1, 2, \ldots, N$ **do**
4:    連立 1 次方程式 $(z_j B - A)Y_j = BV$ を Y_j について解く
5: **end for**
6: $Y := [Y_1, Y_2, \ldots, Y_N]$
7: **for** $k = 0, 1, \ldots, M - 1$ **do**
8:    $\tilde{S}_k := \sum_{j=1}^N w_j \zeta_j^k Y_j$
9: **end for**
10: $\tilde{S} := [\tilde{S}_0, \tilde{S}_1, \ldots, \tilde{S}_{M-1}]$
11: Y および $\tilde{S}$ を出力

アルゴリズム **4.2** 行列 $\tilde{S}$ の低ランク近似

1: $\tilde{S}$, δ を与える
2: $\tilde{S}$ の特異値分解 $\tilde{S} = U \Sigma W^{\mathsf{T}}$ を行う
3: $\sigma_1, \sigma_2, \ldots, \sigma_M$ を Σ の対角要素とする
4: $\sigma_{m'} \geq \delta$ で $\sigma_{m'+1} < \delta$ となる m' を求める
5: $U_1 := U(:, 1 : m')$, $W_1 := W(:, 1 : m')$, $\Sigma_1 := \Sigma(1 : m', 1 : m')$
6: U_1, Σ_1, W_1, m' を出力

行列 $\tilde{S}$ の特異値分解を行って低ランク近似を求め,これを用いて A および B の射影行列 $\tilde{A}$ と $\tilde{B}$ を求めるアルゴリズムをアルゴリズム 4.2 に示す.このとき,どの程度小さな特異値まで用いるかを決めるパラメータ δ については,倍精度計算の場合には $\delta = 10^{-12}$ 程度にするとよい.ただし,問題によって δ は 10^{-20} 程度まで小さな値を用いたほうが結果の精度がよい場合がある.パラメータについては問題に依存するため,ある程度問題ごとにテストしてよりよい値を探す.

レイリー–リッツ法を用いた櫻井–杉浦法 (SS–RR) をアルゴリズム 4.3 に示す.$\tilde{A}$ および $\tilde{B}$ による一般化固有値問題を解き,この結果からもとの固有値問題の固有値および固有ベクトルを求める.

これらの計算において最も時間がかかるのは多くの場合アルゴリズム 4.1 中の連立 1 次方程式を解くところである.この方程式は j について互いに依存しないため,並列に実行できる.

ハンケル行列を用いた櫻井–杉浦法 (SS–Hankel) をアルゴリズム 4.5 に示す.ア

124   4 櫻井−杉浦法

アルゴリズム **4.3**　レイリー−リッツ法を用いた櫻井−杉浦法 (SS-RR)

1: A, B, $\{\zeta_j\}_{j=1}^{N}$, $\{w_j\}_{j=1}^{N}$, V, γ, ρ, M, δ を与える
2: アルゴリズム 4.1 によって Y および $\tilde{S}$ を求める
3: アルゴリズム 4.2 によって $\tilde{S}$ の低ランク近似を行う
4: $\tilde{A} := U_1^{\mathsf{H}} A U_1$, $\tilde{B} := U_1^{\mathsf{H}} B U_1$
5: 行列束 $\tilde{A} - \lambda \tilde{B}$ の固有値と固有ベクトルを求め $(\tilde{\lambda}, \tilde{\boldsymbol{p}}_i)$, $i = 1, 2, \ldots, m'$ とする
6: **for** $i = 1, 2, \ldots, m'$ **do**
7: 　　 $\lambda_i = \tilde{\lambda}_i$
8: 　　 $\boldsymbol{x}_i = U_1(:, 1 : m') \tilde{\boldsymbol{p}}_i$
9: **end for**
10: $(\lambda_i, \boldsymbol{x}_i)$, $i = 1, 2, \ldots, m'$ を出力

アルゴリズム **4.4**　ハンケル行列の低ランク近似

1: A, B, $\{\zeta_j\}_{j=1}^{N}$, $\{w_j\}_{j=1}^{N}$, V, γ, ρ, M, δ を与える
2: アルゴリズム 4.1 によって Y および $\tilde{S}$ を求める
3: **for** $k = 0, 1, \ldots, M - 1$ **do**
4: 　　 $\tilde{\mu}_k := \sum_{j=1}^{N} w_j \zeta_j^k (BV)_j^{\mathsf{T}} Y_j$
5: **end for**
6: $\tilde{H}_M^{(0)} := (\tilde{\mu}_{i+j-2})_{1 \le i,j \le M}$, $\tilde{H}_M^{(1)} := (\tilde{\mu}_{i+j-1})_{1 \le i,j \le M}$
7: $\tilde{H}_M^{(0)}$ の特異値分解 $\tilde{H}_M^{(0)} = U \Sigma W^{\mathsf{T}}$ を行う
8: $\sigma_1, \sigma_2, \ldots, \sigma_M$ を Σ の対角要素とする
9: $\sigma_{m'} \ge \delta$ で $\sigma_{m'+1} < \delta$ となる m' を求める
10: $U_1 := U(:, 1 : m')$, $W_1 := W(:, 1 : m')$, $\Sigma_1 := \Sigma(1 : m', 1 : m')$
11: $\tilde{H}_M^{(0)}$, $\tilde{H}_M^{(1)}$, U_1, Σ_1, W_1, m' を出力

ルゴリズム 4.1 によって $\tilde{S}$ を求めた後，アルゴリズム 4.4 によってハンケル行列 $\tilde{H}_M^{(0)}$, $\tilde{H}_M^{(1)}$ を求め，$\tilde{H}_M^{(0)}$ の特異値分解により $\tilde{H}_M^{(0)}$ の近似を求める．その後，アルゴリズム 4.5 によって $\tilde{A}$ の固有値と固有ベクトルからもとの固有値問題の固有値および固有ベクトルを求める．

　積分点は一般には円や楕円以外でも考えられる．半円などの円弧領域，2つの円で囲まれた円環領域，長方形領域などに櫻井−杉浦法を適用した例がある[71-74]．

　より効率的に実行するためには，領域の設定など方法のパラメータを適切に決めておく必要がある[65]．求めた結果の精度が不足する場合には，数値積分を繰り返して適用することで精度の改善を行う方法が提案されている[65]．

　積分点数 N については，実用上は 16 から 32 程度の範囲で固定することが多い．

アルゴリズム **4.5** ハンケル行列を用いた櫻井–杉浦法 (SS–Hankel)

1: A, B, $\{\zeta_j\}_{j=1}^N$, $\{w_j\}_{j=1}^N$, V, γ, ρ, M, δ を与える
2: アルゴリズム 4.1 によって Y および $\tilde{S}$ を求める
3: アルゴリズム 4.4 によってハンケル行列 $\tilde{H}_M^{(0)}$, $\tilde{H}_M^{(1)}$, 低ランク近似 U_1, Σ_1, W_1 を求める
4: $\tilde{A} := \Sigma_1^{-1} U_1^{\mathsf{T}} \tilde{H}_M^{(1)} W_1$
5: $\tilde{A}$ の固有値と固有ベクトルを求め $(\tilde{\lambda}_i, \tilde{\boldsymbol{p}}_i)$, $i = 1, 2, \ldots, m'$ とする
6: **for** $i = 1, 2, \ldots, m'$ **do**
7:   $\lambda_i := \rho \tilde{\lambda}_i + \gamma$
8:   $\boldsymbol{x}_i := \tilde{S}(:, 1:m') W_1 \Sigma_1^{-1/2} \boldsymbol{p}_i,$
9: **end for**
10: $(\lambda_i, \boldsymbol{x}_i)$, $i = 1, 2, \ldots, m'$ を出力

あまり高い精度を必要とせず計算量を削減したい場合には N を 8 や 12 といった値に設定することもある．非線形固有値問題の場合には現れる関数の性質によっては N をより大きな値にすることが必要な場合もある．

パラメータ M については，積分点数 N の値を超えない範囲で設定する．z^k の計算が現れることから，k をあまり大きくすると数値的な安定性が悪くなるため，多くの場合 M は $N/2$ または $N/4$ とする．

求めようとする領域の内部やその周辺にある固有値の数が多い場合には，LM の値を大きくするか，領域を分割してより少ない固有値を求めるようにする．LM の値を大きくするときには，基本的には M を固定して L を増加させる．

数値計算によって固有値を求めたとき，誤差の影響で偽の固有値が得られることがある．そのため，以下のような指標[75, 76]を用いて偽の固有値かどうかをしらべ，偽と判定された場合には取り除く．

$$\tau_i = \frac{\|\boldsymbol{x}_i\|_2^2}{\|\Sigma_1^{-1/2} \boldsymbol{x}_i\|_2^2} \qquad (i = 1, 2, \ldots, m') \tag{4.113}$$

ここで，Σ_1 はハンケル行列を用いた方法 (SS-Hankel) の場合には $\tilde{H}_M^{(0)}$ の特異値分解の結果，レイリー–リッツ法を用いた方法 (SS-RR) の場合には $\tilde{S}$ の特異値分解の結果を用いる．τ_i の値が小さいときには偽の固有値であると判定する．

Γ 内部にある固有値の数 m は

$$m = \frac{1}{2\pi \mathrm{i}} \int_\Gamma \mathrm{tr}\left((zB - A)^{-1} B\right) \mathrm{d}z \tag{4.114}$$

で与えられる．行列 A, B が大規模な場合には，逆行列のトレースを求めること
は容易ではない．行列のトレースの近似は以下のようにする．

$$\operatorname{tr}\left((zB - A)^{-1}B\right) \approx \frac{1}{L}\sum_{l=1}^{L}\boldsymbol{v}_l^\mathsf{T}(zB - A)^{-1}B\boldsymbol{v}_l \tag{4.115}$$

ここで，L は正の整数で，$\boldsymbol{v}_l \in \mathbb{R}^n$ はその成分に 1 または -1 が等確率で現れる
ベクトルである．周回積分を N 点積分則で近似することで

$$
\begin{aligned}
m &\approx \sum_{j=1}^{N}w_j\operatorname{tr}\left((z_jB - A)^{-1}B\right)\\
&\approx \sum_{j=1}^{N}w_j\left(\frac{1}{L}\sum_{l=1}^{L}\boldsymbol{v}_l^\mathsf{T}(z_jB - A)^{-1}B\boldsymbol{v}_l\right)
\end{aligned}
$$

を得る．

固有値を求めようとする実軸上の区間や複素平面上の領域において複数の積分
領域を置き，それぞれに固有値数の推定値を求める．このとき，少ない反復回数
の反復法で連立 1 次方程式を低い精度で求めればよい．

広い範囲の固有値分布の情報が得られると適切なパラメータの設定に利用でき
る．文献 [71,77,78] に少ない手間で広い範囲の固有値分布をしらべる方法が示され
ている．並列化に関しては文献 [79–83] など，応用事例に関しては文献 [80,84–88]
などに示されている．非線形固有値問題の応用事例は文献 [89,90] にある．

櫻井–杉浦法のプログラムは http://zpares.cs.tsukuba.ac.jp において公開
されている．z-Pares は FORTRAN 版であり，アプリケーションごとのさまざま
な行列の形式に対応するため，Reverse Communication Interface を用いている．
MATLAB 版として sseig.m がある．まず，小規模な行列に対して MATLAB 版
を適用し，対象とする行列の性質などを確認してから FORTRAN 版を適用する
とよい．また，SLEPc[20] には周回積分を用いた方法として C 言語での実装 CISS
がある．櫻井–杉浦法のソフトウェアとしては BLOSS[75] も公開されている．並
列実装や大規模計算事例などは文献 [10,79,81–83] に示されている．

5 反復改良法

反復改良法は，近似解の精度を反復的に改善するための手法である．まずはじめに，よく知られている連立1次方程式に対する反復改良法を紹介する．次に，固有値問題における固有対に対する一般的な反復改良法について説明する．最後に，著者らによって最近開発された実対称行列の全固有ベクトルに対する効率的な反復改良法について述べる．

本章において，$\|\cdot\|$ は2ノルムを意味する．すなわち，ベクトルに対してはユークリッドノルム，行列に対してはスペクトルノルムを表す．また，I は単位行列を表す．

5.1 連立1次方程式に対する反復改良法

5.1.1 アルゴリズム

連立1次方程式

$$A\boldsymbol{x} = \boldsymbol{b}, \qquad A \in \mathbb{R}^{n \times n}, \quad \boldsymbol{b}, \boldsymbol{x} \in \mathbb{R}^n \tag{5.1}$$

に対する反復改良 (Iterative Refinement) 法はよく知られている[5]．解の初期値 $\boldsymbol{x}^{(0)}$ を設定し

$$\boldsymbol{x}^{(k)} := \boldsymbol{x}^{(k-1)} + \widehat{\boldsymbol{y}}^{(k)} \qquad (k = 1, 2, \ldots, k_{\max})$$

のようにして，反復的に近似解 $\boldsymbol{x}^{(k)}$ の精度を改善することが目的である．ここで，$\widehat{\boldsymbol{y}}^{(k)}$ は修正項，$k_{\max}$ は最大反復回数である．アルゴリズム 5.1 は，許容誤差

– 127 –

128   5 反 復 改 良 法

アルゴリズム 5.1　連立 1 次方程式の近似解 $\widehat{\boldsymbol{x}}$ に対する反復改良法

1: A, b, $\widehat{\boldsymbol{x}}$, ε, $k_{\max}$ を与える
2: $\boldsymbol{x}^{(0)} := \widehat{\boldsymbol{x}}$
3: **for** $k = 1, 2, \ldots, k_{\max}$ **do**
4:　$\boldsymbol{r}^{(k)} := \boldsymbol{b} - A\boldsymbol{x}^{(k-1)}$ (必要に応じて高精度演算を用いる)
5:　連立 1 次方程式 $A\boldsymbol{y}^{(k)} = \boldsymbol{r}^{(k)}$ を解き，近似解 $\widehat{\boldsymbol{y}}^{(k)}$ を得る
6:　$\boldsymbol{x}^{(k)} := \boldsymbol{x}^{(k-1)} + \widehat{\boldsymbol{y}}^{(k)}$
7:　**if** $||\widehat{\boldsymbol{y}}^{(k)}|| \leq \varepsilon ||\boldsymbol{x}^{(k)}||$ **then**
8:　　**break**
9:　**end if**
10: **end for**
11: $\boldsymbol{x}^{(k)}$ を出力

ε に対して

$$\frac{||\widehat{\boldsymbol{y}}^{(k)}||}{||\boldsymbol{x}^{(k)}||} = \frac{||\boldsymbol{x}^{(k)} - \boldsymbol{x}^{(k-1)}||}{||\boldsymbol{x}^{(k)}||} \leq \varepsilon$$

を満たすような $\boldsymbol{x}^{(k)}$ を求めるものである.

　A の条件数を $\kappa(A) = ||A|| \cdot ||A^{-1}||$, 浮動小数点演算の単位丸め誤差を ε とする (IEEE 754 の単精度では $u = 2^{-24}$, 倍精度では $u = 2^{-53}$ である). $\boldsymbol{x}^{(0)}$ およびアルゴリズム 5.1 の手順 5 における $\widehat{\boldsymbol{y}}^{(k)}$ の計算において, A の LU 分解結果を用いたとすると, 経験的に

$$\frac{||\boldsymbol{x}^* - \boldsymbol{x}^{(k)}||}{||\boldsymbol{x}^*||} \leq \alpha^{k+1}, \qquad \alpha = c_n \kappa(A)\varepsilon, \qquad c_n = \mathcal{O}(\sqrt{n})$$

となることが知られている (ただし, $\boldsymbol{x}^*$ は $A\boldsymbol{x} = \boldsymbol{b}$ の真の解). したがって, 反復が (数値的に) 収束する十分条件は $\alpha < 1$ である. A の LU 分解結果を用いることができれば, 一反復あたりの計算量は $\mathcal{O}(n^2)$ で済むため, 非常に効率がよい. また, 手順 4 における残差 $\boldsymbol{r}$ の高精度演算については, たとえば文献 [91] にある高精度内積計算アルゴリズム Dot2 を用いると, 4 倍精度を用いた場合と同程度の演算精度で効率的に計算することができる.

5.1.2　数 値 実 験

　連立 1 次方程式に対して反復改良法 (アルゴリズム 5.1) を適用したときの効果をみる. 係数行列 A は 2000 次の疑似乱数行列 (要素は標準正規分布から取り出した

表 5.1 連立 1 次方程式の近似解に対する反復改良法の結果

反復回数 k	近似解 $\boldsymbol{x}^{(k)}$ の相対誤差ノルム
0	3.18×10^{-4}
1	5.79×10^{-8}
2	1.10×10^{-11}
3	2.11×10^{-15}

倍精度の数), 右辺ベクトル b は, $e = (1, 1, \ldots, 1)^{\mathsf{T}}$ に対して $b = Ae$ のように設定する. まず, 単精度で LU 分解を実行し, 初期近似解 $\boldsymbol{x}^{(0)}$ を得た後に反復改良を行う. 近似解 $\boldsymbol{x}^{(k)}$ は倍精度で保存し, 残差 $\boldsymbol{r}$ の計算には高精度内積計算アルゴリズム Dot2 を用いる. 反復ごとの近似解 $\boldsymbol{x}^{(k)}$ の相対誤差ノルム $||\boldsymbol{x} - \boldsymbol{x}^{(k)}||/||\boldsymbol{x}||$ を表 5.1 に示す. この結果から, 反復ごとに近似解の精度が改善されていることがわかる.

5.2 固有値問題に対する反復改良法

5.2.1 アルゴリズム

標準固有値問題

$$A\boldsymbol{x} = \lambda\boldsymbol{x}, \qquad A \in \mathbb{R}^{n \times n}, \quad (\lambda, \boldsymbol{x}) \in \mathbb{C} \times \mathbb{C}^n \tag{5.2}$$

について考える. 固有値や固有ベクトルの反復改良については, 非線形方程式に対するニュートン法をベースとした方法が知られている[92, 93]. まず, $A \in \mathbb{R}^{n \times n}$ について, 以下のような関数 $f : \mathbb{C}^{n+1} \to \mathbb{C}^{n+1}$ を定義する.

$$f(A, \boldsymbol{z}) = \begin{pmatrix} A\widehat{\boldsymbol{x}} - \widehat{\lambda}\widehat{\boldsymbol{x}} \\ \frac{1}{2}(1 - ||\widehat{\boldsymbol{x}}||^2) \end{pmatrix}, \qquad \boldsymbol{z} = \begin{pmatrix} \widehat{\boldsymbol{x}} \\ \widehat{\lambda} \end{pmatrix} \tag{5.3}$$

このとき, $f(A, \boldsymbol{z}) = \boldsymbol{0}$ の解は, A の固有対 $(\lambda, \boldsymbol{x})$, $||\boldsymbol{x}|| = 1$ に対応し, $f(A, \boldsymbol{z})$ のヤコビ行列は

$$J(A, \boldsymbol{z}) = \begin{pmatrix} A - \widehat{\lambda}I & -\widehat{\boldsymbol{x}} \\ -\widehat{\boldsymbol{x}}^{\mathsf{T}} & 0 \end{pmatrix} \tag{5.4}$$

となる. この非線形方程式 $f(A, \boldsymbol{z}) = \boldsymbol{0}$ に対してニュートン法を適用する.

130   5 反復改良法

アルゴリズム **5.2**　標準固有値問題における近似固有対 $(\widehat{\lambda}, \widehat{\boldsymbol{x}})$ に対する反復改良法

1: $A, \widehat{\lambda}, \widehat{\boldsymbol{x}}, \varepsilon, k_{\max}$ を与える
2: $\boldsymbol{z}^{(0)} := (\widehat{\boldsymbol{x}}^T, \widehat{\lambda})^T$
3: **for** $k = 1, 2, \ldots, k_{\max}$ **do**
4:　　$\boldsymbol{r}^{(k)} := -f(A, \boldsymbol{z}^{(k-1)})$(必要に応じて高精度演算を用いる)
5:　　連立 1 次方程式 $J(A, \boldsymbol{z}^{(k-1)})\boldsymbol{y}^{(k)} = \boldsymbol{r}^{(k)}$ を解き，近似解 $\widehat{\boldsymbol{y}}^{(k)}$ を得る
6:　　$\boldsymbol{z}^{(k)} := \boldsymbol{z}^{(k-1)} + \widehat{\boldsymbol{y}}^{(k)}$
7:　　**if** $||\widehat{\boldsymbol{y}}^{(k)}|| \leq \varepsilon ||\boldsymbol{z}^{(k)}||$ **then**
8:　　　　**break**
9:　　**end if**
10: **end for**
11: $\boldsymbol{z}^{(k)}$ を出力

　具体的には，標準固有値問題 (5.2) の近似固有対 $(\widehat{\lambda}, \widehat{\boldsymbol{x}}), ||\widehat{\boldsymbol{x}}|| \approx 1$ を計算して，$\boldsymbol{z}^{(0)} = (\widehat{\boldsymbol{x}}^T, \widehat{\lambda})^T$ を解の初期値として設定し

$$\boldsymbol{z}^{(k)} := \boldsymbol{z}^{(k-1)} + \widehat{\boldsymbol{y}}^{(k)} \qquad (k = 1, \ldots, k_{\max})$$

のようにして，反復的に近似解 $\boldsymbol{z}^{(k)}$ の精度を改善する．ここで，$\widehat{\boldsymbol{y}}^{(k)}$ は修正項，$k_{\max}$ は最大反復回数である．アルゴリズム 5.2 は，許容誤差 ε に対して

$$\frac{||\widehat{\boldsymbol{y}}^{(k)}||}{||\boldsymbol{z}^{(k)}||} = \frac{||\boldsymbol{z}^{(k)} - \boldsymbol{z}^{(k-1)}||}{||\boldsymbol{z}^{(k)}||} \leq \varepsilon$$

を満たすような $\boldsymbol{z}^{(k)}$ を求めるものである．

　ニュートン法の性質から，固有対の初期値がある程度真の固有対に近ければ，反復によって真の固有対に 2 次収束する．

　また，一般化固有値問題

$$A\boldsymbol{x} = \lambda B\boldsymbol{x}, \qquad A, B \in \mathbb{R}^{n \times n}, \quad (\lambda, \boldsymbol{x}) \in \mathbb{C} \times \mathbb{C}^n \tag{5.5}$$

についても

$$f(A, B, \boldsymbol{z}) = \begin{pmatrix} A\widehat{\boldsymbol{x}} - \widehat{\lambda} B\widehat{\boldsymbol{x}} \\ \frac{1}{2}(1 - ||\widehat{\boldsymbol{x}}||^2) \end{pmatrix}, \qquad \boldsymbol{z} = \begin{pmatrix} \widehat{\boldsymbol{x}} \\ \widehat{\lambda} \end{pmatrix}$$

および

$$J(A, B, \boldsymbol{z}) = \begin{pmatrix} A - \widehat{\lambda} B & -B\widehat{\boldsymbol{x}} \\ -(B\widehat{\boldsymbol{x}})^{\mathsf{T}} & 0 \end{pmatrix}$$

とすれば，同様に反復改良法を得ることができる．

これらの方法は，1組の近似固有対の精度を改善するために1反復あたり$\mathcal{O}(n^3)$の計算量を必要とする．もし，すべて$(n$組$)$の近似固有対の精度を改善したい場合は，上記の反復改良法をそのまま適用すると$\mathcal{O}(n^4)$の計算量になってしまう．また，反復を進めて近似固有値$\widehat{\lambda}$の精度が改善されると，$A-\widehat{\lambda}I(または A-\widehat{\lambda}B)$が特異に近づき悪条件となるため，注意が必要である．

Aが実対称行列の場合は，ハウスホルダー変換$T=QAQ^{\mathsf{T}}$によってAを三重対角行列Tに変換して，Aの固有値および固有ベクトルを計算する方法が知られている．このとき，Tの固有ベクトルを$\boldsymbol{y}$とすると，$\boldsymbol{y}=Q\boldsymbol{x}$である．ここで，$A$の近似固有ベクトル$\widehat{\boldsymbol{x}}$に対して$\widehat{\boldsymbol{y}}=Q\widehat{\boldsymbol{x}}$として，アルゴリズム5.2において，$A$を$T$に，$\widehat{\boldsymbol{x}}$を$\widehat{\boldsymbol{y}}$にそれぞれ置き換えることによって，大幅に計算量を削減することが可能である．ただし，実際にはハウスホルダー変換$T=QAQ^{\mathsf{T}}$において丸め誤差が発生するため，Tは誤差をもつ．したがって，この方法を用いた固有値および固有ベクトルの精度の改善には限界があることに注意しよう．

5.2.2 数 値 実 験

標準固有値問題に対して反復改良法(アルゴリズム5.2)を適用したときの効果をみる．

a. 実対称行列の場合

実対称な2000次の疑似乱数行列Aを生成する．Aの要素は標準正規分布に従う倍精度実数である．まず，単精度で固有分解を実行し，近似固有値の中で「絶対値最小」のものを初期近似固有値$\lambda^{(0)}$，それに対応する近似固有ベクトルを初期近似固有ベクトル$\boldsymbol{x}^{(0)}$として，初期近似固有対$(\lambda^{(0)},\boldsymbol{x}^{(0)})$に対して反復改良を行う．近似固有対$(\lambda^{(k)},\boldsymbol{x}^{(k)})$は倍精度で保存し，残差$\boldsymbol{r}$の計算には高精度

表 **5.2** 実対称行列の絶対値最小固有値についての近似固有対に対する改良の結果

反復回数 k	近似固有対 $(\lambda^{(k)},\boldsymbol{x}^{(k)})$ の相対残差ノルム
0	3.82×10^{-5}
1	3.86×10^{-11}
2	1.46×10^{-15}
3	1.46×10^{-15}

132   5 反復改良法

内積計算アルゴリズム Dot2 を用いる．反復ごとの近似固有対の相対残差ノルム $||A\boldsymbol{x}^{(k)} - \lambda^{(k)}\boldsymbol{x}^{(k)}||/||\boldsymbol{x}^{(k)}||$ を表 5.2 に示す．この結果から，反復ごとに近似固有対の精度が残差の意味で改善されていることがわかる．

b. 非対称行列の場合

非対称な 1000 次の疑似乱数行列 A を生成する．A の要素は標準正規分布に従う倍精度実数である．まず，単精度で固有分解を実行し，近似固有値の中で「絶対値最大」のものを初期近似固有値 $\lambda^{(0)}$，それに対応する近似固有ベクトルを初期近似固有ベクトル $\boldsymbol{x}^{(0)}$ として，初期近似固有対 $(\lambda^{(0)}, \boldsymbol{x}^{(0)})$ に対して反復改良を行う．ただし，$(\lambda^{(0)}, \boldsymbol{x}^{(0)})$ は複素数を含む．近似固有対 $(\lambda^{(k)}, \boldsymbol{x}^{(k)})$ は倍精度複素数で保存し，残差 $\boldsymbol{r}$ の計算も倍精度複素数で行う．反復ごとの近似固有対の相対残差ノルム $||A\boldsymbol{x}^{(k)} - \lambda^{(k)}\boldsymbol{x}^{(k)}||/||\boldsymbol{x}^{(k)}||$ を表 5.3 に示す．この結果から，非対称行列の場合でも，反復ごとに近似固有対の精度が残差の意味で改善されていることがわかる．

表 **5.3**   非対称行列の絶対値最大固有値についての近似固有対に対する改良の結果

反復回数 k	近似固有対 $(\lambda^{(k)}, \boldsymbol{x}^{(k)})$ の相対残差ノルム
0	1.42×10^{-4}
1	5.12×10^{-10}
2	4.76×10^{-14}
3	4.63×10^{-14}

5.3   実対称行列の全固有ベクトルに対する反復改良法

実対称行列に対する標準固有値問題の場合，以下のような性質を利用することができる．

- 固有値や固有ベクトルの要素はすべて実数である
- 異なる固有ベクトルは直交する (直交するように選ぶことができる)
- 常に対角化可能である

重複固有値をもつ場合でも，この性質は満たされる．

5.3.1 固 有 分 解

n 次実対称行列 A の固有分解 (eigendecomposition)

$$A = XDX^{\mathsf{T}}, \qquad D = \begin{pmatrix} \lambda_1 & & \\ & \ddots & \\ & & \lambda_n \end{pmatrix}, \qquad X = (\boldsymbol{x}_1, \cdots, \boldsymbol{x}_n) \qquad (5.6)$$

について考える．すなわち，すべての固有値および固有ベクトルを計算する．ここで，$D \in \mathbb{R}^{n \times n}$ は対角成分に固有値を並べた対角行列 $X \in \mathbb{R}^{n \times n}$ は正規化された固有ベクトルを D に対応する順番に並べた直交行列である．

この場合，後退安定なアルゴリズムによって，多くの場合において固有値については高精度に求めることができるが，固有ベクトルについては対応する固有値の近接度によって十分な精度を得られないことがある．この性質は固有ベクトルの反復改良の重要性に直結する．ここでの後退安定の意味は，ある数値計算アルゴリズムによる近似解，つまり各列が正規化された固有ベクトルを近似する $\widehat{X}$，および近似固有値を対角成分とする対角行列 $\widehat{D}$ に対して

$$\|\widehat{X}\widehat{D}\widehat{X}^{\mathsf{T}} - A\| \le c_1 \|A\| u, \qquad \|\widehat{X}^{\mathsf{T}}\widehat{X} - I\| \le c_2 u \qquad (5.7)$$

が成り立つ場合である[94]．すでに定義した通り u は単位丸め誤差であり，c_1, c_2 は A に無関係な正の定数である．一般的には，後退安定とよぶ際は，c_1, c_2 は n に依存する関数であることを許容し，現在の有力な固有値計算アルゴリズムはその意味で後退安定になるよう設計されているが，問題の本質を明らかにするため，以下の議論では，かなり厳しい条件として $c_1 = c_2 = 2$ と仮定する．

一見，上記の式 (5.7) を満たす $\widehat{X}, \widehat{D}$ が得られれば，これらは十分な精度を有するように思えるかもしれないが，A の性質によっては著しく精度の低い近似解になる可能性がある．たとえば，$0 < |\varepsilon| \le u$ を満たす ε に対して

$$A = \begin{pmatrix} 1+\varepsilon & \varepsilon \\ \varepsilon & 1+\varepsilon \end{pmatrix} \qquad (5.8)$$

を後退安定なアルゴリズムで固有分解した結果

$$\widehat{X} = \begin{pmatrix} 1 & 0 \\ 0 & 1 \end{pmatrix}, \qquad \widehat{D} = \begin{pmatrix} 1 & 0 \\ 0 & 1 \end{pmatrix}$$

という近似解が得られたとする．このとき

$$\|\widehat{X}\widehat{D}\widehat{X}^\mathsf{T} - A\| = 2|\varepsilon|, \qquad \|\widehat{X}\widehat{X}^\mathsf{T} - I\| = 0$$

であることから，確かに式 (5.7) の不等式が成り立ち，上記の近似解は後退安定なアルゴリズムで計算された結果になり得る．しかしながら，式 (5.8) の行列 A の正規化された固有ベクトルからなる直交行列は

$$X = \frac{1}{\sqrt{2}} \begin{pmatrix} 1 & 1 \\ 1 & -1 \end{pmatrix}$$

であるから，$\widehat{X}$ の X に対する誤差は単位丸め誤差 u に比べ非常に大きいものである．これに対し，正確な固有値は $1, 1 + 2\varepsilon$ であるから，$\widehat{D}$ は単位丸め誤差 u の 2 倍以下の誤差にとどまっている．

　一般に，この例のように，固有値は絶対誤差が小さくなるような計算が可能だが，固有値が単位丸め誤差レベルで近接するような場合に，固有ベクトルの計算は極端に精度悪化するものである．このような精度悪化は数値計算において原理的に解決できない問題であり，近接固有値に対応する固有ベクトルを高精度に計算するためには，近接度に合わせて多倍長精度演算などの高精度演算を用いる以外に方法はない．この点は，固有ベクトル計算を行う際には注意すべきであろう．

　上記の議論の通り，固有値計算において多倍長精度演算を用いると，精度のよい固有ベクトルの近似を得ることができる可能性が高くなるが，所望の精度をもった近似固有ベクトルを得るために，実際にどれくらいの演算精度 (有効桁数) が必要となるかは問題依存である．さらに，通常の浮動小数点演算に比べて著しく計算時間が必要となる．

　以下では，反復改良法によって，必要に応じて近似固有ベクトルの精度を改善する方法について述べる．

5.3.2 アルゴリズム

最初に実対称行列 A の全固有ベクトルに対する反復改良法のアルゴリズム[95]を示す. まず, A の正規化された全近似固有ベクトル $\widehat{x}_i\ (i = 1, 2, \ldots, n)$ を計算し, それを並べた行列を $X^{(0)}$ とする. $X^{(0)}$ を解の初期値として設定し

$$X^{(k)} := X^{(k-1)}(I + \widetilde{E}^{(k)}) \qquad (k = 1, \ldots, k_{\max})$$

のようにして, 反復的に近似解 $X^{(k)}$ の精度を改善する. ここで, $\widetilde{E}^{(k)}$ は修正項, $k_{\max}$ は最大反復回数である. アルゴリズム 5.3 は, 許容誤差 ε に対して

$$||X^{(k)} - X^{(k-1)}|| \approx ||\widetilde{E}^{(k)}|| \le \varepsilon$$

アルゴリズム **5.3** 実対称行列 A の全近似固有ベクトルに対する反復改良法

1: $A, \widehat{X}, \varepsilon, k_{\max}$ を与える
2: $X^{(0)} := \widehat{X}$
3: **for** $k = 1, 2, \ldots, k_{\max}$ **do**
4: $\quad R := I - (X^{(k-1)})^{\mathsf{T}} X^{(k-1)}$
5: $\quad S := (X^{(k-1)})^{\mathsf{T}} A X^{(k-1)}$
6: $\quad$ **for** $i = 1, 2, \ldots, n$ **do**
7: $\quad\quad \widetilde{\lambda}_i := \dfrac{s_{ii}}{1 - r_{ii}}$
8: $\quad$ **end for**
9: $\quad$ **for** $j = 1, 2, \ldots, n$ **do**
10: $\quad\quad$ **for** $i = 1, 2, \ldots, n$ **do**
11: $\quad\quad\quad$ **if** $i \ne j$ **then**
12: $\quad\quad\quad\quad \widetilde{e}_{ij}^{(k)} := \dfrac{s_{ij} + \widetilde{\lambda}_j r_{ij}}{\widetilde{\lambda}_j - \widetilde{\lambda}_i}$
13: $\quad\quad\quad$ **else**
14: $\quad\quad\quad\quad \widetilde{e}_{ij}^{(k)} := \dfrac{r_{ij}}{2}$
15: $\quad\quad\quad$ **end if**
16: $\quad\quad$ **end for**
17: $\quad$ **end for**
18: $\quad X^{(k)} \leftarrow X^{(k-1)} + X^{(k-1)} \widetilde{E}^{(k)}$
19: $\quad$ **if** $||\widetilde{E}^{(k)}|| \le \varepsilon$ **then**
20: $\quad\quad$ **break**
21: $\quad$ **end if**
22: **end for**
23: $X^{(k)}$ を出力

を満たすような $X^{(k)}$ を求めるものである.

このアルゴリズムでは,すべての計算において高精度演算が必要であるが,主計算は行列積であるため,高精度な行列積計算が高速に実行できれば,この反復改良法も効率的に実行できる.ただし,$i \neq j$ に対して $\widetilde{\lambda}_i \neq \widetilde{\lambda}_j$ を仮定している.

アルゴリズムのアイディアは以下のとおりである.まず,正規化された X の近似 $\widehat{X} \in \mathbb{R}^{n \times n}$ に対して,$E \in \mathbb{R}^{n \times n}$ は $X = \widehat{X}(I + E)$ を満たすとする.このとき,次の2つの性質を用いて,E の十分よい近似 $\widetilde{E}$ を計算する.

$$
\begin{cases}
X^\mathsf{T} X = I & \textbf{(性質 A}：直交性) \\
X^\mathsf{T} A X = D & \textbf{(性質 B}：対角化性)
\end{cases}
$$

$\widetilde{E}$ を計算した後は,$\widehat{X}$ を $\widehat{X}(I + \widetilde{E})$ によって改善することができる.反復改良法としては,$X^{(0)} = \widehat{X}$, $\widetilde{E}^{(1)} = \widetilde{E}$ として

$$
X^{(k)} = X^{(k-1)}(I + \widetilde{E}^{(k)}) = X^{(k-1)} + X^{(k-1)}\widetilde{E}^{(k)} \qquad (k = 1, 2, \dots)
$$

のようにする.計算式を展開しているのは,実際に数値計算によって $I + \widetilde{E}^{(k)}$ を計算したときに,対角項で情報落ちが発生するのを防ぐためである.

このアルゴリズムはニュートン法をベースとしているため,十分な演算精度で計算すれば,2次収束となる (詳細は 5.3.3 項で述べる).

以下では,アルゴリズムの導出について説明する.与えられた $\widehat{X}$ に対して,$X = \widehat{X}(I + E)$ を満たす E が存在し,$\varepsilon = ||E|| < 1$ と仮定する.**性質 A** から

$$
E + E^\mathsf{T} = I - \widehat{X}^\mathsf{T}\widehat{X} + \Delta_1, \qquad ||\Delta_1|| = \mathcal{O}(\varepsilon^2)
$$

であるため,Δ_1 を無視すると

$$
\widetilde{E} + \widetilde{E}^\mathsf{T} = I - \widehat{X}^\mathsf{T}\widehat{X} \equiv R \tag{5.9}
$$

を得る.また,**性質 B** から

$$
DE + E^\mathsf{T}D - D = -\widehat{X}^\mathsf{T}A\widehat{X} + \Delta_2, \quad ||\Delta_2|| = \mathcal{O}(||A||\varepsilon^2)
$$

であるため,Δ_2 を無視すると

$$
\widetilde{D} - \widetilde{D}\widetilde{E} - \widetilde{E}^\mathsf{T}\widetilde{D} = \widehat{X}^\mathsf{T}A\widehat{X} \equiv S \tag{5.10}
$$

を得る．ただし，$\widetilde{D} = \mathrm{diag}(\widetilde{\lambda}_i)$ とする．あとは，行列方程式 (5.9), (5.10) を連立して $\widetilde{D}$ および $\widetilde{E}$ について解けばよい．これは，一見，解くことが難しく見えるかもしれないが，実は，以下のように非常に簡単に解くことができる．

まず，行列方程式の対角成分について考えよう．式 (5.9) から，$\widetilde{e}_{ii} = r_{ii}/2$ $(1 \leq i \leq n)$ である．また，式 (5.10) から $(1 - 2\widetilde{e}_{ii})\widetilde{\lambda}_i = s_{ii}$ $(1 \leq i \leq n)$ である．したがって，$r_{ii} \neq 1$ であれば

$$\widetilde{\lambda}_i = \frac{s_{ii}}{1 - r_{ii}} \qquad (1 \leq i \leq n) \tag{5.11}$$

が成り立つ．$\widehat{X}$ が直交行列に近ければ，$|r_{ii}| \ll 1$ であるため，通常，$r_{ii} \neq 1$ の条件は問題にならない．式 (5.11) は，レイリー商

$$\widetilde{\lambda}_i = \frac{\widehat{x}_i^{\mathsf{T}} A \widehat{x}_i}{\widehat{x}_i^{\mathsf{T}} \widehat{x}_i}$$

に一致している．

次に，行列方程式の非対角成分について考える．式 (5.9), (5.10) から

$$\begin{cases} \widetilde{e}_{ij} + \widetilde{e}_{ji} = r_{ij} \\ \widetilde{\lambda}_i \widetilde{e}_{ij} + \widetilde{\lambda}_j \widetilde{e}_{ji} = -s_{ij} \end{cases} \qquad (1 \leq i, j \leq n, \ i \neq j) \tag{5.12}$$

となり，式 (5.11) によって $\widetilde{\lambda}_i, \widetilde{\lambda}_j$ は既知であるため，これは単純な 2 元連立 1 次方程式である．よって，$\widetilde{\lambda}_i \neq \widetilde{\lambda}_j$ であれば，方程式 (5.12) は一意な解

$$\widetilde{e}_{ij} = \frac{s_{ij} + \widetilde{\lambda}_j r_{ij}}{\widetilde{\lambda}_j - \widetilde{\lambda}_i} \tag{5.13}$$

をもつ．

一般化固有値問題において，A が実対称行列，B が実対称正定値行列の場合は，アルゴリズム 5.3 において，4 行目を

$$R := I - \left(X^{(k-1)}\right)^{\mathsf{T}} B X^{(k-1)}$$

とすれば，そのまま反復改良法を適用できる．また，A がエルミート行列，B がエルミート正定値行列の場合でも，同様に適用可能である．

138   5 反復改良法

5.3.3 収束定理

アルゴリズム 5.3 は，初期近似解 $X^{(0)}$ の「近く」に A の固有ベクトルを並べた行列 X が存在する場合，2 次収束する．以下に，固有値がすべて単根の場合の収束定理[95]を示す．

定理 5.1 n 次実対称行列 A が相異なる固有値 λ_i $(i = 1, 2, \ldots, n)$ をもつとし，$X \in \mathbb{R}^{n \times n}$ を A の全固有ベクトルを並べた行列とする．アルゴリズム 5.3 において，$X = X^{(k-1)}(I + E^{(k)})$ $(k = 1, 2, \ldots)$ を満たす $E^{(k)} \in \mathbb{R}^{n \times n}$ が存在するとする．このとき，$X^{(0)}$ について

$$\|E^{(1)}\| < \min \left(\frac{\min_{i \neq j} |\lambda_i - \lambda_j|}{10n\|A\|}, \frac{1}{100} \right) \tag{5.14}$$

ならば，任意の $k \geq 1$ に対して

$$\|E^{(k+1)}\| < \frac{5}{7} \|E^{(k)}\| \tag{5.15}$$

$$\limsup_{\|E^{(k)}\| \to 0} \frac{\|E^{(k+1)}\|}{\|E^{(k)}\|^2} \leq \frac{6n\|A\|}{\min_{i \neq j} |\lambda_i - \lambda_j|} \tag{5.16}$$

が成り立つ．

この定理において，$E^{(k)}$ は近似固有ベクトルの誤差に対応している．したがって，式 (5.15) および式 (5.16) によって，アルゴリズム 5.3 が局所的に単調収束性および漸近的な 2 次収束性をもつことを示している．また，A が重複固有値をもつ場合でも，アルゴリズムを少し修正することによって同様の定理を示すことができる[95]．ただし，固有値が近接している場合については，その近接度合いと比べて，X の「近く」に初期近似解 $X^{(0)}$ を取ることが困難な場合があるため，工夫が必要である．ここで，「近く」というのは，式 (5.14) が成り立つという意味である．近接固有値の取扱いなどの詳細については，文献 [96] を参照されたい．

5.3.4 数 値 実 験

実対称行列のすべての近似固有ベクトルに対して反復改良法 (アルゴリズム 5.3) を適用したときの効果をみる．

表 **5.4** 実対称行列の全近似固有ベクトルに対する反復改良法の結果

反復回数 k	$\|\|E^{(k)}\|\|$
1	2.47×10^{-3}
2	3.06×10^{-6}
3	1.40×10^{-11}
4	2.94×10^{-22}

実対称な $2\,000$ 次の疑似乱数行列 A を生成する．A の要素は標準正規分布に従う倍精度実数である．まず，単精度で固有分解を実行し，近似固有ベクトルを並べた行列を初期近似解 $X^{(0)}$ として反復改良を行う．1 回目の反復では倍精度を用い，2 回目以降の反復では 4 倍精度を用いる．反復ごとの $\|\|E^{(k)}\|\|$ を表 5.4 に示す (前述のように，$E^{(k)}$ は近似固有ベクトルの誤差に対応する)．

この結果から，反復ごとにすべての近似固有ベクトルの精度が改善されており，2 次収束していることがわかる．

6 特 異 値 問 題

本章では特異値・特異ベクトルの値を計算する方法について説明する．特異値計算は固有値計算とは異なる行列分解であり，正方でない行列を対象とするデータ解析や工学分野でよく用いられている．固有値計算と同様に，直交変換によって2重対角行列に変換する方法を示した後で，QR法，分割統治法，スペクトラル分割統治法などを示す．

6.1 特異値の性質

固有値計算は行列の

$$A = VDV^{\mathsf{H}} \quad (V^{\mathsf{H}}V = I) \tag{6.1}$$

となる積の分解に対応づけられる (エルミート行列の場合)．

この積の形の分解は任意 (の形状の) 行列に適用できないが，D を対角成分がゼロまたは正の対角行列とし，D の両側の行列を異なるものとすれば任意の行列 A を

$$A = UDV^{\mathsf{H}} \quad (ただし U^{\mathsf{H}}U = I, V^{\mathsf{H}}V = I) \tag{6.2}$$

という形に分解できる．このような行列分解を**特異値分解** (SVD; Singular Value Decomposition) とよぶ．固有分解は特異値分解の特殊なケースと考えればよい．

もう少し厳密な定式化を行うと

$$A \in \mathbb{C}^{m \times n}, \quad U \in \mathbb{C}^{m \times m}, \quad D \in \mathbb{R}^{m \times n}, \quad V \in \mathbb{C}^{n \times n}$$

– 141 –

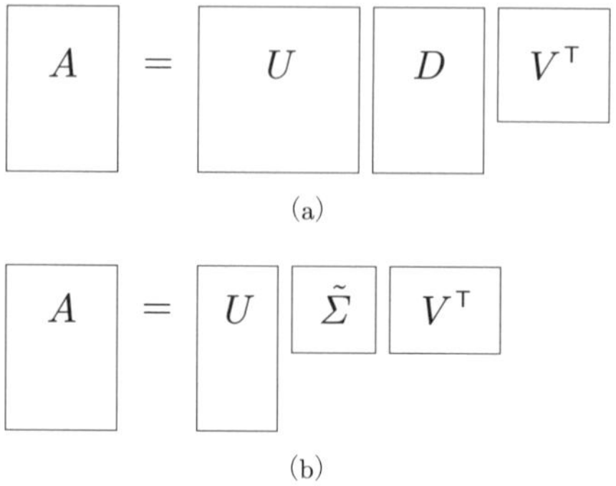

142   6 特異値問題

$$A = U \quad D \quad V^\mathsf{T}$$

(a)

$$A = U \quad \tilde{\Sigma} \quad V^\mathsf{T}$$

(b)

図 6.1 $m > n$ のときの Full SVD (a) と Thin SVD (b)

なる行列 U, D, V による行列 A の分解 $A = UDV^\mathsf{H}$ となる．なお，対角行列部分 D については $k = \min(m, n)$ の大きさである対角行列 $\Sigma \in \mathbb{R}^{k \times k}$ を D の左上部に内包している．

さらに，適切な行と列の並べ替えを行うことで，行列 Σ の左上部をある定数 $r (0 \le r \le k)$ の大きさの対角行列 $\tilde{\Sigma} \in \mathbb{R}^{r \times r}$, $|\tilde{\Sigma}| \ne 0$ とすることができる．ここで，定数 r は $\mathrm{rank}\, A = \mathrm{rank}\, \Sigma = r$ となる．

U を $m \times m$, D を $m \times n$, V を $n \times n$ の行列により $A = VDU^\mathsf{H}$ または $A = VDU^\mathsf{T}$ と分解する SVD を Full SVD とよぶ．一方，ゼロ要素による自明な演算を省いて対応する行列位置の要素を取り除き，U を $m \times r$, D を $r \times r$, つまり $D = \tilde{\Sigma}$, V を $n \times r$ の行列による分解を Thin SVD (または Compact SVD, Reduced SVD) とよぶ (図 6.1 参照)．数値計算上は Thin SVD に対して U を $m \times k$, D を $k \times k$, V を $n \times k$ の領域に格納し，r 列目以降を無視して取り扱うこともある．Full SVD のときには U と V のユニタリ性から $U^\mathsf{H} U = UU^\mathsf{H} = I$ と $V^\mathsf{H} V = VV^\mathsf{H} = I$ が成立する．

SVD によって得られた対角行列 Σ の対角要素を A の**特異値** (singular value) とよぶ．A の特異値は

$$A^\mathsf{T} A \text{ または } AA^\mathsf{T} (\text{実行列の場合})$$
$$A^\mathsf{H} A \text{ または } AA^\mathsf{H} (\text{複素行列の場合})$$

の固有値の平方根を大きいものから代数的重複度も考慮して r 個選んだものと一

6.1 特異値の性質　　143

致している．本章では Full SVD には D を用い，Thin SVD には Σ (チルダをつけない) を用いる．これ以降 A は実行列として実行列の SVD を取り扱う．さらに特異値は $\sigma_1 \geq \sigma_2 \geq \cdots \geq \sigma_r$ のように値の降順に番号付けられているとする．

A の特異値と $A^{\mathsf{T}}A$ または AA^{T} の固有値・固有ベクトルとの関係から以下の等式が成立する．

$$A^{\mathsf{T}}A = VDU^{\mathsf{T}}UDV^{\mathsf{T}} = VD^2V^{\mathsf{T}}$$

$$AA^{\mathsf{T}} = UDV^{\mathsf{T}}VDU^{\mathsf{T}} = UD^2U^{\mathsf{T}}$$

上記関係より，$A^{\mathsf{T}}A$ の固有ベクトルは V の列ベクトル $\boldsymbol{v}$ に対応しており，$\boldsymbol{v}$ を A の**右特異ベクトル** (right singular vector) とよぶ．同様に，AA^{T} の固有ベクトルは U の列ベクトル $\boldsymbol{u}$ に対応し，$\boldsymbol{u}$ を A の**左特異ベクトル** (left singular vector) とよぶ．また，$AV = UDV^{\mathsf{T}}V = UD$, $U^{\mathsf{T}}A = U^{\mathsf{T}}UDV^{\mathsf{T}} = DV^{\mathsf{T}}$ が成立するゆえ，$A\boldsymbol{v}_i = \sigma_i\boldsymbol{u}_i$, $A^{\mathsf{T}}\boldsymbol{u}_j = \sigma_j\boldsymbol{v}_j$ の関係にある．

特異値は A のノルムと関連する次の重要な性質をもっている．

$$\|A\|_F^2 = \sum_{k=1}^{r} \sigma_k{}^2 \tag{6.3}$$

$$\|A\|_2 = \sigma_1 \tag{6.4}$$

そのほか，行列 A が正方行列のとき，固有値と特異値には以下の性質がある．ただし，固有値は絶対値の降順に並んでいるとする．つまり

$$|\lambda_1| \geq |\lambda_2| \geq \cdots \geq |\lambda_n|$$

となっている．

- $|\det A| = \displaystyle\prod_{i=1}^{n} |\lambda_i| = \prod_{i=1}^{n} \sigma_i$
- $\mathrm{cond}\,(A) = \dfrac{\sigma_1}{\sigma_n}$
- ワイルの定理：$\displaystyle\prod_{i=1}^{k} \sigma_i \geq \prod_{i=1}^{k} |\lambda_i| \qquad (1 \leq k \leq n)$

  特に $k = 1$ より $\sigma_1 \geq |\lambda_1|$, $k = n-1$ の結果 $\displaystyle\prod_{i=1}^{n-1} \sigma_i \geq \prod_{i=1}^{n-1} |\lambda_i|$ より $\sigma_n \leq |\lambda_n|$, したがって $\sigma_1 \geq |\lambda_i| \geq \sigma_n$.

144 6 特異値問題

6.1.1 他の数値計算との関係

a. 最小二乗法

行列 A を $m \times n$ の実行列とする. $R(\boldsymbol{x}) = \|A\boldsymbol{x} - \boldsymbol{b}\|_2^2$ とおくとき, $\arg \min R(\boldsymbol{x})$ の解は特異値と関連づけられる. 最小二乗近似解は以下の変形により, 正規方程式の解に帰着される.

$$\boldsymbol{x}^* = \arg \min R(\boldsymbol{x}) \Leftrightarrow \left.\frac{\partial}{\partial \boldsymbol{x}_i} R(\boldsymbol{x})\right|_{\boldsymbol{x}_i = \boldsymbol{x}_i^*} = 0 \tag{6.5}$$

$$\frac{\partial}{\partial \boldsymbol{x}_i} R(\boldsymbol{x}) = 2\boldsymbol{e}_i^\mathsf{T}[(A^\mathsf{T}A)\boldsymbol{x} - A^\mathsf{T}\boldsymbol{b}] = 0 \qquad (i = 1, \cdots, n) \tag{6.6}$$

$$\Rightarrow 2I[(A^\mathsf{T}A)\boldsymbol{x} - A^\mathsf{T}\boldsymbol{b}] = \boldsymbol{0} \tag{6.7}$$

$$\Rightarrow (A^\mathsf{T}A)\boldsymbol{x} - A^\mathsf{T}\boldsymbol{b} = \boldsymbol{0} \tag{6.8}$$

A が縦長 $(m \geq n)$ で, Full SVD $A = UDV^\mathsf{T}$ が得られているとき,

$$\|A\boldsymbol{x} - \boldsymbol{b}\|_2^2 = \|UDV^\mathsf{T}\boldsymbol{x} - \boldsymbol{b}\|_2^2 \tag{6.9}$$

$$= \|DV^\mathsf{T}\boldsymbol{x} - U^\mathsf{T}\boldsymbol{b}\|_2^2 \tag{6.10}$$

$$= \|D\boldsymbol{y} - \boldsymbol{c}\|_2^2 \tag{6.11}$$

を得る. なお $\boldsymbol{y} = V^\mathsf{T}\boldsymbol{x}, \boldsymbol{c} = U^\mathsf{T}\boldsymbol{b}$ とおく. D の非ゼロ要素位置に対応する対角行列 $\Sigma = \mathrm{diag}\,(\sigma_1, \sigma_2, \cdots, \sigma_r)$ を用いるとき

$$\|A\boldsymbol{x} - \boldsymbol{b}\|_2^2 = \|\Sigma\boldsymbol{y}_1 - \boldsymbol{c}_1\|_2^2 + \|\boldsymbol{c}_2\|_2^2 \tag{6.12}$$

ただし,

$$\boldsymbol{y}_1 = (y_1, \cdots, y_r)^\mathsf{T} = (\boldsymbol{v}_1, \cdots, \boldsymbol{v}_r)^\mathsf{T}\boldsymbol{x} = V_1^\mathsf{T}\boldsymbol{x}$$

$$\boldsymbol{y}_2 = (y_{r+1}, \cdots, y_n)^\mathsf{T} = (\boldsymbol{v}_{r+1}, \cdots, \boldsymbol{v}_n)^\mathsf{T}\boldsymbol{x} = V_2^\mathsf{T}\boldsymbol{x}$$

$$\boldsymbol{c}_1 = (c_1, \cdots, c_r)^\mathsf{T} = (\boldsymbol{u}_1, \cdots, \boldsymbol{u}_r)^\mathsf{T}\boldsymbol{b} = U_1^\mathsf{T}\boldsymbol{b}$$

$$\boldsymbol{c}_2 = (c_{r+1}, \cdots, c_n)^\mathsf{T} = (\boldsymbol{u}_{r+1}, \cdots, \boldsymbol{u}_n)^\mathsf{T}\boldsymbol{b} = U_2^\mathsf{T}\boldsymbol{b}$$

とおく. このとき, $\|A\boldsymbol{x} - \boldsymbol{b}\|_2^2$ の最小二乗解 $\boldsymbol{x}^*$ は

$$\|A\boldsymbol{x} - \boldsymbol{b}\|_2^2 \geq \|A\boldsymbol{x}^* - \boldsymbol{b}\|_2^2 = \|\boldsymbol{c}_2\|_2^2 \tag{6.13}$$

を満足する. $\Sigma \boldsymbol{y}_1^* = \boldsymbol{c}_1 = U_1^\mathsf{T}\boldsymbol{b}$ より, $\boldsymbol{y}_1^* = \Sigma^{-1}U_1^\mathsf{T}\boldsymbol{b}$ が定まるが, $\boldsymbol{y}_2^*$ は不定となる. $\boldsymbol{x}^* = V\boldsymbol{y}^* = V_1\boldsymbol{y}_1^* + V_2\boldsymbol{y}_2^*$ であるので, $\boldsymbol{x}^*$ の一般表示は

$$\boldsymbol{x}^* = V_1 \Sigma^{-1} U_1^\mathsf{T}\boldsymbol{b} + V_2\boldsymbol{y}_2^* \tag{6.14}$$

$$= V \begin{bmatrix} \Sigma^{-1} & O \\ C_1 & C_2 \end{bmatrix} U^\mathsf{T}\boldsymbol{b} \tag{6.15}$$

となる. ただし, $r \neq n$ のときはベクトル $\boldsymbol{y}_2^*$ または行列 C_1, C_2 は任意の値をとる. 一方, $r = n$ のときは $\boldsymbol{y}_2^*$ の項は含まれないので $\boldsymbol{x}^*$ は一意に定まる. $m < n$ のときも同様の議論が行える.

ここで x^* を定めることは $(A^\mathsf{T}A)\boldsymbol{x} = A^\mathsf{T}\boldsymbol{b}$ を満足する解 $\boldsymbol{x}$ を求めることと同値であるが, $A^\mathsf{T}A$ の正則性は保証できないため, $(A^\mathsf{T}A)^{-1}$ を用いることができない. したがって, QR 分解や特異値分解を経由した一般化逆行列を用いて解を構成することがある. ここで, 式 (6.15) は最小二乗条件を課した一般化逆行列表現であり, 特に $\boldsymbol{y}_2^* = \boldsymbol{0}$ (ノルム最小条件) を課した場合は $C_1 = C_2 = O$ となり,

$$\boldsymbol{x}^* = V \begin{bmatrix} \Sigma^{-1} & \boldsymbol{0} \\ \boldsymbol{0}^\mathsf{T} & 0 \end{bmatrix} U^\mathsf{T}\boldsymbol{b} = (A^\mathsf{T}A)^\dagger \boldsymbol{b} \tag{6.16}$$

を $A^\mathsf{T}A$ の Moore–Penrose の一般化逆行列解とよぶ. 式 (6.16) のように Moore–Penrose の一般化逆行列には通常, 右肩に $\dagger$ (ダガー) をつける. また, Thin SVD を用いれば $(A^\mathsf{T}A)^\dagger = V\Sigma^{-1}U^\mathsf{T}$ と書ける.

b. 情報圧縮もしくは低ランク行列近似

特異値は降順に並んでおり, 対応する特異ベクトルもその順番に並んでいるとする. 特異値に重複のない場合, SVD は特異ベクトルの符号の反転をゆるして一意に決めることができる.

いま, $A = U\Sigma V^\mathsf{T} = \displaystyle\sum_{k=1}^{r}\sigma_k \boldsymbol{u}_k \boldsymbol{v}_k^\mathsf{T}$ の Thin SVD に対して,

$$A_c = \sum_{k=1}^{c}\sigma_k \boldsymbol{u}_k \boldsymbol{v}_k \qquad (c \leq r) \tag{6.17}$$

を定めると, A の特異値の大きい方から c 個の特異値に対応する特異ベクトルからランク c の $m \times n$ 行列がつくられる.

このとき，A_c はランク c 以下のすべての $m \times n$ 行列 X に対して，

$$\|A - X\|_F^2 = \mathrm{tr}\left((A - X)(A - X)^\mathsf{T}\right) \tag{6.18}$$

を最小化する．つまりランク c の A の最小二乗近似解となる．

A の Full SVD $A = UDV^\mathsf{T}$ を考え，$\Theta = U^\mathsf{T} X V$ とおくと，次のようになる．

$$\mathrm{tr}\left((A - X)(A - X)^\mathsf{T}\right) = \mathrm{tr}\left((D - \Theta)(D - \Theta)^\mathsf{T}\right) \tag{6.19}$$

$$= \sum_{k=1}^{r} (\sigma_k - \theta_{kk})^2 + \sum_{k=1}^{r} \sum_{j \neq k}^{r} \theta_{kj}^2 \tag{6.20}$$

ここで U が直交行列であることとトレースのユニタリ不変性を利用した．いま，行列 X はランク c の行列の集合の中から選ばれている．ゆえに，$\sigma_1, \cdots, \sigma_c$ を対角要素とし，他を 0 とする Θ が上記トレースを最小値 $\displaystyle\sum_{k=c+1}^{r} \sigma_k^2$ にする．

$$\Theta^* = \left[\begin{array}{ccc|c} \sigma_1 & & & \\ & \ddots & & \mathbf{0} \\ & & \sigma_c & \\ \hline & \mathbf{0}^\mathsf{T} & & 0 \end{array}\right] \Rightarrow A_c = U \Theta^* V$$

つまり行列 A をランク c までの情報で圧縮する，あるいはランク c の行列で近似するときには，A_c を選択することが最適であることを意味する．

c. 低ランク行列近似と作用素ノルム

実行列 $A \in \mathbb{R}^{n \times n}$ の作用素ノルム $\|A\|$ は以下のように定義される．

$$\|A\| = \sup_{\boldsymbol{x} \in \mathbb{R}^n \setminus \{0\}} \frac{\|A\boldsymbol{x}\|}{\|\boldsymbol{x}\|}$$

このとき，$B \in \mathbb{R}^{m \times n}$, $\mathrm{rank}\, B \leq k$ なる行列 B を選ぶと，

$$\min \|A - B\| = \|A - A_k\| = \sigma_{k+1}$$

が成立する．式 (6.20) はフロベニウスノルムに対しての関係で

$$\min \|A - B\|_F = \|A - A_k\|_F = \left(\sum_{i=k+1}^{r} \sigma_i^2\right)^{1/2}$$

である．これらより，行列 A と B のランク近似度は $\|A - B\|$ のノルムと A の特異値を比較することで確認できる．

6.2 特異値計算アルゴリズム

特異値問題の解法には，$A^\mathsf{T}A$ もしくは AA^T の固有値問題として扱う方法と，2重対角行列の特異値・特異ベクトルを求める手法がある．固有値問題として扱う場合は，$A^\mathsf{T}A$ もしくは AA^T のサイズが小さくなる方を選択して，実対称半正定値行列に対する固有値問題として解く．2章で説明した数々の固有値解法が利用できる．ただし，$A^\mathsf{T}A, AA^\mathsf{T}$ とも条件数が A の2乗程度に悪化するという性質があるため，高精度計算や小さな特異値を求める場合には不向きである．2重対角行列の特異値・特異ベクトル計算にあたっては，前処理としてハウスホルダー変換を用いた上2重対角化を行う．

6.2.1 2重対角化アルゴリズム

まず，説明の簡単化のために対象とする行列 A は $m \times n (m \geq n)$ の縦長行列とする．

(1) A の第1列ベクトル $\boldsymbol{a}_1$ に対して，左ヘッセンベルグ変換 H_1^L を施して

$$H_1^\mathrm{L}\boldsymbol{a}_1 = \pm\|\boldsymbol{a}_1\|\boldsymbol{e}_1$$

とする．符号選択の自由度については H_1 に含まれるリフレクターベクトルを決定するときに $\boldsymbol{a}_1$ の第1要素の符号を見て決定する (通常は逆の符号とする)．

(2) $A \leftarrow H_1^\mathrm{L}A$ とした後で

$$A = \begin{bmatrix} \boxed{\begin{array}{c|c} * & \\ \hline \boldsymbol{0} & \tilde{A}_1 \end{array}} \end{bmatrix}$$

という構造になる．

(3) $\tilde{A}_1$ の第1行ベクトル $\boldsymbol{b}_1^\mathsf{T}(= \tilde{A}_{1,*})$ に対して，右ハウスホルダー変換 H_1^R を施して，$\boldsymbol{b}_1^\mathsf{T}H_1^\mathrm{R} = \pm\|\boldsymbol{b}_1\|\boldsymbol{e}_1^\mathsf{T}$ とする．

148   6 特異値問題

(4) $A \leftarrow A H_1^{\mathrm{R}}$ とした後,

$$A = \begin{bmatrix} * & * & \mathbf{0}^{\mathsf{T}} \\ \hline \mathbf{0} & A_1 \\ & \end{bmatrix}$$

という構造になる.

(5) A に対して (1)–(4) のステップを順次繰り返すと,最終的に上 2 重対角行列
が得られる.

$$\underbrace{H_{n-1}^{\mathrm{L}} H_{n-2}^{\mathrm{L}}, \ldots, H_2^{\mathrm{L}} H_1^{\mathrm{L}}}_{H^{\mathrm{L}}} A \underbrace{H_1^{\mathrm{R}} H_2^{\mathrm{R}}, \ldots, H_{n-2}^{\mathrm{R}} H_{n-1}^{\mathrm{R}}}_{H^{\mathrm{R}}}$$

アルゴリズム **6.1**　2 重対角化

1: **for** $j = 1, \cdots, n-1$ **do**
2:　　$\sigma_j := \mathrm{sign}(\|\boldsymbol{a}_j\|, (\boldsymbol{a}_j)_1)$
3:　　$\beta_j := \sigma_j(\sigma_j + (\boldsymbol{a}_j)_1)$
4:　　$\boldsymbol{u}_j := \boldsymbol{a}_j + \sigma_j \boldsymbol{e}_1$
5:　　$\boldsymbol{w}_j := A^{\mathsf{T}} \boldsymbol{u}_j$
6:　　$\boldsymbol{b}_j^{\mathsf{T}} := \boldsymbol{b}_j^{\mathsf{T}} - \beta_j (\boldsymbol{u}_j)_1 (\boldsymbol{u}_j^{\mathsf{T}} A)$
7:　　$\rho_j := \mathrm{sign}(\|\boldsymbol{b}_j\|, (\boldsymbol{b}_j)_1)$
8:　　$\mu_j := \rho_j(\rho_j + (\boldsymbol{b}_j)_1)$
9:　　$\boldsymbol{v}_j := \boldsymbol{b}_j + \mu_j \boldsymbol{e}_1$
10:　　$\boldsymbol{s}_j := \boldsymbol{w}_j^{\mathsf{T}} \boldsymbol{v}_j$
11:　　$\boldsymbol{z}_j := A \boldsymbol{v}_j - \beta_j \boldsymbol{s}_j \boldsymbol{u}_j$
12:　　$\tilde{A}_j := \tilde{A}_j - \beta_j \boldsymbol{u}_j \boldsymbol{w}_j^{\mathsf{T}} - \mu_j \boldsymbol{z}_j \boldsymbol{v}_j^{\mathsf{T}}$
13:　　$A_{j+1} := \tilde{A}_j$ として A_j 同様 A_{j+1} の内部を $a_{j+1}, b_{j+1}, \tilde{A}_{j+1}$ に区切りループを回す
14: **end for**

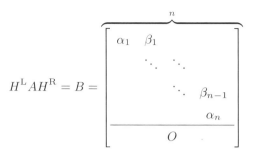

3 重対角化やヘッセンベルグ標準化とは異なり，左右から作用させるハウスホルダー変換行列が異なること，また右からの作用行列は左からの作用の結果で定まるため，3 重対角化同様の演算 ($A := A - \bm{u}\bm{v}^\mathsf{T} - \bm{v}\bm{u}^\mathsf{T}$) にまとめる方法をアルゴリズム 6.1 に示す．

6.2.2　2 重対角化アルゴリズム (ブロック版)

Dongarra–Sorensen–Hammarling の trailer matrix の更新のように A の更新を遅らせ，必要なときに $(A - [U][W]^\mathsf{T} - [Z][V]^\mathsf{T})$ で置き換える．この方法をアルゴリズム 6.2 に示す．

2 重対角化には，他に Ralha のアルゴリズム[97]，Barlow のアルゴリズム[98]が知られている．また，ハウスホルダー 2 重対角化の中で行列ベクトル積が 2 回現れるが，それらを 1 回の操作にまとめた LEVEL 2.5 BLAS ベースの方法[99]が存在する．

6.2.3　2 重対角行列の特異値計算

3 重対角行列に対する固有値計算と同様の方法が存在する．

(1) QR 法
(2) 分割統治法
(3) MRRR 法
(4) スペクトラル分割統治法
(5) 片側ヤコビ法
(6) I-SVD 法

150　6　特異値問題

アルゴリズム **6.2**　2重対角化 (ブロック版)

1: **for** $j_B = 0, n-2, n_B$ **do**
2: 　$U := \phi, V := \phi, W := \phi, Z := \phi$
3: 　**for** $j_0 = 1, n_B; j = j_B + j_0$ **do**
4: 　　$\boldsymbol{a} := A_{[j:m,j]} - [U]([W]^{\mathsf{T}})_{j_0} - [Z]([V]^{\mathsf{T}})_{j_0}$
5: 　　$\sigma_j := \mathrm{sign}(\|\boldsymbol{a}\|, a_1)$
6: 　　$\beta_j := \sigma_j(\sigma_j + a_1)$
7: 　　$\boldsymbol{u}_j := \boldsymbol{a} + \sigma_j \boldsymbol{e}_1$
8: 　　$\boldsymbol{w}_j := \beta_j(A\boldsymbol{u}_j - ([U][W]^{\mathsf{T}} + [Z][V]^{\mathsf{T}})\boldsymbol{u}_j)$
9: 　　$[U] := [U, \boldsymbol{u}_j], [W] := [W, \boldsymbol{w_j}]$
10: 　　$\boldsymbol{b} := (A_{[j,j+1:n]})^{\mathsf{T}} - [W]([U]^{\mathsf{T}})_{j_0} - [V]([Z]^{\mathsf{T}})_{j_0}$
11: 　　$\rho_j := \mathrm{sign}(\|\boldsymbol{b}\|, b_1)$
12: 　　$\mu := \rho_j(\rho_j + b_1)$
13: 　　$\boldsymbol{v}_j := \boldsymbol{b} + \mu_j \boldsymbol{e}_1$
14: 　　$s := \boldsymbol{w}_j^{\mathsf{T}} \boldsymbol{v}_j$
15: 　　$\boldsymbol{z}_j := \mu_j(A\boldsymbol{v}_j - ([U][W]^{\mathsf{T}} + [Z][V]^{\mathsf{T}})\boldsymbol{v}_j - s\boldsymbol{u}_j)$
16: 　　$[V] := [V, \boldsymbol{v}_j], [Z] := [Z, \boldsymbol{z}_j]$
17: 　**end for**
18: 　$A_{[j_B+n_B:,j_B+n_B:]} := A_{[j_B+n_B:,j_B+n_B:]} - [U][W]^{\mathsf{T}} - [Z][V]^{\mathsf{T}}$
19: **end for**

他に，3重対角化を用いた固有値計算アルゴリズムを利用することもできる．ここでは QR 法と分割統治法について紹介する．

a.　QR 法

$$B = \begin{bmatrix} \alpha_1 & \beta_1 & & & \\ & \ddots & \ddots & & \\ & & \ddots & \beta_{n-1} \\ & & & \alpha_n \end{bmatrix} \qquad (\beta_k \neq 0)$$

いま，B を2重対角行列 $(\beta_k \neq 0)$ とし，$B^{\mathsf{T}} = C$ に対する QR 分解を考える．QR 分解の方法として，ギブンス回転にもとづく方法が LAPACK などでは採用されているが，ここでは別手法を示す．C の QR 分解は

$$C = [\boldsymbol{c}_1, \boldsymbol{c}_2, \ldots, \boldsymbol{c}_k] = [\boldsymbol{q}_1, \boldsymbol{q}_2, \ldots, \boldsymbol{q}_k] \begin{bmatrix} r_1 & p_1 & & \\ & r_2 & p_2 & \\ & & r_3 & \ddots \\ & & & \ddots \end{bmatrix} \tag{6.21}$$

という関係にあるので，$\|\boldsymbol{q}_i\| = 1$(正規化条件)，$\boldsymbol{q}_i{}^\mathsf{T}\boldsymbol{q}_{i+1} = 0$(直交条件) を課し，順に書き下していけば

$$\boldsymbol{c}_1 = \boldsymbol{q}_1 r_1 \Rightarrow \boldsymbol{q}_1 = \frac{\boldsymbol{c}_1}{\|\boldsymbol{c_1}\|}, \qquad r_1 = \|\boldsymbol{c}_1\|$$

$$\boldsymbol{c}_2 = p_1 \boldsymbol{q}_1 + r_2 \boldsymbol{q}_2$$

したがって次式のようになる．

$$p_1 = \boldsymbol{q}_1{}^\mathsf{T}\boldsymbol{c}_2$$

さらに，

$$\boldsymbol{c}_2' = r_2 \boldsymbol{q}_2 = \boldsymbol{c}_2 - p_1 \boldsymbol{q}_1 \Rightarrow \boldsymbol{q}_2 = \frac{\boldsymbol{c}_2'}{\|\boldsymbol{c}_2'\|}, \qquad r_2 = \|\boldsymbol{c}_2'\|$$

$$\boldsymbol{c}_3 = p_2 \boldsymbol{q}_2 + r_3 \boldsymbol{q}_3 \Rightarrow p_2 = \boldsymbol{q}_2{}^\mathsf{T}\boldsymbol{c}_3$$

$$\boldsymbol{c}_3' = r_3 \boldsymbol{q}_3 = \boldsymbol{c}_3 - p_2 \boldsymbol{q}_2 \Rightarrow \boldsymbol{q}_3 = \frac{\boldsymbol{c}_3'}{\|\boldsymbol{c}_3\|}, \qquad r_3 = \|\boldsymbol{c}_3'\|$$

$$\vdots$$

の手順で QR 分解が完了する．$\boldsymbol{q}_1, \boldsymbol{q}_2, \ldots$ のつくり方から，

$$\boldsymbol{q}_1 = \begin{bmatrix} * \\ * \\ 0 \end{bmatrix}, \qquad \boldsymbol{q}_2 = \begin{bmatrix} * \\ * \\ * \\ 0 \end{bmatrix}, \qquad \boldsymbol{q}_3 = \begin{bmatrix} * \\ * \\ * \\ * \\ 0 \end{bmatrix}$$

となり，Q はヘッセンベルグ標準系となる．$\boldsymbol{q}_i^\mathsf{T}\boldsymbol{q}_{i+1} = 0$ を条件として課したが，$j > i+1$ なる i, j に対して $\boldsymbol{q}_i^\mathsf{T}\boldsymbol{q}_j \, (j \neq i-1, i, i+1)$ が 0 となるかは自明でない．

いま，$j > i+1$ なる i, j に対して，$\boldsymbol{q}_j$ のつくり方から，

$$\boldsymbol{q}_j = (\boldsymbol{c}_j - p_{j-1}\boldsymbol{q}_{j-1})\frac{1}{\|\boldsymbol{c}_j\|}$$

となる．$\boldsymbol{c}_j$ は $j, j+1$ 番目の要素以外は 0 となるベクトルであるから，$j > i+1$ であれば $\boldsymbol{q}_i{}^{\mathsf{T}}\boldsymbol{c}_j = 0$ となるゆえ

$$\boldsymbol{q}_i{}^{\mathsf{T}}\boldsymbol{q}_j = \boldsymbol{q}_i{}^{\mathsf{T}}(\boldsymbol{c}_j - p_{j-1}\boldsymbol{q}_{j-1})\frac{1}{\|\boldsymbol{c}_j'\|} = \frac{p_{j-1}}{\|\boldsymbol{c}_j'\|}\boldsymbol{q}_i{}^{\mathsf{T}}\boldsymbol{q}_{j-1} = \cdots \tag{6.22}$$

$$= \prod_{k=j}^{i+2}\frac{p_{k-1}}{\|\boldsymbol{c}_k'\|}\boldsymbol{q}_i{}^{\mathsf{T}}\boldsymbol{q}_{i+1} = 0 \tag{6.23}$$

が成り立つ．以上の式変形から Q は直交行列となる．

$B^{\mathsf{T}} = \tilde{Q}\tilde{R}$ の QR 分解に続き，$\tilde{R}^{\mathsf{T}}$（$\tilde{R}$ は上 2 重対角行列）の QR 分解を実施する．

$$\tilde{R}^{\mathsf{T}} = \breve{Q}\breve{R}$$

$\breve{R}^{\mathsf{T}} = \tilde{R}\breve{Q}$ となるゆえに，以下の関係を得る．

$$\breve{R}^{\mathsf{T}} = \breve{Q}^{\mathsf{T}}\tilde{Q}\tilde{R}\breve{Q} = \breve{Q}^{\mathsf{T}}B^{\mathsf{T}}\breve{Q} \Rightarrow \breve{R} = \breve{Q}^{\mathsf{T}}B\tilde{Q}$$

$T = B^{\mathsf{T}}B$ を考え，上式を使うと

$$T = \tilde{Q}(\tilde{R}B) = QR$$

といった QR 分解と同様の形の式を得る．ここで $Q = \tilde{Q}$, $R = \tilde{R}B$, B と $\tilde{R}$ は上 2 重対角行列なので R は上 3 角行列になる．

$$RQ = \tilde{R}B\tilde{Q} = \tilde{R}\tilde{R}^{\mathsf{T}} = \tilde{Q}^{\mathsf{T}}B^{\mathsf{T}}B\tilde{Q} = \tilde{Q}^{\mathsf{T}}T\tilde{Q} = \tilde{T}$$

より，QR 法の 1 反復プロセスとなる．ここで，T や $\tilde{T}$ を陽的に計算せず，$\breve{B} = \breve{R} = \breve{Q}^{\mathsf{T}}B\tilde{Q}$ として B から $\breve{B}$ を求める．この過程は 3 重対角行列に対する Francis の QR ステップと同様である．

$$B_k = \underbrace{\breve{Q}_k^{\mathsf{T}}\breve{Q}_{k-1}^{\mathsf{T}}\ldots\breve{Q}_2^{\mathsf{T}}\breve{Q}_1^{\mathsf{T}}}_{\breve{Q}^{\mathsf{T}}} B \underbrace{\tilde{Q}_1\tilde{Q}_2\ldots\tilde{Q}_{k-1}\tilde{Q}_k}_{\tilde{Q}}$$

$$= \breve{Q}^{\mathsf{T}}B\tilde{Q}$$

が十分に対角行列に近づいたとき，$B = \breve{Q}^{\mathsf{T}}B_k\tilde{Q}$ を特異値分解として，B_k の対角要素を特異値，$\breve{Q}, \tilde{Q}$ の列ベクトルをそれぞれ左特異ベクトル，右特異ベクトルとする．

b. 分割統治法

3重対角行列と同様に，2重対角行列 B を以下のように分割する．

$$
B = \begin{bmatrix} \alpha_1 & \beta_1 & & & \\ & \ddots & \ddots & & \\ & & \ddots & \beta_{n-1} & \\ & & & \alpha_n \end{bmatrix} = \left[\begin{array}{c|c} B_1 & \\ \hline \alpha_k \boldsymbol{e}_k^\mathsf{T} & \beta_k \boldsymbol{e}_{k+1}^\mathsf{T} \\ \hline & B_2 \end{array}\right] \tag{6.24}
$$

このとき，$B = B_1 \oplus B_2 + \boldsymbol{e}_k(\alpha_k \boldsymbol{e}_k + \beta_k \boldsymbol{e}_{k+1})^\mathsf{T}$，$B_1 \in \mathbb{R}^{(k-1)\times k}$，$B_2 \in \mathbb{R}^{(n-k)\times(n-k)}$ となるので，もし B_1 と B_2 の Full SVD $B_1 = Q_1[D_1, 0]W_1^\mathsf{T}$，$B_2 = Q_2 D_2 W_2^\mathsf{T}$ が得られたとすると，

$$
F = \left[\begin{array}{c|c|c} Q_1^\mathsf{T} & & \\ \hline & 1 & \\ \hline & & Q_2^\mathsf{T} \end{array}\right] \left(B_1 \oplus B_2 + \boldsymbol{e}_k(\alpha_k \boldsymbol{e}_k + \beta_k \boldsymbol{e}_{k+1})^\mathsf{T}\right) \left[\begin{array}{c|c} W_1 & \\ \hline & W_2 \end{array}\right]
$$

$$
\tag{6.25}
$$

$$
= \left[\begin{array}{c|c|c} D_1 & 0 & \\ \hline 0 & 0 & 0 \\ \hline & 0 & D_2 \end{array}\right] + \boldsymbol{e}_k \boldsymbol{z}^\mathsf{T} = D + \boldsymbol{e}_k \boldsymbol{z}^\mathsf{T} \tag{6.26}
$$

を得る．ここで $\boldsymbol{z} = W^\mathsf{T}(\alpha_k \boldsymbol{e}_k + \beta_k \boldsymbol{e}_{k+1})$ である．いま，第 k,k 要素を 1,1 要素位置に移す並べ替え操作を行う (具体的には次の置換行列 P を左右から乗じる)．

$$
\tilde{F} = P^\mathsf{T} F P = \tilde{D} + \boldsymbol{e}_1 \tilde{\boldsymbol{z}}^\mathsf{T} \tag{6.27}
$$

$$
\tilde{\boldsymbol{z}} = P^\mathsf{T} \boldsymbol{z}, \tilde{D} = \mathrm{diag}\,[0, D_1, D_2] \tag{6.28}
$$

$$
P = \left[\begin{array}{c|c|c} & I & \\ \hline 1 & & \\ \hline & & I \end{array}\right] \tag{6.29}
$$

次に，F の特異値計算をするため $\tilde{F}^\mathsf{T}\tilde{F}$ を定める．

$$
\tilde{F}^\mathsf{T}\tilde{F} = \left(\tilde{D} + \boldsymbol{e}_1 \tilde{\boldsymbol{z}}^\mathsf{T}\right)^\mathsf{T} \left(\tilde{D} + \boldsymbol{e}_1 \tilde{\boldsymbol{z}}^\mathsf{T}\right) \tag{6.30}
$$

$$
= \tilde{D}^2 + \tilde{\boldsymbol{z}}\tilde{\boldsymbol{z}}^\mathsf{T} \tag{6.31}
$$

154   6 特異値問題

と対角項と 1 階摂動項の和に整理される.

実 3 重対角行列の分割統治法と対応させると,$\tilde{F}^\mathsf{T}\tilde{F}$ の固有値問題に対応する secular 方程式は以下のように求められる.

$$f(\sigma) = 1 + \sum_{k=1}^{n} \frac{\tilde{z}_k^2}{\tilde{d}_k^2 - \sigma^2} = 0 \tag{6.32}$$

$\{\sigma_l\}$ $(l = 1, \cdots, n)$ が定まれば,$\tilde{F}^\mathsf{T}\tilde{F}$ の固有ベクトル $\tilde{v}_l$ は次のように求められる.なお,$\tilde{F}^\mathsf{T}\tilde{F}$ の固有ベクトルは $\tilde{F}$ の右特異ベクトルである.

$$\tilde{v}_l = \text{Normalize} \left((\tilde{D} - \sigma^2 I)^{-1} \tilde{z} \right) \tag{6.33}$$

$$= \frac{\left(\dfrac{\tilde{z}_1}{\tilde{d}_1^2 - \sigma_l^2}, \dfrac{\tilde{z}_2}{\tilde{d}_2^2 - \sigma_l^2}, \cdots \right)^\mathsf{T}}{\sqrt{\displaystyle\sum_{k=1}^{n} \left(\dfrac{\tilde{z}_k^2}{\tilde{d}_k^2 - \sigma_l^2} \right)^2}} \tag{6.34}$$

特異ベクトルを求める際に $\tilde{z}$ を使用するが,3 重対角行列の分割統治法のように,Gu, Eisenstat らによる Löwner の関係式を使った $\tilde{z}$ の再計算を行うことで丸め誤差による直交性の乱れを改善できる[100].再計算されたベクトル $\hat{z}$ の各項は次のようになる.

$$|\hat{z}_j| = \sqrt{(\sigma_j^2 - \tilde{d}_j^2) \frac{\displaystyle\prod_{k \neq j} (\sigma_k^2 - \tilde{d}_j^2)}{\displaystyle\prod_{k \neq j} (\tilde{d}_k^2 - \tilde{d}_j^2)}} \tag{6.35}$$

式 (6.34) の $\tilde{z}$ に $\hat{z}$ を代入して $\tilde{F}$ の近似右特異ベクトルが計算される.同時に,σ_l に対応する左特異ベクトル $\tilde{u}_l$ は右特異ベクトル $\tilde{v}_l$ との関係から

$$(\tilde{D} + e_1 \tilde{z}^\mathsf{T}) \tilde{v}_l = \sigma_l \tilde{u}_l \tag{6.36}$$

を満足している.これを $\tilde{u}_l$ について書き直すが,$\tilde{u}_l$ は正規化されることを考慮して以下のような定数 C_l を含んだ表現とする.

$$\tilde{u}_l = C_l (\tilde{D} + e_1 \tilde{z}^\mathsf{T})(\tilde{D} - \sigma_l^2 I)^{-1} \tilde{z} \tag{6.37}$$

$\tilde{\boldsymbol{u}}_l/C_l$ の各要素は

$$\frac{1}{C_l}(\tilde{\boldsymbol{u}}_l)_j = \begin{cases} \displaystyle\sum_{k=1}^{n} \frac{\tilde{z}_k^2}{\tilde{d}_k^2 - \sigma_l^2} & (j = 1 \text{ のとき}) \\ \displaystyle\frac{\tilde{z}_j \tilde{d}_j}{\tilde{d}_j^2 - \sigma_l^2} & (j \neq 1 \text{ のとき}) \end{cases} \tag{6.38}$$

と書き下せる．ここで，$\tilde{\boldsymbol{u}}_l$ の第 1 要素に含まれる項が secular 方程式と一致しており，-1 と定まる．したがって，近似左特異ベクトルは次の式によって計算される．

$$\tilde{\boldsymbol{u}}_l = \frac{\left(-1, \dfrac{\tilde{z}_2 \tilde{d}_2}{\tilde{d}_2^2 - \sigma_l^2}, \dfrac{\tilde{z}_3 \tilde{d}_3}{\tilde{d}_3^2 - \sigma_l^2}, \cdots\right)^{\mathsf{T}}}{\sqrt{1 + \displaystyle\sum_{k=2}^{n} \dfrac{\tilde{z}_k^2 \tilde{d}_k^2}{(\tilde{d}_k^2 - \sigma_l^2)^2}}} \tag{6.39}$$

置換操作 P によって並べ替えが起こっているため，特異ベクトルの第 1 成分を k 番目に戻す操作をすることで F の特異値と特異値ベクトル $\hat{U} = P\tilde{U}, \hat{V} = P\tilde{V}$ の計算が完了する．

最後に，もとの 2 重対角行列 B の特異ベクトルに変換する必要があるが，$F = Q^{\mathsf{T}}BW \Rightarrow B = QFW^{\mathsf{T}} = (Q\hat{V})\Sigma(W\hat{U})^{\mathsf{T}} = V\Sigma U^{\mathsf{T}}$ であるので右特異ベクトル $V = [\boldsymbol{v}_1, \cdots, \boldsymbol{v}_r]$ は次のように変換される．

$$V = Q\hat{V} = \begin{bmatrix} Q_1 & & \\ & 1 & \\ & & Q_2 \end{bmatrix} [\hat{\boldsymbol{v}}_1, \ldots, \hat{\boldsymbol{v}}_r] \tag{6.40}$$

一方，左特異ベクトル $U = [\boldsymbol{u}_1, \cdots, \boldsymbol{u}_r]$ は次のように変換される．

$$U = Q\hat{U} = \begin{bmatrix} W_1 \\ \hline W_2 \end{bmatrix} [\hat{\boldsymbol{u}}_1, \ldots, \hat{\boldsymbol{u}}_r] \tag{6.41}$$

c. スペクトラル分割統治法

QDWH-eig アルゴリズムのように，QDWH 法を用いた特異値計算 QDWH-SVD も考えられる．行列 A の極分解 $A = U_p H$ が得られたとする．引き続き H

156   6 特異値問題

の固有分解 $H = Q \Lambda Q^\mathsf{T}$ が計算されれば,

$$A = U_p H = (U_p Q) \Lambda Q^\mathsf{T} \tag{6.42}$$

となる. Λ が特異値,$U_p Q$ が左特異ベクトル,Q が右特異ベクトルとなる.

7 高精度特異値分解

QD 法は，陽的シフトつき Orthogonal QD (OQDS) 法として定式化すれば，収束を加速するための原点シフトに対する減算以外の減算がなくせるため，桁落ちが発生せず，高精度な計算ができるといわれてきた．また，最近のコンピュータがもつ融合積和演算 (FMA) は，c が外部から与えられた一般的な定数ならば桁落ちを起こさずに $a \times b \pm c$ を計算できる．そこで，OQDS 法の原点シフトに FMA を使うことで，OQDS 法は桁落ちが発生しない計算法となった．そのことは，OQDS 法の変数変換版として解釈できる陽的シフトつき Differential QD (DQDS) 法にもいえる．

このような理由から，DQDS 法と OQDS 法は特異値に対する相対誤差の最小化を保証する解法である．OQDS 法は (下 2 重対角行列の) 左右の特異ベクトルも計算可能で，得られた左右の特異ベクトルは高い直交性を達成する．

7.1 QD 法

1961 年に Francis と Kublanovskaya によって独立に開発された固有値計算の QR 法は「20 世紀の 10 大アルゴリズム」の 1 つとされている[101]．QR 法は，実正方行列 A を初期値とし，A の直交行列 Q と上三角行列 R の積への分解 $A = QR$，因子を取り替えての積による行列 $\hat{A}$ の導入 $\hat{A} := RQ$，さらには，$\hat{A}$ の再度の分解と因子の順序交換の繰り返しとして定義される．グラム–シュミットの直交化を利用する場合，A が正則でなければ QR 分解 $A = QR$ の Q が得られる保証はないが，ギブンス回転を用いる場合は任意の行列について QR 分解が可能である．適切な条件を満たせば，直交行列 Q による相似変形 $\hat{A} = Q^\mathsf{T} A Q$ の反復により，

– 157 –

列 $A \to \hat{A} \to \cdots$ は A の固有値が対角成分に並ぶ上三角行列に収束する.

QR 法に先行して,H. Rutishauser は 1958 年に行列の LR 分解にもとづく LR 法を発表している[102].LR 法は,A を初期値として,対角成分がすべて 1 の下三角行列 L と上三角行列 R への LR 分解 $A = LR$,因子を取り替えての積による行列 $\hat{A}$ の導入,さらには $\hat{A} := RL$ の繰り返しとして定義される.LR 分解 $A = LR$ は LU 分解ともよばれ,(行交換のない) ガウスの消去法と等価であるが,QR 分解とは異なり,A が正則であっても常に LR 分解可能とは限らない.LR 分解が可能な場合に,適切な条件を満たせば,L による相似変形 $\hat{A} = L^{-1}AL$ の繰り返しにより,列 $A \to \hat{A} \to \cdots$ は A の固有値が対角成分に並ぶ上三角行列に収束する.

特に,3 重対角行列 T が以下のように LR 分解

$$
T = LR = \begin{pmatrix} 1 & & & & \\ e_1 & 1 & & & \\ & e_2 & \ddots & & \\ & & \ddots & 1 & \\ & & & e_{n-1} & 1 \end{pmatrix} \begin{pmatrix} q_1 & 1 & & & \\ & q_2 & 1 & & \\ & & \ddots & \ddots & \\ & & & q_{n-1} & 1 \\ & & & & q_n \end{pmatrix} \tag{7.1}
$$

されたとする.因子を交換して $\hat{T} := RL$ とおけば,$\hat{T} = L^{-1}TL$ とかけ,$\hat{T}$ もまた T と同じ形の 3 重対角行列で,その成分 $\{\hat{q}_k, \hat{e}_k\}$ はもとの T の成分 $\{q_k, e_k\}$ と

$$
\hat{q}_k + \hat{e}_{k-1} = q_k + e_k, \qquad \hat{q}_k \hat{e}_k = q_{k+1} e_k \tag{7.2}
$$

の関係にある.$e_0 = \hat{e}_n = 0$ とおけば,四則演算のみで $\{q_k, e_k\}$ から $\{\hat{q}_k, \hat{e}_k\}$ を構成できる.この漸化式は Rutishauser が 1954 年に発表した有理関数の極の計算やべき級数で与えられた関数の連分数展開 (パデ近似) を計算する QD (Quotient-Difference) 法の漸化式にほかならない[103].QD 法の源流は 19 世紀末の Hadamard, Stieltjes,20 世紀中葉の Aitken, Lanczos の研究にたどることができる.3 重対角行列 T に対する LR 法は QD 法を固有値計算に応用するための行列表現ということになる.

LR 法は一般に数値安定ではない.このため,歴史的には後から提案された QR 法に取って代わられることとなった[104].しかしながら,QR 法によって計算さ

れる特異値は高い相対精度をもつことは保証されず，値の小さな特異値の計算には適していないことから，QD 法による特異値計算が再度注目されるようになってきた．本節では，QD 法のリバイバルによって可能となった高い相対精度での特異値計算について述べる．

対称行列 A が何らかの相似変換によって 3 重対角化されて

$$
S = \begin{pmatrix}
a_1 & b_1 & & \\
c_1 & a_2 & \ddots & \\
& \ddots & \ddots & b_{n-1} \\
& & c_{n-1} & a_n
\end{pmatrix}
\tag{7.3}
$$

となったとする．ただし，副対角成分はすべて非ゼロ $(b_k, c_k \neq 0)$ とする．正則な対角行列 $D = \mathrm{diag}\{1, b_1, b_1 b_2, \ldots, b_1 \cdots b_{n-1}\}$ を利用して S を相似変換した $T = DSD^{-1}$ を導入する．T を $2n - 1$ 個の変数 $\{q_k, e_k\}$ を用いて

$$
T = \begin{pmatrix}
q_1 & 1 & & & \\
q_1 e_1 & q_2 + e_1 & 1 & & \\
& q_2 e_2 & q_3 + e_2 & \ddots & \\
& & \ddots & \ddots & 1 \\
& & & q_{n-1} e_{n-1} & q_n + e_{n-1}
\end{pmatrix}
\tag{7.4}
$$

と表せる場合を考える．このとき，T は式 (7.1) のように LR 分解できる．3 重対角行列 $\hat{T} := RL$ を導入し，その成分を変数 $\{\hat{q}_k, \hat{e}_k\}$ を用いて

$$
\hat{T} = \begin{pmatrix}
\hat{q}_1 & 1 & & & \\
\hat{q}_1 \hat{e}_1 & \hat{q}_2 + \hat{e}_1 & 1 & & \\
& \hat{q}_2 \hat{e}_2 & \hat{q}_3 + \hat{e}_2 & \ddots & \\
& & \ddots & \ddots & 1 \\
& & & \hat{q}_{n-1} \hat{e}_{n-1} & \hat{q}_n + \hat{e}_{n-1}
\end{pmatrix}
\tag{7.5}
$$

と書くと，変数 $\{q_k, e_k\}$ と $\{\hat{q}_k, \hat{e}_k\}$ の間には QD 法の漸化式 (7.2) の関係があり，LR 法

$$
\hat{L}\hat{R} = RL
\tag{7.6}
$$

160   7 高精度特異値分解

アルゴリズム **7.1**   PQD 法の 1 反復

Input: $q_k(k = 1, \cdots, n)$, e_k $(k = 1, \cdots, n-1)$
Output: $\hat{q}_k$ $(k = 1, \cdots, n)$ (固有値に収束), $\hat{e}_k$ $(k = 1, \cdots, n-1)$ (0 に収束)
1: $\hat{e}_n := 0$
2: $\hat{q}_1 := q_1 + e_1$
3: **for** $k = 2, 3, \cdots, n$ **do**
4:    $\hat{e}_{k-1} := (e_{k-1}/\hat{q}_{k-1})\, q_k$
5:    $\hat{q}_k := (q_k - \hat{e}_{k-1}) + e_k$
6: **end for**

はその行列表現となっている.

T が LR 分解可能なだけでなく,固有値 $\{\lambda_k\}$ はすべて非ゼロで絶対値が相異なる実数

$$|\lambda_1| > |\lambda_2| > \cdots > |\lambda_n| > 0 \tag{7.7}$$

と仮定する.このとき,QD 法の反復 $\{q_k, e_k\} \to \{\hat{q}_k, \hat{e}_k\}$ を繰り返すことで,変数 q_k, e_k は,それぞれ,λ_k と 0 に収束することが知られている[105, 106].QD 法による固有値計算では,0 に収束する変数 e_k の扱いに配慮した Progressive QD (PQD) 法が知られている.アルゴリズム 7.1 として PQD 法の 1 反復を示す.PQD 法では,e_{k-1} による除算を避けているものの,$e_{k-1}/\hat{q}_{k-1}$ がアンダーフローを起こす可能性がある.そのため,実装では $\hat{e}_{k-1} = (e_{k-1}/\hat{q}_{k-1})q_k$ と $\hat{e}_{k-1} = (q_k/\hat{q}_{k-1})e_{k-1}$ を適宜使い分ける.さらに,倍精度浮動小数点数としての無限大にならない限界の値を利用したスケーリングを行い,アンダーフローを回避する.

次に,QD 法の仲間である OQD 法と DQD 法について述べる.固有値計算の対象となるのは,対称正定値行列 A が相似変換された 3 重対角行列 S である.S は常にコレスキー分解可能で,それを

$$S = R^{\mathsf{T}} R, \quad R = \begin{pmatrix} \sqrt{q_1} & \sqrt{e_1} & & \\ & \sqrt{q_2} & \ddots & \\ & & \ddots & \sqrt{e_{n-1}} \\ & & & \sqrt{q_n} \end{pmatrix} \tag{7.8}$$

と表す. S の固有値 λ_k は R の特異値の平方 ($\lambda_k = \sigma_k^2$) であるから, QD 法による S の固有値計算は同時に R の特異値計算とみなすことができる. 副対角成分はすべて非ゼロであるから, 固有値, 特異値はすべて単根である.

S のコレスキー分解 $S = R^{\mathsf{T}}R$ の因子 R を用いて別の対称正定値 3 重対角行列 $\hat{S} = RR^{\mathsf{T}}$ を導入する. $\hat{S}$ はまたコレスキー分解できて

$$\hat{S} = \hat{R}^{\mathsf{T}}\hat{R}, \quad \hat{R} = \begin{pmatrix} \sqrt{\hat{q}_1} & \sqrt{\hat{e}_1} & & \\ & \sqrt{\hat{q}_2} & \ddots & \\ & & \ddots & \sqrt{\hat{e}_{n-1}} \\ & & & \sqrt{\hat{q}_n} \end{pmatrix} \tag{7.9}$$

と表される. R から $\hat{R}$ の構成は, コレスキー分解の計算によらず, 以下のようになされる. $\hat{R} = GR^{\mathsf{T}}$ とおいて

$$\hat{S} = RR^{\mathsf{T}} = \hat{R}^{\mathsf{T}}\hat{R} \tag{7.10}$$

に代入すると $RR^{\mathsf{T}} = RG^{\mathsf{T}}GR^{\mathsf{T}}$ だから $G^{\mathsf{T}}G = I$, すなわち $\hat{R} = GR^{\mathsf{T}}$ なる G は直交行列である. R の成分の値によっては, $S = R^{\mathsf{T}}R$ は非負定値行列になりうるので, $\hat{R} = GR^{\mathsf{T}}$ として定式化すれば, これまでの仮定である正定値行列から非負定値行列にまで適用範囲を拡大できる. $\hat{R} = GR^{\mathsf{T}}$ として定式化したアルゴリズムを Orthogonal QD (OQD) 法とよぶ.

$c_k = \cos\alpha_k, s_k = \sin\alpha_k$ とおき, 下 2 重対角行列 R^{T} に対して, $(k, k), (k+1, k+1)$ 成分に c_k が配置されたギブンス回転行列

$$G_k = \begin{pmatrix} I_{k-1} & & & \\ & c_k & s_k & \\ & -s_k & c_k & \\ & & & I_{n-k-1} \end{pmatrix} \tag{7.11}$$

を $k = 1, 2, \ldots, n-1$ について繰り返し左から作用させる. $a_k = \sqrt{q_k}, b_k = \sqrt{e_k}$, $\hat{a}_k = \sqrt{\hat{q}_k}, \hat{b}_k = \sqrt{\hat{e}_k}$ とおけば, 主要部分は

$$\begin{pmatrix} \hat{a}_k & \hat{b}_k \\ 0 & \hat{a}_{k+1} \end{pmatrix} = \begin{pmatrix} c_k & s_k \\ -s_k & c_k \end{pmatrix} \begin{pmatrix} a_k & 0 \\ b_k & a_{k+1} \end{pmatrix} \tag{7.12}$$

162   7 高精度特異値分解

アルゴリズム **7.2**   OQD 法の 1 反復

Input: $a_k \ (k=1,\cdots,n)$, $b_k \ (k=1,\cdots,n-1)$
Output: $\hat{a}_k \ (k=1,\cdots,n)$ (特異値に収束), $\hat{b}_k \ (k=1,\cdots,n-1)$ (0 に収束)

1: $a'_1 := a_1$
2: **for** $k=1,2,\cdots,n-1$ **do**
3:　　$\hat{a}_k := \sqrt{a'_k{}^2 + b_k^2}$
4:　　**if** $\hat{a}_k = 0$ **then**
5:　　　$\hat{b}_k := 0$
6:　　　$a'_{k+1} := a_{k+1}$
7:　　**else**
8:　　　$\hat{b}_k := (b_k/\hat{a}_k)\, a_{k+1}$
9:　　　$a'_{k+1} := (a'_k/\hat{a}_k)\, a_{k+1}$
10:　　**end if**
11: **end for**
12: $\hat{a}_n := a'$

と表される．左辺と右辺が等しくなる条件より，$c_k = a_k/\hat{a}_k, s_k = b_k/\hat{a}_k, \hat{a}_k^2 = a_k^2 + b_k^2$ などの関係式が得られる．しかし $\hat{a}_k = 0$ となるとき，すなわち $a_k = b_k = 0$ の場合，LR 法の観点ではそれ以上の計算を進めることができない．OQD 法では，アルゴリズムを $\hat{R} = GR^{\mathsf{T}}$ として定式化することにより，$a_k = b_k = 0$ の場合に $\hat{b}_k = 0, a'_{k+1} = a_{k+1}$ とすることができる．OQD 法の 1 反復をアルゴリズム 7.2 として示す[107]．OQD 法による特異値計算には減算はなく，非負のパラメータについての加算・乗算・除算・平方根計算のみであるため，高い相対精度が保たれる．

　一方，OQD 法の中間変数 a' を $d_k = a'_k{}^2$ とし，$q_k = a_k^2, e_k = b_k^2$ について表せば，Rutishauser[105]が定式化した Differential QD (DQD) 法 (アルゴリズム 7.3) を得る．ここで，Differential とは増分 $d_k (\geq 0)$ の意味である．実装では，DQD 法も PQD 法と同様に，$\hat{e}_k = (e_k/\hat{q}_k)q_{k+1}$ と $\hat{e}_k = (q_{k+1}/\hat{q}_k)e_k$ を適宜使い分ける．中間変数 d_k の計算式についても，$d_{k+1} = (d_k/\hat{q}_k)q_{k+1}$ と $d_{k+1} = (q_{k+1}/\hat{q}_k)d_k$ を選択的に利用する．そのときに重要な役割を果たすのが，定数 $SAFMIN$ であり，IEEE754 の倍精度浮動小数点数の場合，$1/SAFMIN$ を計算したとき浮動小数点数において無限大とならない最小の正の数とおく．

　DQD 法の中間変数を $d_k = \hat{q}_k - e_k$ と書き，DQD 法の漸化式から中間変数を

アルゴリズム **7.3**　　DQD 法の 1 反復

Input: q_k $(k = 1, \cdots, n)$, e_k $(k = 1, \cdots, n-1)$

Output: $\hat{q}_k$ $(k = 1, \cdots, n)$ (特異値の 2 乗に収束), $\hat{e}_k$ $(k = 1, \cdots, n-1)$ (0 に収束)

1: $d_1 := q_1$
2: **for** $k = 1, 2, \cdots, n-1$ **do**
3: 　　$\hat{q}_k := d_k + e_k$
4: 　　**if** $\hat{q}_k = 0$ **then**
5: 　　　　$\hat{e}_k := 0$
6: 　　　　$d_{k+1} := q_{k+1}$
7: 　　**else if** $SAFMIN \times \hat{q}_k < q_{k+1}$ and $SAFMIN \times q_{k+1} < \hat{q}_k$ **then**
8: 　　　　$\hat{e}_k := (q_{k+1}/\hat{q}_k) \, e_k$
9: 　　　　$d_{k+1} := (q_{k+1}/\hat{q}_k) \, d_k$
10: 　　**else**
11: 　　　　$\hat{e}_k := (e_k/\hat{q}_k) \, q_{k+1}$
12: 　　　　$d_{k+1} := (d_k/\hat{q}_k) \, q_{k+1}$
13: 　　**end if**
14: **end for**
15: $\hat{q}_n := d_n$

消去すると，

$$\hat{q}_{k+1} - e_{k+1} = (\hat{q}_k - e_k)(q_{k+1}/\hat{q}_k) = q_{k+1} - e_k(q_{k+1}/\hat{q}_k) = q_{k+1} - \hat{e}_k$$

となって，PQD 法の漸化式が得られる．対称正定値行列 S のコレスキー分解は常に可能であるから，PQD 法，DQD 法，OQD 法は代数的に等価となる．しかし，計算機を用いて計算を行う場合は違いがでる．Fernando–Parlett[108]では，PQD 法ではアンダーフローにより最小固有値はゼロと出力されるが，DQD 法では $O(10^{-304})$ の最小固有値が得られる例が報告されている．OQDS 法についても同様の報告が von Matt[107]にある．

結果として，DQD 法と OQD 法は対称正定値 3 重対角行列に対する PQD 法の正値性を利用した高精度な実装とみることができる．より正確には，DQD 法と OQD 法は適用範囲を対称非負定値行列に広げており，特異値の計算結果としてゼロが現れる行列 R を入力しても，対角行列へ収束するまで計算が停止することはない．しかし，数学では特異値を正の値として定義するため，特異値の計算結果から最後にゼロを取り除く必要がある．すなわち，DQD 法と OQD 法は上 2 重対角行列に相似変換可能な幅広い行列の特異値計算に適しているといえよう．

164   7 高精度特異値分解

なお，特異値計算の dLV 法[109] もまた対称正定値 3 重対角行列に対する PQD 法
の高精度な実装とみなすことができる．

7.2 陽的シフトつき QD 法

本節では，陽的シフトつき QD 法について述べる．QD 法とは，PQD 法，OQD
法，DQD 法をさし，これらに原点シフトを導入して特異値への収束を加速する．
$\{q_k^{(0)}, e_k^{(0)}\} = \{q_k, e_k\}$，$\{q_k^{(1)}, e_k^{(1)}\} = \{\hat{q}_k, \hat{e}_k\}$ とおき，QD 法の反復過程の値を
表現した変数 $\{q_k^{(l)}, e_k^{(l)}\}$ $(l = 0, 1, \dots)$ を導入する．$l \to \infty$ での漸近挙動

$$e_k^{(l)} = O\left(\left|\frac{\lambda_{k+1}}{\lambda_k}\right|^l\right), \quad q_k^{(l)} = \lambda_k + O\left(v^l\right), \quad v = \max\left\{\left|\frac{\lambda_{k+1}}{\lambda_k}\right|, \left|\frac{\lambda_k}{\lambda_{k-1}}\right|\right\}$$

(7.13)

が知られている[105, 106]．ここで $\lambda_0 = \infty$，$\lambda_{n+1} = 0$ である．2 つの固有値
λ_{k-1}，λ_k，または λ_k，λ_{k+1} が近接しているとき収束はきわめて遅くなる．そこ
で，固有値の相対的な距離を拡大するため原点シフトを導入する．アルゴリズム
7.4 は，シフト量を s とする陽的シフトつき PQD (PQDS) 法の 1 反復である．
変数 $\{\hat{q}_k, \hat{e}_k\}$ を成分にもつ正定値 3 重対角行列 $\hat{T}$ の固有値は $\{\lambda_k - s\}$ であり，
$|\lambda_{k+1}/\lambda_k| < |\lambda_{k+1} - s|/|\lambda_k - s|$ なる適切なシフト量の選択を繰り返すことで収
束が加速される．

次に，OQD 法 $RR^{\mathsf{T}} = \hat{R}^{\mathsf{T}}\hat{R}$ に

$$RR^{\mathsf{T}} - \tau^2 I = \hat{R}^{\mathsf{T}}\hat{R}$$

(7.14)

アルゴリズム **7.4**　PQDS 法の 1 反復

Input: q_k $(k = 1, \cdots, n)$, e_k $(k = 1, \cdots, n-1)$, s (原点シフト量)
Output: $\hat{q}_k$ $(k = 1, \cdots, n)$ (固有値に収束), $\hat{e}_k (k = 1, \cdots, n-1)$ (0 に収束)
1: $\hat{e}_n := 0$
2: $\hat{q}_1 := q_1 + e_1 - s$
3: **for** $k = 2, 3, \cdots, n$ **do**
4: 　　$\hat{e}_{k-1} := (e_{k-1}/\hat{q}_{k-1})\, q_k$
5: 　　$\hat{q}_k := (q_k - \hat{e}_{k-1}) + e_k - s$
6: **end for**

アルゴリズム **7.5**　　OQDS 法の 1 反復

Input: a_k $(k = 1, \cdots, n)$, b_k $(k = 1, \cdots, n-1)$, τ (原点シフト量)
Output: $\hat{a}_k$ $(k = 1, \cdots, n)$ (特異値に収束), $\hat{b}_k$ $(k = 1, \cdots, n-1)$ (0 に収束)
1: $a'_1 := \sqrt{a_1 + \tau}\sqrt{a_1 - \tau}$
2: **for** $k = 1, 2, \cdots, n-1$ **do**
3:　　$\hat{a}_k := \sqrt{a_k'^2 + b_k^2}$
4:　　$\hat{b}_k := (b_k/\hat{a}_k)\, a_{k+1}$
5:　　$a'_{k+1} := \sqrt{(a'_k/\hat{a}_k)\, a_{k+1} + \tau}\sqrt{(a'_k/\hat{a}_k)\, a_{k+1} - \tau}$
6: **end for**
7: $\hat{a}_n := a'_n$

による陽的な原点シフトを導入する．非負値性をもつ $S = R^{\mathsf{T}}R$ に対して，$\hat{R}$ が実行列であるためには，$\tau\ (\geq 0)$ は R の最小特異値 $\sigma_{\min}(R)$ 以下である必要がある．陽的シフトつき OQD (OQDS) 法の 1 反復をアルゴリズム 7.5 に示す．アルゴリズム 7.5 では $\hat{a}_k = 0$ の場合の例外処理をなくしている．$\hat{a}_k = 0$ の場合は $a'_k = 0$ であるから，a'_{k+1} は複素数となる．$a'_k\ (k = 1, \cdots, n-1)$ が複素数またはゼロになったときは不適切な τ を設定していることを意味するため，より小さい原点シフト量 τ を採用するべきである．最後の n について a'_n が正の値ではなくゼロになった場合でも，1 反復は終了する．すべての対角成分が正の値になる場合に正常終了したとするコレスキー分解とは方針が異なる．

von Matt[107] は $2n \times 2n$ 一般化ギブンス回転行列 $\mathcal{G}_k$ の積 $\mathcal{G} = \mathcal{G}_{n-1} \cdots \mathcal{G}_1$ による

$$\mathcal{G}\begin{pmatrix} R^{\mathsf{T}} \\ O \end{pmatrix} = \begin{pmatrix} \hat{R} \\ \tau I \end{pmatrix} \tag{7.15}$$

なる OQDS 法の実装を提案している．具体的には

166　　7　高精度特異値分解

$$
\begin{pmatrix} R^\mathsf{T} \\ O \end{pmatrix} \rightarrow
\begin{pmatrix}
a'_1 & & & & \\
b_1 & a_2 & & & \\
 & b_2 & \ddots & & \\
 & & & \ddots & \\
\tau & & & & \\
 & 0 & & & \\
 & & & \ddots &
\end{pmatrix} \rightarrow
\begin{pmatrix}
\hat{a}_1 & \hat{b}_1 & & & \\
 & a_2 & & & \\
 & b_2 & \ddots & & \\
 & & & \ddots & \\
\tau & & & & \\
 & 0 & & & \\
 & & & \ddots &
\end{pmatrix} \rightarrow
\begin{pmatrix}
\hat{a}_1 & \hat{b}_1 & & & \\
 & a'_2 & & & \\
 & b_2 & \ddots & & \\
 & & & \ddots & \\
\tau & & & & \\
 & \tau & & & \\
 & & & \ddots &
\end{pmatrix} \rightarrow
$$

$$(7.16)$$

であるが，これは，$\mathcal{G}_k$ を繰り返し左から作用させることで $\begin{pmatrix} R^\mathsf{T} \\ O \end{pmatrix}$ が $\begin{pmatrix} \hat{R} \\ \tau I \end{pmatrix}$ に近づいていくことを示している．

　OQD 法 (アルゴリズム 7.2) と DQD 法 (アルゴリズム 7.3) の関係から明らかなように，陽的シフトつき DQD (DQDS) 法[108]の定式化では中間変数 d_k を $d_k = a_k'^2$ ととればよい．さらに $s = \tau^2$ とする．DQDS 法の 1 反復はアルゴリズム 7.6 のとおりである．DQDS 法の原点シフト量の選択は Parlett–Marques[110] で論じられ，LAPACK[17]の高速特異値計算コード DLASQ として実装されている．

アルゴリズム 7.6　　DQDS 法の 1 反復

Input: $q_k \ (k = 1, \cdots, n)$, $e_k \ (k = 1, \cdots, n-1)$, s (原点シフト量)
Output: $\hat{q}_k \ (k = 1, \cdots, n)$ (特異値の 2 乗に収束)，$\hat{e}_k \ (k = 1, \cdots, n-1)$ (0 に収束)
　1: $d_1 := q_1 - s$
　2: **for** $k = 1, 2, \cdots, n-1$ **do**
　3: 　　$\hat{q}_k := d_k + e_k$
　4: 　　**if** $SAFMIN \times \hat{q}_k < q_{k+1}$　and　$SAFMIN \times q_{k+1} < \hat{q}_k$ **then**
　5: 　　　　$\hat{e}_k := (q_{k+1}/\hat{q}_k)\, e_k$
　6: 　　　　$d_{k+1} := (q_{k+1}/\hat{q}_k)\, d_k - s$
　7: 　　**else**
　8: 　　　　$\hat{e}_k := (e_k/\hat{q}_k)\, q_{k+1}$
　9: 　　　　$d_{k+1} := (d_k/\hat{q}_k)\, q_{k+1} - s$
　10: 　　**end if**
　11: **end for**
　12: $\hat{q}_n := d_n$

7.3 DQDS 法

7.3.1 実装の概略

$n \times n$ の上 2 重対角行列 B,

$$B = \begin{pmatrix} \sqrt{q_1} & \sqrt{e_1} & & \\ & \sqrt{q_2} & \ddots & \\ & & \ddots & \sqrt{e_{n-1}} \\ & & & \sqrt{q_n} \end{pmatrix} \tag{7.17}$$

から, $n \times n$ の上 2 重対角行列 $\hat{B}$,

$$\hat{B} = \begin{pmatrix} \sqrt{\hat{q}_1} & \sqrt{\hat{e}_1} & & \\ & \sqrt{\hat{q}_2} & \ddots & \\ & & \ddots & \sqrt{\hat{e}_{n-1}} \\ & & & \sqrt{\hat{q}_n} \end{pmatrix} \tag{7.18}$$

が構成される. s はシフト量を表す. Σ は特異値が大きい順に並んだ対角行列とする. DQDS 法による反復によって, $\hat{B}$ は対角行列 D に収束し, $\Sigma_{kk} = \sqrt{D_{kk} + S}$ $(k = 1, \cdots, n)$ が成立する. ここで S はシフト量の総和を意味する. 原点シフトによって収束を加速することで, 特異値の高速計算を実現することが DQDS 法の特徴である.

ここで, DQDS 法のすべての変数の値は非負であることが要求される. さらに $d_k > 0$ $(k = 1, \cdots, n-1)$ でなければならない. $d_k = 0$ ならば, $s > 0$ より $d_{k+1} < 0$ となるためである. OQDS 法と同様に, 最後の n で $\hat{q}_n = d_n$ がゼロになった場合でも 1 反復は終了する. そのため s として, $B^\mathsf{T} B$ の最小固有値 $\lambda_{\min}(B^\mathsf{T} B)$ (最小特異値 $\sigma_{\min}(B)$ の 2 乗ともいえる) 未満の値ではなく, $\lambda_{\min}(B^\mathsf{T} B)$ を採用することも可能である.

実装にあたっては, 高速な計算を実現するために, 以下の 3 点の技巧を導入する.

a. 収束先を考慮した要素の置換

DQDS 法は，収束先として対角成分に特異値が大きい順に並ぶ．そのため，途中の計算の入力として q_k $(k=1,\cdots,n)$, e_k $(k=1,\cdots,n-1)$ が与えられたとき，$q_1 < q_n$ が成立する場合には収束先と整合しないため収束の速度が低下する可能性がある．その問題を克服する目的で，$q_1 < q_n$ が成立する場合には反復の前に行列の要素を次のように置換する．

$$
B_r = \begin{pmatrix}
\sqrt{q_n} & \sqrt{e_{n-1}} & & \\
& \sqrt{q_{n-1}} & \ddots & \\
& & \ddots & \sqrt{e_1} \\
& & & \sqrt{q_1}
\end{pmatrix}
\tag{7.19}
$$

このような置換を行っても，B の特異値と B_r の特異値は一致する．そのため，$B \leftarrow B_r$ とすることで収束先との整合性を確保し，収束の速度が低下する可能性をより少なくする．

b. シフト量の総和計算における情報落ちの回避

i 番目の反復におけるシフト量 s を $s^{(i)}$ と書く．シフト量の総和計算

$$
S = \sum_{i=1}^{i_0} s^{(i)}
\tag{7.20}
$$

では，大きい値に小さい値を足しこむ必要があるため，情報落ちがおきやすい．情報落ちを回避するためには高精度演算，ここでは倍精度浮動小数点数を 2 つ用いて 1 つの数を表現する double-double[111] を利用する．

c. 融合積和演算の活用

DQDS 法の変数 d_k の計算は $a \times b \pm c$ の形式となっているため，現代の計算機がもっている融合積和演算 (FMA) が活用できる．融合積和演算とは，乗算と加算の 2 演算を 1 演算として実現する演算方式で，積と和の 2 演算のそれぞれの結果ごとに丸めるのではなく，積和演算の結果に対して丸めを行う．融合積和演算の利点は，高精度な計算ができることと，計算速度が最大で 2 倍高速化されることである．

7.3.2 シ フ ト 戦 略

DQDS 法における s の定め方，すなわちシフト戦略の設計はきわめて難しく，いまもなお発展の途上である．LAPACK では経験則にもとづくシフト戦略 (アグレッシブシフト) が使われている．ここでは，一般化ルティスハウザー下界，ラゲール下界，ニュートン下界，一般化ニュートン下界，コラッツの不等式を利用した下界，ジョンソンの下界から，収束の途中の行列の性質に合わせて適切な下界を選択し，それをシフト量として採用することで収束を加速する．以下，2 つの技法と 4 つの下界を紹介する．

- シフト量の更新方法
- 一般化ルティスハウザー下界
- ラゲール下界，ニュートン下界，一般化ニュートン下界の最大値
- コラッツの不等式を利用した下界
- ジョンソンの下界
- 適切な下界の選択方法

すべての下界は，数学的に厳密な下界である．「一般化ルティスハウザー下界」には，行列の性質によっては下界が手に入らないという欠点がある．「ラゲール下界，ニュートン下界，一般化ニュートン下界の最大値」には，行列の性質によっては最小固有値の下界としてシャープな下界を得られないという欠点がある．同様のことは「ジョンソンの下界」にもいえる．「コラッツの不等式を利用した下界」には，多数の平方根計算を必要とするという欠点がある．それぞれに欠点が存在するため，「適切な下界の選択方法」が重要となる．

a. シフト量の更新方法

シフト量が大きすぎると，DQDS 法の d_k がゼロまたは負の値になるため計算が破綻する．このとき，原点シフト量をどのように更新するかについて紹介する．s を任意の正の数とする．DQDS 法を変数 $\hat{q}_k$ と $\hat{e}_k$ を使わない形の漸化式に変形して，以下の議論を行う．

$$d_1 = q_1 - s, \quad d_k = q_k \left(d_{k-1} / \left(d_{k-1} + e_{k-1} \right) \right) - s \qquad (k = 2, \cdots, n) \quad (7.21)$$

170　7　高精度特異値分解

この s に対して次の操作を繰り返す.

(1) もし, いずれかの $k(1 \leq k \leq n)$ において $d_k \leq 0$ ならば $s' \leftarrow \max(d_k + s, 0)$ とする. 浮動小数点数の計算において s' の値と s の値が一致するならば $s' \leftarrow 0$, $d_k \leftarrow 0$ とする.

(2) $d_n \geq 0$ ならば計算を終了する.

(3) そうでないならば s' が小さくなりすぎる場合を考慮し, $s \leftarrow \max(s', 0.75s)$ を計算した後, 式 (7.21) を再計算する.

s が $\lambda_{\min}(B^\mathsf{T}B)$ の下界でない場合にも, 上記の操作を複数回繰り返せば $\lambda_{\min}(B^\mathsf{T}B)$ の下界を得られる場合が多い. 上記のシフト量の更新方法に従って, 式 (7.21) の計算を繰り返すことで適切なシフト量が得られる. それ以外にも, DQDS 法に上記の操作を組み込むことで, d_k がゼロまたは負の値になった場合の対策として DQDS 法にシフト量の更新機能を追加できる.

b.　一般化ルティスハウザー下界

s として $\lambda_{\min}(F^\mathsf{T}F)$ を採用する. F は次のように定義する.

$$F = \begin{pmatrix} \sqrt{q_{n-1}} & \sqrt{e_{n-1}} \\ 0 & \sqrt{q_n} \end{pmatrix} \tag{7.22}$$

$\lambda_{\min}(F^\mathsf{T}F)$ は $\lambda_{\min}(B^\mathsf{T}B)$ の上界を与えることに注意する. この s について,「シフト量の更新方法」を適用することで, 正の値の $\lambda_{\min}(B^\mathsf{T}B)$ のタイトな下界を得られる場合が多い. ただし, 一般化ルティスハウザー下界は $d_k > 0$ $(k = 1, \ldots, n-1), d_n < 0$ が成立する場合のみ, $\lambda_{\min}(B^\mathsf{T}B)$ の下界として採用する. $d_k > 0$ $(k = 1, \ldots, n-1), d_n \geq 0$ の場合は丸め誤差が影響し, 本来は上界であるはずの $\lambda_{\min}(F^\mathsf{T}F)$ をシフト量として採用できることを意味する. いずれかの $k(1 \leq k \leq n-1)$ において $d_k \leq 0$ ならばこの方法は利用しない.

c.　ラゲール下界, ニュートン下界, 一般化ニュートン下界

$a = \mathrm{tr}\left((B^\mathsf{T}B)^{-1}\right)$ と $b = \mathrm{tr}\left((B^\mathsf{T}B)^{-2}\right)$ について, ラゲール (Laguerre) 下界, ニュートン (Newton) 下界, 一般化ニュートン下界は, 以下のように定義される.

7.3 DQDS 法　　171

- ラゲール下界

$$L = n/\left(a + \sqrt{(n-1)(nb - a^2)}\right) \tag{7.23}$$

- ニュートン下界

$$N = a^{-1} \tag{7.24}$$

- 一般化ニュートン下界

$$GN = b^{-\frac{1}{2}} \tag{7.25}$$

ここで，a と b の計算には，漸化式

$$f_1 = \frac{1}{q_1} \tag{7.26}$$

$$f_k = \frac{1}{q_k} + \frac{e_{k-1}}{q_k} f_{k-1} \qquad (k = 2, \cdots, n) \tag{7.27}$$

$$g_1 = f_1^2 \tag{7.28}$$

$$g_k = f_k^2 + \frac{e_{k-1}}{q_k}\left(g_{k-1} + f_{k-1}^2\right) \qquad (k = 2, \cdots, n) \tag{7.29}$$

$$a = \sum_{k=1}^{n} f_k \tag{7.30}$$

$$b = \sum_{k=1}^{n} g_k \tag{7.31}$$

を用いる[112]．数学的には，常に，

$$N \le GN \le L \tag{7.32}$$

が成立するが，計算機では丸め誤差の影響で式 (7.32) が常に成立するとは限らない．そこで，可能な限り大きな値をシフト量として採用する目的で $X = \max(N, GN, L)$ を計算する．

d. コラッツの不等式を利用した下界

　コラッツ (Collatz) の不等式とは，A は全成分が正の $n \times n$ の行列，$\boldsymbol{v}$ は n 次元の全成分が正のベクトルとするときに成立する以下の不等式のことである．

$$\lambda_{\max}(A) \le \max_k \frac{(A\boldsymbol{v})_k}{v_k} \tag{7.33}$$

ここで $n \times n$ の上 2 重対角行列 B のすべての変数の値は正であるとする.

$$
K = \begin{pmatrix}
\sqrt{q_1} & & & \\
-\sqrt{e_1} & \sqrt{q_2} & & \\
& \ddots & \ddots & \\
& & -\sqrt{e_{n-1}} & \sqrt{q_n}
\end{pmatrix}
\tag{7.34}
$$

とおくと, $(K^{\mathsf{T}}K)^{-1}$ のすべての成分は正より, コラッツの不等式を利用すると, $\lambda_{\min}(B^{\mathsf{T}}B)$ の下界が

$$
\min_k \frac{\boldsymbol{v}_k}{(K^{\mathsf{T}}K)^{-1}\boldsymbol{v})_k} \le \lambda_{\min}(K^{\mathsf{T}}K) = \lambda_{\min}(B^{\mathsf{T}}B)
\tag{7.35}
$$

によって得られる. ここで, $\boldsymbol{v}$ は逆反復法によって生成される

$$
\boldsymbol{x} = (K^{\mathsf{T}}K)^{-1}(1,1,\cdots,1)^{\mathsf{T}}
\tag{7.36}
$$

$$
\boldsymbol{v} = \boldsymbol{x}/\max_k \boldsymbol{x}_k
\tag{7.37}
$$

を用いる.

$$
1/\max_k \boldsymbol{x}_k \le \lambda_{\min}(K^{\mathsf{T}}K) = \lambda_{\min}(B^{\mathsf{T}}B)
\tag{7.38}
$$

より, 式 (7.38) の左辺も下界として機能するため, 式 (7.35) の左辺の下界も含めて, 2 つの下界が得られたことになる. もちろん, 2 つのうちのより大きな値を原点シフト量 s として採用する.

e. ジョンソンの下界

ジョンソン (Johnson) 下界とは, 次の定理にもとづく下界である. いま, $C = (B^{\mathsf{T}} + B)/2$ とおくと

$$
\lambda_{\min}(C) \le \sqrt{\lambda_{\min}(B^{\mathsf{T}}B)}
\tag{7.39}
$$

が成立するため, C にゲルシュゴリン下界[113]を適用することで $\lambda_{\min}(B^{\mathsf{T}}B)$ の下界が得られる.

7.3 DQDS法　173

f.　適切な下界の選択方法

まず，一般化ルティスハウザー下界を計算し，正の値の $\lambda_{\min}(B^{\mathsf{T}}B)$ の下界を得ることを試みる．成功したなら，一般化ルティスハウザー下界を原点シフト量 s として採用する．そうでないならば，ラゲール下界，ニュートン下界，一般化ニュートン下界を計算し，3つの下界を用いて，値 $X = \max(N, GN, L)$ を計算する．その X が

$$\lambda_{\min}(B^{\mathsf{T}}B) \text{ の上界} < 2 \times X \tag{7.40}$$

を満たすなら，値 X を原点シフト量 s として採用する．そうでないならば，コラッツの不等式を利用した下界を原点シフト量 s として採用する．以上のいずれの下界でも正の値が求まらない場合にジョンソンの下界を用いる．なお，式 (7.40) では $\lambda_{\min}(B^{\mathsf{T}}B)$ の上界が必要なため，次の3つの上界あるいは上界の近似を求め，$\lambda_{\min}(B^{\mathsf{T}}B)$ の上界とする．

- 小行列を利用した上界

$$\lambda_{\min}(F^{\mathsf{T}}F) \tag{7.41}$$

- 近似式を利用した上界

$$1/\sqrt{\max g_k} \tag{7.42}$$

- 最適化問題から得られる上界[114]

  式 (7.30), (7.31) の a と b を計算した後，$m - 1 < a^2/b \le m$ を満たす整数 m を求める．

$$m \bigg/ \left(a + \sqrt{(mb - a^2)/(m-1)} \right) \tag{7.43}$$

は $\lambda_{\min}(B^{\mathsf{T}}B)$ の上界を与える．

7.3.3　収束判定条件の設計

収束判定条件として，4つの代表的な方法が知られている．1つ目は，式 (7.20) で示したシフト量の総和 S が得られているとき，変数 $e_k\ (k = 1, \ldots, n-2)$ が S に比べて十分に小さいならば e_k はゼロとみなす．この方法により行列を2つに分割できる．さらに e_{n-1} が $S + q_n$ に対して十分に小さいならば，行列サイズを1小さくする．1×1, 2×2 の行列の特異値は容易に計算可能であることを考慮す

174　　7　高精度特異値分解

アルゴリズム **7.7**　　収束判定条件を付加した DQD 法の 1 反復 (安定版)

Input: q_k $(k = 1, \cdots, n)$, e_k $(k = 1, \cdots, n-1)$, S (シフト量の総和)
Output: $\hat{q}_k$ $(k = 1, \cdots, n)$ (特異値の 2 乗に収束), $\hat{e}_k$ $(k = 1, \cdots, n-1)$ (0 に収束)
 1: $d_1 := q_1$
 2: **if** $d_1 + S = S$ **then**
 3: 　　$d_1 := 0$
 4: **end if**
 5: **for** $k = 1, 2, \cdots, n-1$ **do**
 6: 　$\hat{q}_k := d_k + e_k$
 7: 　**if** $\hat{q}_k = 0$ **then**
 8: 　　$\hat{e}_k := 0$
 9: 　　$d_{k+1} := q_{k+1}$
10: 　**else if** $SAFMIN \times \hat{q}_k < q_{k+1}$　and　$SAFMIN \times q_{k+1} < \hat{q}_k$ **then**
11: 　　$\hat{e}_k := (q_{k+1}/\hat{q}_k)\, e_k$
12: 　　$d_{k+1} := (q_{k+1}/\hat{q}_k)\, d_k$
13: 　**else**
14: 　　$\hat{e}_k := (e_k/\hat{q}_k)\, q_{k+1}$
15: 　　$d_{k+1} := (d_k/\hat{q}_k)\, q_{k+1}$
16: 　**end if**
17: 　**if** $d_{k+1} + S = S$ **then**
18: 　　$d_{k+1} := 0$
19: 　**end if**
20: **end for**
21: $\hat{q}_n := d_n$

ると，行列を 2 つに分割する，あるいは行列サイズを 1 小さくするための条件は収束判定条件の役割を果たすが，この条件のみでは反復回数が増えて丸め誤差が蓄積してしまう．

　2 つ目は，DQD 法において S に比べて d_k が十分に小さいならば d_k をゼロとみなすことである．これにより $\hat{q}_n$ をゼロとすることができる．$\hat{q}_n = 0$ ならば，その次の反復において $\hat{e}_{n-1} = 0$ となる．すなわち，d_k をゼロとみなすことも収束の判定条件となる．この収束判定を組み込んだ DQD 法の 1 反復 (安定版) をアルゴリズム 7.7 に示す．アルゴリズム 7.7 にはアンダーフロー対策が施されているために速度が低下する．高速版をアルゴリズム 7.8 として示す．

　3 つ目は，DQD 法の反復における変数 d_k を用いて，

7.3 DQDS 法　　175

アルゴリズム **7.8**　収束判定条件を付加した DQD 法の 1 反復 (高速版)

Input: q_k $(k = 1, \cdots, n)$, e_k $(k = 1, \cdots, n-1)$, S (シフト量の総和)
Output: $\hat{q}_k$ $(k = 1, \cdots, n)$ (特異値の 2 乗に収束), $\hat{e}_k$ $(k = 1, \cdots, n-1)$ (0 に収束)
 1: $d_1 := q_1$
 2: **if** $d_1 + S = S$ **then**
 3:　　$d_1 := 0$
 4: **end if**
 5: **for** $k = 1, 2, \cdots, n-1$ **do**
 6:　　$\hat{q}_k := d_k + e_k$
 7:　　$\hat{e}_k := (q_{k+1}/\hat{q}_k)\, e_k$
 8:　　$d_{k+1} := (q_{k+1}/\hat{q}_k)\, d_k$
 9:　　**if** $d_{k+1} + S = S$ **then**
10:　　　　$d_{k+1} := 0$
11:　　**end if**
12: **end for**
13: $\hat{q}_n := d_n$

$$e_k \leq \varepsilon d_k \tag{7.44}$$

とすることである. ϵ をマシンイプシロン, 許容誤差係数を 100 として, ε は $\varepsilon = (100\epsilon)^2$ と定義される値である. しかし, 以下の理由から式 (7.44) を直接的に利用することはしない. アルゴリズム 7.7 で示した DQD 法の実装は, 実行速度の低下をもたらすため, はじめにアルゴリズム 7.8 を利用して反復を行う. d_n の値から適切でない計算が起きたことを検知した場合にアルゴリズム 7.7 を用いて反復をやり直す. 適切でない計算が行われたときには式 (7.44) の計算が無駄となるため, アルゴリズム 7.8 に式 (7.44) を組み込むのは合理的でない.

そこで, DQD 法における $\hat{q}_k = d_k + e_k$ に注目し, 4 つ目の収束判定条件を考える. いま $e_k \leq \varepsilon d_k = \varepsilon\,(\hat{q}_k - e_k)$ が成り立つならば,

$$e_k \leq \frac{\varepsilon}{1 + \varepsilon} \hat{q}_k \tag{7.45}$$

が成り立つ. ε は 1 に比べて十分に小さいため,

$$e_k \leq \varepsilon \hat{q}_k \tag{7.46}$$

によって, e_k が十分に小さいかどうかを判定できる. e_k が十分に小さいならば, $\hat{e}_k$ も十分に小さいとして上 2 重対角行列を分割する. そこで, 式 (7.46) を 4 つ

176　　7　高精度特異値分解

目の収束判定条件とする．$\hat{q}_k$ はアルゴリズム 7.7 またはアルゴリズム 7.8 の中で計算される値である．

7.4　OQDS 法

7.4.1　特異ベクトル計算

陽的シフトつき Orthogonal QD (OQDS) 法は，相対誤差の意味で高い計算精度を達成できる理論的に優れた特異値計算アルゴリズムであるが，多数の平方根計算を必要とする．そのため，特異値のみを計算したい場合には，変数変換によって平方根計算をなくした数学的に同値なアルゴリズムである DQDS 法を利用する方が高速性の点で有利である．一方，OQDS 法は特異ベクトルが計算できる．OQDS 法を利用した特異ベクトル計算のため，von Matt の 1997 年の論文[107]に従って，OQDS 法を定義するところから始める．

入力として下 2 重対角行列 $L^{(0)}$ を与えたとき，

$$L^{(0)} = U_{11} \Sigma V^{\mathsf{T}} \tag{7.47}$$

の形に特異値分解する．ここで，U_{11} は左特異ベクトルを並べた行列であり，V は右特異ベクトルを並べた行列である．Σ は特異値またはゼロが対角成分に並んだ対角行列である．$L^{(i)}$ を $n \times n$ の下 2 重対角行列，$U^{(i)}$ を $n \times n$ の上 2 重対角行列とする．

$$L^{(i)} = \begin{pmatrix} \alpha_1^{(i)} & & & \\ \beta_1^{(i)} & \alpha_2^{(i)} & & \\ & \ddots & \ddots & \\ & & \beta_{n-1}^{(i)} & \alpha_n^{(i)} \end{pmatrix} \tag{7.48}$$

$$U^{(i)} = \begin{pmatrix} \gamma_1^{(i)} & \zeta_1^{(i)} & & \\ & \gamma_2^{(i)} & \ddots & \\ & & \ddots & \zeta_{n-1}^{(i)} \\ & & & \gamma_n^{(i)} \end{pmatrix} \tag{7.49}$$

$L^{(i)}$ が対角行列に収束するまで，次の3つの操作を繰り返す．

(1) 次の条件を満たすシフト量 $u^{(i)}$ を計算する．

$$0 \leq u^{(i)} \leq \sigma_{\min}\left(L^{(i)}\right) \tag{7.50}$$

(2) LU ステップ

$$P^{(i)} \begin{pmatrix} L^{(i)} \\ t^{(i)}I_n \end{pmatrix} = \begin{pmatrix} U^{(i)} \\ t^{(i+1)}I_n \end{pmatrix} \tag{7.51}$$

$$t^{(i+1)} = \sqrt{(t^{(i)})^2 + (u^{(i)})^2} \tag{7.52}$$

(3) UL ステップ

$$\begin{pmatrix} I_n & O \\ O & Q^{(i)\mathsf{T}} \end{pmatrix} \begin{pmatrix} U^{(i)} \\ t^{(i+1)}I_n \end{pmatrix} Q^{(i)} = \begin{pmatrix} L^{(i+1)} \\ t^{(i+1)}I_n \end{pmatrix} \tag{7.53}$$

行列の下半分は常に成立するため，式 (7.53) は

$$U^{(i)}Q^{(i)} = L^{(i+1)} \tag{7.54}$$

と同値であり，さらに

$$Q^{(i)\mathsf{T}}U^{(i)\mathsf{T}} = L^{(i+1)\mathsf{T}} \tag{7.55}$$

と書けば，$U^{(i)\mathsf{T}}$ は下2重対角行列であるから，$u^{(i)} = 0$ の場合の LU ステップとみなすこともできる．

$P^{(i)}$ はギブンス回転と一般化ギブンス回転によって構成された $2n \times 2n$ の直交行列，$Q^{(i)}$ はギブンス回転によって構成された $n \times n$ の直交行列である．上記の操作を繰り返すと，m 反復後，

$$\begin{pmatrix} I_n & O \\ O & Q^{(m-1)\mathsf{T}} \end{pmatrix} P^{(m-1)} \cdots \begin{pmatrix} I_n & O \\ O & Q^{(0)\mathsf{T}} \end{pmatrix} P^{(0)} \times \begin{pmatrix} L^{(0)} \\ 0 \end{pmatrix}$$

$$\times Q^{(0)} \cdots Q^{(m-1)} = \begin{pmatrix} L^{(m)} \\ t^{(m)}I_n \end{pmatrix} \tag{7.56}$$

178   7   高精度特異値分解

を得る. $t^{(m)}I_n$ は対角成分に同じ値が並んだ対角行列である. 特異ベクトルを求めるため, 次の U と V を計算する,

$$U = \begin{pmatrix} I_n & O \end{pmatrix} P^{(0)\mathsf{T}} \begin{pmatrix} I_n & O \\ O & Q^{(0)} \end{pmatrix} \cdots P^{(m-1)\mathsf{T}} \begin{pmatrix} I_n & O \\ O & Q^{(m-1)} \end{pmatrix} \tag{7.57}$$

$$V = Q^{(0)} \cdots Q^{(m-1)} \tag{7.58}$$

しかし, 上記の U, V に対応する

$$\begin{pmatrix} L^{(m)} \\ t^{(m)}I_n \end{pmatrix} \tag{7.59}$$

は

$$\begin{pmatrix} D \\ t^{(m)}I_n \end{pmatrix} \tag{7.60}$$

であり, 対角行列 $D = \mathrm{diag}\,(d_1, \cdots, d_n)$ は含まれているが, 特異値が大きい順に並んだ対角行列 $\Sigma = \mathrm{diag}\,(\sigma_1, \cdots, \sigma_n)$ ではない. そのため, ギブンス回転 $P^{(m)}$ によって $t^{(m)}$ の値を D に足しこむ必要がある. その結果, U' として左特異ベクトルが得られる.

$$U' = \begin{pmatrix} I_n & O \end{pmatrix} P^{(0)\mathsf{T}} \begin{pmatrix} I_n & O \\ O & Q^{(0)} \end{pmatrix} \cdots P^{(m-1)\mathsf{T}} \begin{pmatrix} I_n & O \\ O & Q^{(m-1)} \end{pmatrix}$$
$$\times P^{(m)\mathsf{T}} \tag{7.61}$$

$P^{(m)}$ の作用により

$$\begin{pmatrix} D \\ t^{(m)}I_n \end{pmatrix} \tag{7.62}$$

は

$$\begin{pmatrix} \Sigma \\ 0 \end{pmatrix} \tag{7.63}$$

となる．要素ごとに書けば，$\sigma_k = \sqrt{d_k^2 + (t^{(m)})^2}$ $(k = 1, \cdots, n)$ の計算に相当する．そのとき，

$$U' = \left(\begin{array}{cc} U_{11} & U_{12} \end{array} \right) \tag{7.64}$$

の U_{12} はゼロ行列となり，U_{11} は $n \times n$ の直交行列に収束する．すなわち U_{11} が左特異ベクトル，V が右特異ベクトルとなる．

シフト量の総和は

$$t^{(i+1)} = \sqrt{\left(t^{(i)}\right)^2 + \left(u^{(i)}\right)^2} \tag{7.65}$$

として計算される．DQDS 法と同様に，情報落ちが起きないように漸化式 (7.65) の計算には高精度演算 double-double を用いる．

OQDS 法も DQDS 法と同様に，収束先として対角成分に特異値が大きい順に並ぶ．途中の計算において $\alpha_1^{(i)} < \alpha_n^{(i)}$ が成立する場合には，収束先と整合しないため収束の速度が低下する可能性がある．その問題を克服する目的で，置換行列 Y を利用して要素を入れ換える．

$$Y = \left(\begin{array}{ccc} 0 & & 1 \\ & \cdot\cdot\cdot & \\ 1 & & 0 \end{array} \right) \tag{7.66}$$

置換行列 Y を利用すると，

$$\left(\begin{array}{c} U^{(i)} \\ t^{(i)} I_n \end{array} \right) \leftarrow \left(\begin{array}{cc} Y & O \\ O & Y \end{array} \right) \left(\begin{array}{c} L^{(i)} \\ t^{(i)} I_n \end{array} \right) Y \tag{7.67}$$

として，要素を入れ換えることができる．ただし，$n \times n$ の下 2 重対角行列 $L^{(i)}$ が $n \times n$ の上 2 重対角行列になることに注意する．行列の分割が起きた直後の小行列については $\alpha_1^{(i)} < \alpha_n^{(i)}$ のチェックを省略する．

7.4.2 OQDS 法の行列要素表示

a. LU ステップ

LU ステップは，$L^{(i)}$ から $U^{(i)}$ を構成する操作で，行列 $L^{(i)}$ の右から行列をかけることで行列 $L^{(i)}$ が変化する．それぞれの操作を，Op. 1, Op. 2, Op. 3, $\cdots$ と

180　7　高精度特異値分解

して記述する.

$$
\begin{pmatrix}
\rho_1^{(i)} & & & \\
\beta_1^{(i)} & \alpha_2^{(i)} & & \\
& \beta_2^{(i)} & \ddots & \\
& & \ddots & \\
t^{(i)} & & & \\
& t^{(i)} & & \\
& & \ddots &
\end{pmatrix}
\xrightarrow{\text{Op. 1}}
\begin{pmatrix}
\rho_1^{(i)} & & & \\
\beta_1^{(i)} & \alpha_2^{(i)} & & \\
& \beta_2^{(i)} & \ddots & \\
& & \ddots & \\
\sqrt{\left(t^{(i)}\right)^2 + \left(u^{(i)}\right)^2} & & & \\
& t^{(i)} & & \\
& & \ddots &
\end{pmatrix}
$$

$$
\xrightarrow{\text{Op. 2}}
\begin{pmatrix}
\gamma_1^{(i)} & \zeta_1^{(i)} & & \\
& \rho_2^{(i)} & & \\
& \beta_2^{(i)} & \ddots & \\
& & \ddots & \\
\sqrt{\left(t^{(i)}\right)^2 + \left(u^{(i)}\right)^2} & & & \\
& t^{(i)} & & \\
& & \ddots &
\end{pmatrix}
\xrightarrow{\text{Op. 3}}
\tag{7.68}
$$

$L^{(i)}$ と $U^{(i)}$ の要素とシフト量 $u^{(i)} > 0$ を使った LU ステップをアルゴリズム 7.9 に示す. $\rho_{k+1}^{(i)}$ の計算では, 平方根の中の計算において融合積和演算 (FMA) が活用できる. シフト量 $u^{(i)} = 0$ の場合をアルゴリズム 7.10 に示す. シフト量 $u^{(i)} = 0$ の場合, アルゴリズム 7.10 の計算が複雑になる理由は, 収束判定条件を付加しているからである. トライアルとしてギブンス回転を利用して $\rho_k^{(i)}$ の値を $t^{(i)}$ に足しこんでみる. 足しこんだにも関わらず $t^{(i)}$ の値が数値計算結果として不変であった場合は積極的に $\rho_k^{(i)} = 0$ とする. これは DQDS 法の「収束判定条件の設計」の 2 つ目と対応している.

7.4 OQDS 法　　181

アルゴリズム **7.9**　シフト量 $u^{(i)} > 0$ の場合の LU ステップ

1: $\rho_1^{(i)} = \sqrt{\alpha_1^{(i)} - u^{(i)}}\sqrt{\alpha_1^{(i)} + u^{(i)}}$

2: **for** $k := 1, 2, \cdots, n-1$ **do**

3:　　$\gamma_k^{(i)} = \sqrt{\left(\rho_k^{(i)}\right)^2 + \left(\beta_k^{(i)}\right)^2}$

4:　　$\zeta_k^{(i)} = \left(\beta_k^{(i)}/\gamma_k^{(i)}\right)\alpha_{k+1}^{(i)}$

5:　　$\rho_{k+1}^{(i)} = \sqrt{\left(\rho_k^{(i)}/\gamma_k^{(i)}\right)\alpha_{k+1}^{(i)} - u^{(i)}}\sqrt{\left(\rho_k^{(i)}/\gamma_k^{(i)}\right)\alpha_{k+1}^{(i)} + u^{(i)}}$

6: **end for**

7: $\gamma_n^{(i)} = \rho_n^{(i)}$

アルゴリズム **7.10**　シフト量 $u^{(i)} = 0$ の場合の LU ステップ

1: $\rho_1^{(i)} = \alpha_1^{(i)}$

2: **if** $\sqrt{\left(\rho_1^{(i)}\right)^2 + \left(t^{(i)}\right)^2} = t^{(i)}$ **then**

3:　　$\rho_1^{(i)} = 0$

4: **end if**

5: **for** $k := 1, 2, \cdots, n-1$ **do**

6:　　$\gamma_k^{(i)} = \sqrt{\left(\rho_k^{(i)}\right)^2 + \left(\beta_k^{(i)}\right)^2}$

7:　　**if** $\gamma_k^{(i)} = 0$ **then**

8:　　　　$\zeta_k^{(i)} = 0$

9:　　　　$\rho_{k+1}^{(i)} = \alpha_{k+1}^{(i)}$

10:　　**else**

11:　　　　$\zeta_k^{(i)} = \left(\beta_k^{(i)}/\gamma_k^{(i)}\right)\alpha_{k+1}^{(i)}$

12:　　　　$\rho_{k+1}^{(i)} = \left(\rho_k^{(i)}/\gamma_k^{(i)}\right)\alpha_{k+1}^{(i)}$

13:　　**end if**

14:　　**if** $\sqrt{\left(\rho_{k+1}^{(i)}\right)^2 + \left(t^{(i)}\right)^2} = t^{(i)}$ **then**

15:　　　　$\rho_{k+1}^{(i)} = 0$

16:　　**end if**

17: **end for**

18: $\gamma_n^{(i)} = \rho_n^{(i)}$

---

b.　UL ステップ

　UL ステップは，$U^{(i)}$ から $L^{(i+1)}$ を構成する操作で，$U^{(i)}$ の右からのギブンス回転を作用させる．

$$
\begin{pmatrix}
\gamma_1^{(i)} & \zeta_1^{(i)} & & & & \\
& \gamma_2^{(i)} & \zeta_2^{(i)} & & & \\
& & \ddots & \ddots & & \\
& & & \ddots & & \\
t^{(i)} & & & & & \\
& t^{(i)} & & & & \\
& & \ddots & & & \\
& & & \ddots & &
\end{pmatrix}
\rightarrow
\begin{pmatrix}
\alpha_1^{(i+1)} & & & & & \\
\beta_1^{(i+1)} & \eta_2^{(i+1)} & \zeta_2^{(i)} & & & \\
& & \ddots & \ddots & & \\
& & & \ddots & & \\
t^{(i)} & & & & & \\
& t^{(i)} & & & & \\
& & \ddots & & & \\
& & & \ddots & &
\end{pmatrix}
\tag{7.69}
$$

$U^{(i)}$ と $L^{(i+1)}$ の要素を使った UL ステップをアルゴリズム 7.11 に示す.

アルゴリズム 7.11　　UL ステップ

1:　$\eta_1^{(i)} = \gamma_1^{(i)}$
2:　**for** $k := 1, 2, \cdots, n-1$ **do**
3:　　　$\alpha_k^{(i+1)} = \sqrt{\left(\eta_k^{(i)}\right)^2 + \left(\zeta_k^{(i)}\right)^2}$
4:　　　**if** $\alpha_k^{(i+1)} = 0$ **then**
5:　　　　　$\beta_k^{(i+1)} = 0$
6:　　　　　$\eta_{k+1}^{(i)} = \gamma_{k+1}^{(i)}$
7:　　　**else**
8:　　　　　$\beta_k^{(i+1)} = \left(\zeta_k^{(i)}/\alpha_k^{(i+1)}\right)\gamma_{k+1}^{(i)}$
9:　　　　　$\eta_{k+1}^{(i)} = \left(\eta_k^{(i)}/\alpha_k^{(i+1)}\right)\gamma_{k+1}^{(i)}$
10:　　　**end if**
11: **end for**
12: $\alpha_n^{(i)} = \eta_n^{(i)}$

7.4.3 シフト戦略

　OQDS 法におけるシフト量 $u^{(i)}$ は以下の 3 つの下界から適切なものを選択する.DQDS 法との違いは,平方根が不要という理由から,コラッツの不等式を利用した下界が高速に計算できることである.コラッツの不等式を利用した下界は,ラゲール下界,ニュートン下界,一般化ニュートン下界よりもシャープな下界であるため,計算速度と下界のシャープさの 2 つの観点より,ラゲール下界,ニュー

トン下界，一般化ニュートン下界を用いる必要はない．3 つの下界の組み合わせ方は DQDS 法の場合と同様である．

- 一般化ルティスハウザー下界
- コラッツの不等式を利用した下界
- ジョンソンの下界

7.4.4 ギブンス回転と一般化ギブンス回転の実装

ギブンス回転と一般化ギブンス回転の高精度な計算法を以下に示す．

a. ギブンス回転

ギブンス回転は，OQDS 法の LU ステップと UL ステップを実装する際の重要な演算で，LU ステップではアルゴリズム 7.10 の 6 行目から 13 行目に現れる．より正確には，アルゴリズム 7.10 の 2 行目と 14 行目の条件判定にもギブンス回転の計算の一部 (7.74) が含まれている．ギブンス回転を計算するとは，

$$G = \begin{pmatrix} \cos(\theta) & \sin(\theta) \\ -\sin(\theta) & \cos(\theta) \end{pmatrix} \tag{7.70}$$

$$G \begin{pmatrix} x \\ y \end{pmatrix} = \begin{pmatrix} z \\ 0 \end{pmatrix} \tag{7.71}$$

$$\cos(\theta) = \frac{x}{z} \tag{7.72}$$

$$\sin(\theta) = \frac{y}{z} \tag{7.73}$$

$$z = \sqrt{x^2 + y^2} \tag{7.74}$$

を満たす $\cos(\theta)$, $\sin(\theta)$, z を計算することに対応する．計算の際はオーバーフローやアンダーフローが起きないようにする必要があり，3 つの実現方法がある．

(1) スケーリング定数 $t = |x| + |y|$ を用いて常にスケーリングを行う．

(2) スケーリング定数 $t = \max(|x|, |y|)$ を用いて常にスケーリングを行う．

(3) 必要な場合のみ，必要最低限の大きさ，あるいは小ささのスケーリング定数 t を用いてスケーリングを行う．ただし，t は 2 のべき乗の値に調整する．

184　7　高精度特異値分解

1番目の方法は，LEVEL 1 BLAS の xROTG に採用されている．無駄なスケーリングを行っている場合があり，スケーリングによって丸め誤差が混入するため，高精度な計算が達成できるとは限らない．3番目の方法は，LAPACK の xLARTG に実装されている．t は 2 のべき乗にするため丸め誤差の混入は起きず，高精度な計算が達成できる．OQDS 法の実装にもこの方法を採用する．一方，2番目の方法にも1番目の方法と同様の欠点があるが，計算結果が以下の3つの制約条件

$$|\cos(\theta)| \leq 1 \tag{7.75}$$

$$|\sin(\theta)| \leq 1 \tag{7.76}$$

$$\max(x, y) \leq z \tag{7.77}$$

を満たすという利点がある．OQDS 法のアルゴリズム 7.10 の 2 行目と 14 行目の計算は式 (7.77) の制約条件を満たす必要がある．2番目の方法をアルゴリズム

アルゴリズム **7.12**　3 つの制約条件を満たすギブンス回転

Input: x $(x \geq 0)$, y $(y \geq 0)$
Output: $\cos(\theta)$, $\sin(\theta)$, $z = \sqrt{x^2 + y^2}$
　1: **if** $x = 0$ **and** $y = 0$ **then**
　2:　　$\cos(\theta) := 1$
　3:　　$\sin(\theta) := 0$
　4:　　$z := 0$
　5: **else**
　6:　　**if** $x \geq y$ **then**
　7:　　　$v := y/x$
　8:　　　$r := \sqrt{1 + v^2}$
　9:　　　$\cos(\theta) := 1/r$
　10:　　$\sin(\theta) := v/r$
　11:　　$z := r \times x$
　12:　　**else**
　13:　　　$u := x/y$
　14:　　　$r := \sqrt{1 + u^2}$
　15:　　　$\cos(\theta) := u/r$
　16:　　　$\sin(\theta) := 1/r$
　17:　　　$z := r \times y$
　18:　　**end if**
　19: **end if**

7.12 に示す．入力として，$x \geq 0$, $y \geq 0$ が仮定されている．平方根の中の計算において高精度かつ高速な融合積和演算 (FMA) が活用できる．

b. 一般化ギブンス回転

一般化ギブンス回転は，$\tilde{f}, \tilde{g}, \tau$ より $\tilde{c}$ と $\tilde{s}$ を求める演算として定義される．

$$\begin{pmatrix} \tilde{c} & \tilde{s} \\ -\tilde{s} & \tilde{c} \end{pmatrix} \begin{pmatrix} \tilde{f} \\ \tilde{g} \end{pmatrix} = \begin{pmatrix} \sqrt{\tilde{f}^2 - \tau^2} \\ \sqrt{\tilde{g}^2 + \tau^2} \end{pmatrix} \tag{7.78}$$

$$\tilde{c}^2 + \tilde{s}^2 = 1 \tag{7.79}$$

例としては LU ステップの操作 Op. 1 がある．von Matt の論文[107]において `rotg3` という計算法が提案されているが，多くの除算を含むため高精度な演算であるかは不明である．そこで，高精度となる別の実装法を紹介する．はじめに，一般化ギブンス回転をオリジナルのギブンス回転に書き換える．

$$\begin{pmatrix} \tilde{c} & \tilde{s} \\ -\tilde{s} & \tilde{c} \end{pmatrix} \begin{pmatrix} \tilde{f} \cdot \sqrt{\tilde{f}^2 - \tau^2} + \tilde{g} \cdot \sqrt{\tilde{g}^2 + \tau^2} \\ \tilde{g} \cdot \sqrt{\tilde{f}^2 - \tau^2} - \tilde{f} \cdot \sqrt{\tilde{g}^2 + \tau^2} \end{pmatrix} = \begin{pmatrix} \tilde{f}^2 + \tilde{g}^2 \\ 0 \end{pmatrix} \tag{7.80}$$

ここで式 (7.79) と式 (7.80) は同じ $\tilde{c}$ と $\tilde{s}$ を共有する．ゆえに，一般化ギブンス回転は，高精度な計算として実現できるギブンス回転に帰着され，具体的には LAPACK の `xLARTG` を用いることができる．さらにオーバーフローやアンダーフローを避けるため，次のような書き換えを行う．いま，

$$\tilde{f}' = \sqrt{\tilde{f}^2 - \tau^2} \tag{7.81}$$

$$\tilde{g}' = \sqrt{\tilde{g}^2 + \tau^2} \tag{7.82}$$

と定義する．ここで $\tilde{f} \geq \tilde{f}'$, $\tilde{g} \leq \tilde{g}'$ である．

- $\tilde{f} \geq \tilde{g}'$ の場合には，

$$\begin{pmatrix} \tilde{c} & \tilde{s} \\ -\tilde{s} & \tilde{c} \end{pmatrix} \begin{pmatrix} \tilde{f}' + \tilde{g}' \cdot (\tilde{g}/\tilde{f}) \\ \tilde{f}' \cdot (\tilde{g}/\tilde{f}) - \tilde{g}' \end{pmatrix} = \begin{pmatrix} \tilde{f} + (\tilde{g}'/\tilde{f})(\tilde{g}/\tilde{g}')\tilde{g} \\ 0 \end{pmatrix} \tag{7.83}$$

として計算する．

186   7 高精度特異値分解

- $\tilde{f} < \tilde{g}'$ の場合には，

$$\begin{pmatrix} \tilde{c} & \tilde{s} \\ -\tilde{s} & \tilde{c} \end{pmatrix} \begin{pmatrix} (\tilde{f}'/\tilde{g}') \cdot \tilde{f} + \tilde{g} \\ (\tilde{f}'/\tilde{g}') \cdot \tilde{g} - \tilde{f} \end{pmatrix} = \begin{pmatrix} \tilde{f}(\tilde{f}/\tilde{g}') + \tilde{g}(\tilde{g}/\tilde{g}') \\ 0 \end{pmatrix} \qquad (7.84)$$

として計算する．

ベクトル要素の計算にも融合積和演算 (FMA) が利用できるため，ギブンス回転の入力値も高精度に計算できるる．

さらに，$\tilde{c}, \tilde{s}$ の値は補正できる．以下ではルティスハウザーの実装[115]を利用して $\tilde{c}, \tilde{s}$ の値を補正する．$\tilde{c} = \cos(\theta)$, $\tilde{s} = \sin(\theta)$ として，説明のために θ を導入する．補正後の値を $\hat{c}$ と $\hat{s}$ とする．理論的には $\tilde{c}^2 + \tilde{s}^2 = 1$ が満たされるが，数値計算においては丸め誤差の影響により条件が満たされないことがある．そこで $\tilde{c}$ と $\tilde{s}$ を割線法により修正する．$-\frac{\pi}{4} \leq \theta \leq \frac{\pi}{4}$ の場合，すなわち $\tilde{c} \geq |\tilde{s}|$ の場合には $x_0 = 1$, $x_1 = \tilde{c}$ として，$f(x) = x^2 + \tilde{s}^2 - 1$ に対する割線法

$$x_{n+1} := \frac{x_{n-1}f(x_n) - x_n f(x_{n-1})}{f(x_n) - f(x_{n-1})} \qquad (7.85)$$

により，$x_2 = \hat{c} = 1 - \tilde{s} \times (\tilde{s}/(1+\tilde{c}))$ を得る．ベクトル $\boldsymbol{x}$ と $\boldsymbol{y}$ に対するギブンス回転 $\boldsymbol{x} := \hat{c}\boldsymbol{x} + \tilde{s}\boldsymbol{y}, \boldsymbol{y} := -\tilde{s}\boldsymbol{x} + \hat{c}\boldsymbol{y}$ は

$$w := \tilde{s}/(1+\tilde{c}) \qquad (7.86)$$

$$\boldsymbol{x} := \tilde{s}\underline{\underline{\left(-w\boldsymbol{x} + \boldsymbol{y}\right)}} + \boldsymbol{x} \qquad (7.87)$$

$$\boldsymbol{y} := -\tilde{s}\underline{\underline{\left(w\boldsymbol{y} + \boldsymbol{x}\right)}} + \boldsymbol{y} \qquad (7.88)$$

となる．二重下線部は融合積和演算 (FMA) により実装する．$-\frac{\pi}{2} \leq \theta < -\frac{\pi}{4}$, $\frac{\pi}{4} < \theta \leq \frac{\pi}{2}$ の場合にも同様の式を設計する．この方法は一般化ギブンス回転のみならず，ギブンス回転においても活用できる．

7.4.5 収束判定条件の設計

OQDS 法の収束判定条件として，DQDS 法の収束判定条件を OQDS 法にあわせて用いる．1 つ目の判定条件は，$\beta_k^{(i)}$ の値がシフト量の総和 $t^{(i)}$ に比べて十分に小さいならば $\beta_k^{(i)}$ をゼロとみなすと読み替えることができる．2 つ目の判定条

件は，アルゴリズム 7.10 の 2 行目と 14 行目の計算に対応する．4 つ目の判定条件も，$\zeta_k^{(i)}$ の値が $\alpha_k^{(i+1)}$ に比べて十分に小さいならば $\zeta_k^{(i)}$ をゼロとみなすと読み替えることができる．$\zeta_k^{(i)}$ が十分に小さいならば $\beta_k^{(i+1)}$ も十分に小さいとして，下 2 重対角行列を分割する．3 つ目に対応する条件は行列の 1 ノルムにもとづいたより正確な判定条件に変更する．

$$\mu_1 = \alpha_1^{(i)}, \quad \mu_k = \alpha_k^{(i)}\left(\mu_{k-1}/\left(\mu_{k-1} + \beta_{k-1}^{(i)}\right)\right) \quad (k = 2, \cdots, n) \quad (7.89)$$

において，$\beta_{k-1}^{(i)}$ の値が μ_{k-1} の値に対して無視できるほどに小さいならば $\beta_{k-1}^{(i)}$ の値をゼロとみなす．その結果，行列を 2 つに分割する，あるいは行列サイズを 1 小さくすることができる．

7.5 プログラム

ソースコードを見ることが全体像を把握するための最短路と考え，実装の全体像をアルゴリズム形式としては記載しなかった．コードは LAPROGNC (Linear Algebra PROGrams in Numerical Computation, http://www-is.amp.i.kyoto-u.ac.jp/kkimur/LAPROGNC/LAPROGNC-j.html) で公開されており，DQDS 法の実装は倍精度版が ddqds.f，単精度版が sdqds.f，OQDS 法の実装は倍精度版が doqds.f，単精度版が soqds.f である．

参 考 文 献

[1] F. シャトラン (伊理正夫, 伊理由美 訳)：行列の固有値—最新の解法と応用, 新装版 (シュプリンガー・ジャパン, 2003).

[2] Z. Bai, J. Demmel, J. Dongarra, A. Ruhe and H. van der Vorst (Eds): *Templates for the solution of Algebraic Eigenvalue Problems: A Practical Guide* (SIAM, 2000).

[3] 有木 進：工学がわかる線形代数 (日本評論社, 2000).

[4] 神谷紀生, 北 栄輔：工系数学講座 2, 計算による線形代数 (共立出版, 1999).

[5] G. H. Golub and C. F. Van Loan: *Matrix Computations*, 4th Ed. (The Johns Hopkins University Press, 2013).

[6] 山本哲朗：SGC ライブラリ 79, 行列解析の基礎—Advanced 線形代数 (サイエンス社, 2010).

[7] G. W. Stewart: *Matrix Algorithms*, Vol. 2: Eigensystems (SIAM, 2001).

[8] D. S. Watkins: *The Matrix Eigenvalue Problem—GR and Krylov Subspace Methods* (SIAM, 2007).

[9] 杉原正顕, 室田一雄：線形計算の数理 (岩波書店, 2009).

[10] 櫻井鉄也, 松尾宇泰, 片桐孝洋 編：シリーズ応用数理 第 6 巻, 数値線形代数の数理と HPC (共立出版, 2018).

[11] 金田康正, 片桐孝洋, 黒田久泰, 山本有作, 五百木伸洋：並列処理シリーズ 9, 並列数値処理—高速化と性能向上のために (コロナ社, 2010).

[12] 小国 力 編著：行列計算ソフトウェア (丸善, 1991).

[13] Freely Available Software for Linear Algebra:
http://www.netlib.org/utk/people/JackDongarra/la-sw.html

[14] V. Hernandez, J. E. Roman, A. Tomas and V. Vidal: "A Survey of Software for Sparse Eigenvalue Problems," SLEPc Technical Report STR-6 (2009).

[15] J. J. Dongarra, C. B. Moler, J. R. Bunch and G. W. Stewart: *LINPACK Users' Guide* (SIAM, 1979).

[16] B. T. Smith, J. M. Boyle, J. J. Dongarra, B. S. Garbow, Y. Ikebe, V. C. Klema and C. B. Moler: *Matrix Eigensystem Routines — EISPACK Guide*, 2nd Ed., Lecture Notes in Computer Science 6 (Springer, 1988).

[17] E. Anderson, Z. Bai, C. Bischof, L. S. Blackford, J. Demmel, J. Dongarra, J. Du Croz, A. Greenbaum, S. Hammarling, A. McKenney and D. Sorensen: *LAPACK*

190   参 考 文 献

Users' Guide, 3rd Ed. (SIAM, 1999).
http://www.netlib.org/lapack/

[18] L. S. Blackford, J. Choi, A. Cleary, E. D'Azevedo, J. Demmel, I. Dhillon, J. Dongarra, S. Hammarling, G. Henry, A. Petitet, K. Stanley, D. Walker and R. C. Whaley: *ScaLAPACK Users' Guide* (SIAM, 1997).

[19] R. B. Lehoucq, D. C. Sorensen and C. Yang: *ARPACK Users' Guide: Solution of Large-Scale Eigenvalue Problems with Implicitly Restarted Arnoldi Methods* (SIAM, 1998).

[20] SLEPc, the Scalable Library for Eigenvalue Problem Computations,
http://slepc.upv.es/

[21] PRIMME — PReconditioned Iterative MultiMethod Eigensolver,
http://www.cs.wm.edu/~andreas/software/

[22] J. H. Wilkinson: *The Algebraic Eigenvalue Problem* (Oxford University Press, 1965).

[23] B. N. Parlett: *The Symmetric Eigenvalue Problem*, Classics in Applied Mathematics 20 (SIAM, 1987).

[24] R. Schreiber and C. Van Loan: "A Storage-Efficient WY Representation for Products of Householder Transformations," *SIAM J. Sci. Stat. Comput.*, **10** (1), 53–57 (1989).

[25] J. J. Dongarra, D. C. Sorensen and S. J. Hammarling: "Block reduction of matrices to condensed forms for eigenvalue computations", *Advances in Parallel Computing*, **1**, 215–227 (1990).

[26] P. Luszczek, H. Ltaief and J. Dongarra: "Two-Stage Tridiagonal Reduction for Dense Symmetric Matrices Using Tile Algorithms on Multicore Architectures," 2011 IEEE International Parallel & Distributed Processing Symposium, 944–955, Anchorage, AR, 2011, DOI:10.1109/IPDPS.2011.91.

[27] C. H. Bischof, B. Lang and X. Sun: "Algorithm 807: The SBR Toolbox - software for successive band reduction," *ACM Trans. Math. Softw.*, **26** (4), 602–616 (2000).

[28] C. H. Bischof, B. Lang and X. Sun: "A framework for symmetric band reduction," *ACM Trans. Math. Softw.*, **26** (4), 581–601 (2000).

[29] G. Ballard, J. Demmel, L. Grigori, M. Jacquelin, N. Knight and H. D. Nguyen: "Reconstructing Householder Vectors from Tall-Skinny QR," *Journal of Parallel and Distributed Computing*, **85**, 3–31 (2015).

[30] J. Francis: "The QR transformation A unitary analogue to the LR transformation-Part 1, 2," *Comput. J.*, **4** (3), 265–271 (1961); **4** (4), 332–345 (1962).

[31] J. J. M. Cuppen: "A divide and conquer method for the symmetric tridiagonal eigenproblem," *Numer. Math.*, **36** (2), 177–195 (1980).

[32] M. Gu and S. C. Eisenstat: "A Divide-and-Conquer Algorithm for the Symmetric Tridiagonal Eigenproblem," *SIAM J. Matrix Anal. Appl.*, **16** (1), 172–191 (1995). DOI:10.1137/S0895479892241287

参 考 文 献　　191

[33] C. B. Moler and G. W. Stewart: "An Algorithm for Generalized Matrix Eigenvalue Problems," *SIAM J. Numer. Anal.*, **10** (2), 241–256 (1973). DOI:10.1137/0710024

[34] H. Unger: "'Nichtlineare Behandlung von Eigenwertaufgaben," *Journal of Applied Mathematics and Mechanics / Zeitschrift für Angewandte Mathematik und Mechanik*, **30** (8–9), 281–282 (1950).

[35] S. Güttel and F. Tisseur: "The Nonlinear Eigenvalue Problem," *ACTA Numerica*, **26**, 1–94 (2017).

[36] I. S. Dhillon: "A New $O(n^2)$ Algorithm for the Symmetric Tridiagonal Eigenvalue/eigenvector Problem" (Ph. D. thesis, University of California, Berkeley, 1997).

[37] I. S. Dhillon, B. N. Parlett and C. Vömel: "The design and implementation of the MRRR algorithm," *ACM Trans. Math. Softw.*, **32** (4), 533–560 (2006). DOI:10.1145/1186785.1186788.

[38] M. Petschow, E. Peise and P. Bientinesi: "High-Performance Solvers for Dense Hermitian Eigenproblems," *SIAM J. Sci. Comput.*, **35** (1), C1–C22 (2013).

[39] 山本有作："密行列固有値解法の最近の発展 (I) — Multiple Relatively Robust Representations アルゴリズム"，日本応用数理学会論文誌，**15** (2), 181–208 (2005).

[40] Y. Nakatsukasa and N. J. Higham: "Stable and efficient spectral divide and conquer algorithms for the symmetric eigenvalue decomposition and the SVD," *SIAM J. Sci. Comput.*, **35** (3), A1325–A1349 (2013).

[41] D. Sukkari, H. Ltaief, A. Esposito and D. Keyes: "A QDWH-Based SVD Software Framework on Distributed-Memory Manycore Systems," *ACM Trans. Math. Soft.*, **45** (2), 18 (2019).

[42] 森 正武，杉原正顕，室田一雄：岩波講座　応用数学，線形計算 (岩波書店，1994).

[43] G. L. G. Sleijpen and H. A. van der Vorst: "A Jacobi–Davidson iteration method for linear eigenvalue problems," *SIAM J. Matrix Anal. Appl.*, **17** (2), 401–425 (1996).

[44] 宮田考史，曽我部知広，張 紹良："Jacobi–Davidson 法における修正方程式の解法：射影空間における Krylov 部分空間のシフト不変性に基づいて"，日本応用数理学会論文誌，**20** (2), 115–129 (2010).

[45] J. K. Cullum and R. A. Willoughby: *Lanczos Algorithms for Large Symmetric Eigenvalue Computations*, Vol. I: Theory (SIAM, 2002).

[46] 夏目雄平，小川健吾，鈴木敏彦：計算物理 III—数値磁性体物性入門 (朝倉書店，2002).

[47] A. V. Knyazev: "Toward the optimal preconditioned eigenvaluesolver: Locally optimal block preconditioned conjugate gradient method," *SIAM J. Sci. Comput.*, **23** (2), 517–541 (2001).

[48] A. V. Knyazev: "Preconditioned eigensolvers — an oxymoron," *Electron. Trans. Numer. Anal.*, **7**, 104–123 (1998).

[49] R. Fletcher and C. M. Reeves: "Function minimization by conjugate gradients," *Comput. J.*, **7** (2), 149–154 (1964).

[50] S. Yamada, T. Imamura and M. Machida: "16.447 TFlops and 159-Billion-dimensional Exact-diagonalization for Trapped Fermion–Hubbard Model on the

192　参 考 文 献

Earth Simulator," SC '05: Proceedings of the 2005 ACM/IEEE Conference on Supercomputing (2005). DOI: 10.1119/SC.2005.

[51] J. Demmel, L. Grigori, M. Hoemmen and J. Langou: "Communication-optimal parallel and sequential QR and LU factorizations," Technical Report No. UCB/EECS-2008-89 (2008).

[52] S. Yamada, T. Imamura and M. Machida: "Communication Avoiding Neumann Expansion Preconditioner for LOBPCG Method: Convergence Property of Exact Diagonalization Method for Hubbard Model," *Advances in Parallel Computing*, **32**, 27–36 (2018).

[53] T. Sakurai and H. Sugiura: "A projection method for generalized eigenvalue problems using numerical integration," *J. Comput. Appl. Math.*, **159**, 119–128 (2003).

[54] T. Sakurai, J. Asakura, H. Tadano and T. Ikegami: "Error analysis for a matrix pencil of Hankel matrices with perturbed complex moments," *JSIAM Lett.*, **1**, 76–79 (2009).

[55] I. Ikegami, T. Sakurai and U. Nagashima: "A filter diagonalization for generalized eigenvalue problems based on the Sakurai–Sugiura projection method," *J. Comput. Appl. Math.*, **233** (8), 1927–1936 (2010).

[56] T. Ikegami, T. Sakurai and U. Nagashima: "Contour integral eigensolver for non-Hermitian systems: a Rayleigh–Ritz-type approach," *Taiwanese J. Math.*, **14**, 825–837 (2010).

[57] T. Sakurai and H. Tadano: "CIRR: a Rayleigh–Ritz type method with contour integral for generalized eigenvalue problems," *Hokkaido Math. J.*, **36**, 745–757 (2007).

[58] A. Imakura, L. Du and T. Sakurai: "A block Arnoldi-type contour integral spectral projection method for solving generalized eigenvalue problems," *Appl. Math. Lett.*, **32**, 22–27 (2014).

[59] A. Imakura and T. Sakurai: "Block SS-CAA: A complex moment-based parallel nonlinear eigensolver using the block communication-avoiding Arnoldi procedure," *Parallel Computing*, **74**, 34–48 (2018).

[60] A. Imakura, Y. Futamura and T. Sakurai: "Structure-preserving of the block SS-Hankel method for solving, Hermitian generalized eigenvalue problems," PPAM 2017, Lecture Notes in Computer Science 10777, 600–611 (Springer, 2018).

[61] P. Kravanja, T. Sakurai and M. Van Barel: "On locating clusters of zeros of analytic functions, *BIT*, **39** (4), 646–682 (1999).

[62] T. Sakurai, P. Kravanja, H. Sugiura and M. Van Barel: "An error analysis of two related quadrature methods for computing zeros of analytic functions," *J. Comput. Appl. Math.*, **152** (1–2), 467–480 (2003).

[63] T. Hasegawa, A. Imakura and T. Sakurai: "Recovering from accuracy deterioration in the contour integral-based eigensolver," *JSIAM Lett.*, **8**, 1–4 (2016).

[64] A. Imakura, L. Du and T. Sakurai: "Error bounds of Rayleigh–Ritz type contour integral-based eigensolver for solving generalized eigenvalue problems," *Numer. Alg.*, **71** (1), 103–120 (2016).

[65] T. Sakurai, Y. Futamura and H. Tadano: "Efficient parameter estimation and implementation of a contour integral-based eigensolver," *J. Algo. Comput. Tech.*, **7** (3), 249–269 (2013).

[66] J. Asakura, T. Sakurai, H. Tadano, T. Ikegami and K. Kimura: "A numerical method for nonlinear eigenvalue problems using contour integrals," *JSIAM Lett.*, **1**, 52–55 (2009).

[67] J. Asakura, T. Sakurai, H. Tadano, T. Ikegami and K. Kimura: "A numerical method for polynomial eigenvalue problems using contour integral," *Japan J. Indust. Appl. Math.*, **27** (1), 73–90 (2010).

[68] S. Yokota and T. Sakurai: "A projection method for nonlinear eigenvalue problems using contour integrals," *JSIAM Lett.*, **5**, 41–44 (2013).

[69] H. Chen, Y. Maeda, A. Imakura, T. Sakurai and F. Tisseur, "Improving the numerical stability of the Sakurai–Sugiura method for quadratic eigenvalue problems," *JSIAM Lett.*, **9**, 17–20 (2017).

[70] H. Chen, A. Imakura and T. Sakurai: "Improving backward stability of Sakurai–Sugiura method with balancing technique in polynomial eigenvalue problem," *Applications of Mathematics*, **62** (4), 357-375 (2017).

[71] Y. Maeda, Y. Futamura, A. Imakura and T. Sakurai: "Filter analysis for the stochastic estimation of eigenvalue counts," *JSIAM Lett.*, **7**, 53–56 (2015).

[72] 前田恭行，櫻井鉄也："周回積分を用いた固有値解法の円弧領域に対する拡張"，情報処理学会論文誌コンピューティングシステム，**8** (4), 88–97 (2015).

[73] 宮田考史，杜 磊，曽我部知広，山本有作，張 紹良："多重連結領域の固有値問題に対するSakurai–Sugiura 法の拡張"，日本応用数理学会論文誌，**19**，537–550 (2009).

[74] H. Ohno, Y. Kuramashi, T. Sakurai and H. Tadano: "A quadrature-based eigensolver with a Krylov subspace method for shifted linear systems for Hermitian eigenproblems in lattice QCD," *JSIAM Lett.*, **2**, 115–118 (2010).

[75] https://staff.aist.go.jp/t-ikegami/Bloss/

[76] http://zpares.cs.tsukuba.ac.jp

[77] Y. Futamura, H. Tadano and T. Sakurai: "Parallel stochastic estimation method of eigenvalue distribution," *JSIAM Lett.*, **2**, 127–130 (2010).

[78] Y. Maeda, Y. Futamura and T. Sakurai: "Stochastic estimation method of eigenvalue density for nonlinear eigenvalue problem on the complex plane," *JSIAM Lett.*, **3**, 61–64 (2011).

[79] Y. Futamura, T. Sakurai, S. Furuya and J. Iwata: "Efficient algorithm for linear systems arising in solutions of eigenproblems and its application to electronic-structure calculations, " VECPAR2012, Lecture Notes in Computer Science 7851, 226–235 (Springer, 2012).

[80] T. Ide, K. Toda, Y. Futamura and T. Sakurai: "Highly parallel computation of eigenvalue analysis in vibration for automatic transmission using Sakurai–Sugiura method and K-Computer," *SAE Technical Papers*, 2016–01–1378 (2016) (on line).

194　参 考 文 献

[81] 櫻井鉄也，多田野寛人，早川賢太郎，佐藤三久，高橋大介，長嶋雲兵，稲富雄一，梅田宏明，渡邊寿雄："大規模固有値問題の master-worker 型並列解法"，情報処理学会論文誌コンピューティングシステム，**46** (SIG7; ACS10), 44–51 (2005).

[82] Yamazaki, T. Ikegami, H. Tadano and T. Sakurai: "Performance comparison of parallel eigensolvers based on a contour integral method and a Lanczos method," *Parallel Computing*, **39** (6–7), 280–290 (2013).

[83] T. Yano, Y. Futamura and T. Sakurai: "Multi-GPU scalable implementation of a contour-integral-based eigensolver for real symmetric dense generalized eigenvalue problems," Proc. 8th International Conference on P2P, Parallel, Grid, Cloud and Internet Computing (3PGCIC-2013), 121–127 (2013).

[84] S. Iwase, Y. Futamura, A. Imakura, T. Sakurai and T. Ono: "Efficient and Scalable Calculation of Complex Band Structure using Sakurai–Sugiura Method," Proceedings of the International Conference for High Performance Computing, Networking, Storage and Analysis (SC '17), Article No. 40 (2017).

[85] T. Mizusaki, K. Kaneko, M. Honma and T. Sakurai: "Filter diagonalization of shell-model calculations," *Phys. Rev. C*, **82** (2010) (online, 10pages).

[86] A. Nakata, Y. Futamura, T. Sakurai, D.R. Bowler and T. Miyazaki: "Efficient calculation of electronic structure using O(N) density functional theory," *J. Chem. Theory Comput.*, **13**, 4146–4153 (2017).

[87] N. Shimizu, Y. Utsuno, Y. Futamura and T. Sakurai: "Stochastic estimation of nuclear level density in the nuclear shell model: An application to parity-dependent level density in ^{58}Ni," *Phys. Lett. B*, **753**, 13–17 (2016).

[88] H. Umeda, Y. Inadomi, T. Watanabe, T. Uagi, T. Ishimoto, T. Ikegami, H. Tadano, T. Sakurai and U. Nagashima: "Parallel Fock matrix construction with distributed shared memory model for the FMO–MO method," *J. Comput. Chem.*, **31**, 2381–2388 (2010).

[89] H. Gao, T. Matsumoto, T. Takahashi and H. Isakari: "Eigenvalue analysis for acoustic problem in 3d by boundary element method with the block Sakurai–Sugiura method," *Eng. Anal. Bound. Elem.*, **37**, 914–937 (2013).

[90] 三澤亮太，新納和樹，西村直志："Sakurai–Sugiura 法と境界要素法を用いた 2 次元導波路の共鳴固有波数の数値計算について"，信学技報，**115**, 39–44 (2015).

[91] T. Ogita, S. M. Rump and S. Oishi: "Accurate sum and dot product," *SIAM J. Sci. Comput.*, **26** (6), 1955–1988 (2005).

[92] J. J. Dongarra, C. B. Moler and J. H. Wilkinson: "Improving the accuracy of computed eigenvalues and eigenvectors," *SIAM J. Numer. Anal.*, **20** (1), 23–45 (1983).

[93] F. Tisseur: "Newton's method in floating point arithmetic and iterative refinement of generalized eigenvalue problems," *SIAM J. Matrix Anal. Appl.*, **22** (4), 1038–1057 (2001).

[94] N. J. Higham: *Accuracy and Stability of Numerical Algorithms*, 2nd Ed. (SIAM, 2002).

参 考 文 献　　195

[95] T. Ogita and K. Aishima: "Iterative refinement for symmetric eigenvalue decomposition," *Japan J. Indust. Appl. Math.*, **35** (3), 1007–1035 (2018).

[96] T. Ogita and K. Aishima: "Iterative refinement for symmetric eigenvalue decomposition II: clustered eigenvalues," *Japan J. Indust. Appl. Math.*, **36** (2), 435–459 (2019).

[97] R. Ralha: "One-sided reduction to bidiagonal form," *Linear Algebra Its Appl.*, **358** (1–3), 219–238 (2003).

[98] J. L. Barlow, N. Bosner and Zlatko Drmač: "A new stable bidiagonal reduction algorithm," *Linear Algebra Its Appl.*, **397** (1), 35–84 (2005).

[99] G. W. Howell, J. W. Demmel, C. T. Fulton, S. Hammarling and K. Marmol: "Cache efficient bidiagonalization using BLAS 2.5 operators," *ACM Trans. Math. Softw.*, **34** (3), 14 (2008). DOI:10.1145/1356052.1356055

[100] M. Gu and S. C. Eisenstat: "A Divide-and-Conquer Algorithm for the Bidiagonal SVD", *SIAM J. Matrix Anal. Appl.*, **16** (1), 79–92 (1995).

[101] B. Cipra: "The Best of the 20th: Editors Name Top 10 Algorithms," *SIAM News*, **33** (4) (2000).

[102] H. Rutishauser: "Solution of Eigenvalue Problems with the LR Transformation," *Further Contributions to the Solution of Simultaneous Linear Equations and the Determination of Eigenvalues*, National Bureau of Standards applied mathematics series, **49**, 47–81 (U.S. Government Publishing Office, 1958).

[103] H. Rutishauser: "Der Quotienten-Differenzen-Algorithmus," *Z. Angew. Math. Physik*, **5** (3), 233–251 (1954).

[104] M. H. Gutknecht and B. N. Parlett: "From qd to LR, or, how were the qd and LR algorithms discovered?," *IMA J. Numer. Anal.*, **31** (3), 741–754 (2011).

[105] H. Rutishauser: *Lectures on Numerical Mathematics* (Birkhäuser, 1990).

[106] P. Henrici: *Applied and Computational Complex Analysis*, Vol. 1 (John Wiley & Sons, 1974).

[107] U. von Matt: "The orthogonal qd-algorithm," *SIAM J. Sci. Comput.*, **18** (4), 1163–1186 (1997).

[108] K. V. Fernando and B. N. Parlett: "Accurate singular values and differential qd algorithms," *Numer. Math.*, **67** (2), 191–229 (1994).

[109] M. Iwasaki and Y. Nakamura: "On the convergence of a solution of the discrete Lotka–Volterra system," *Inverse Problems*, **18** (6), 1569–1578 (2002).

[110] B. N. Parlett and O. A. Marques: "An implementation of the dqds algorithm (positive case)," *Linear Algebra Its Appl.*, **309** (1–3), 217–259 (2000).

[111] Y. Hida, X. S. Li and D. H. Bailey: "Algorithms for quad-double precision floating point arithmetic," Proc. 15th Symposium on Computer Arithmetic, 155–162 (2001).

[112] T. Yamashita, K. Kimura and Y. Yamamoto: "A new subtraction-free formula for lower bounds of the minimal singular value of an upper bidiagonal matrix," *Numerical Algorithms*, **69** (4), 893–912 (2015).

[113] S. Gershgorin: "Über die Abgrenzung der Eigenwerte einer Matrix," *Izv. Akad. Nauk. USSR Otd. Fiz-Mat.*, Nauk **6**, 749–751 (1931).

[114] Y. Yamamoto: "On the optimality and sharpness of Laguerre's lower bound on the smallest eigenvalue of a symmetric positive definite matrix," *Applications of Mathematics*, **62** (4), 319–331 (2017).

[115] H. Rutishauser: "The Jacobi Method for Real Symmetric Matrices," *Numer. Math.*, **9** (1), 1–10 (1966).

索　引

欧　文

2-stage アルゴリズム　　47

Bulge Chasing　　14, 47
B 直交　　65

CG 法　　93
compact WY アルゴリズム　　42

DC 法 → 分割統治法
Dongarra–Sorensen–Hammarling の方法
　　44
DQD 法　　162
DQDS 法　　72, 166

FMA → 融合積和演算
Francis の QR ステップ　　54

LOBPCG 法　　92
Löwner の関係式　　61
LR 法　　158
LU ステップ　　177, 179

MRRR 法　　71

OQD 法　　161
OQDS 法　　165, 176

PQD 法　　160
PQDS 法　　164

QD 法　　158

QDWH 法　　74
QR 分解　　30
QR 法　　31, 150, 157
QZ 法　　66

RQ 分解　　67

secular 方程式　　59
SSM → 櫻井–杉浦法
Successive Band Reduction　　47
SVD → 特異値分解

twisted 分解　　74

UL ステップ　　177, 181

あ　行

アーノルディ反復　　79
アーノルディ法　　78

一般化ギブンス回転　　185
一般化固有値問題　　2, 64
一般化ニュートン下界　　171
一般化ルティスハウザー下界　　170
陰的ダブルシフト法　　34

帯行列　　11, 13

か　行

割線法　　186
ガレルキン近似　　16

ギブンス回転　　27, 183

198　索　引

逆反復法　25, 53, 70
共役勾配法 → CG 法
極分解　74

クリロフ部分空間　78

ゲルシュゴリンの円板定理　6
減次　25
原点シフト　33

固有値　1
固有分解　3, 133
固有ベクトル　1
コラッツの不等式　171

さ　行

櫻井–杉浦法　105
　アーノルディプロセスを用いた—(SS–
　　Arnoldi)　120
　ハンケル行列を用いた—(SS–Hankel)
　　120
　レイリー–リッツ法を用いた—(SS–RR)
　　120

ジョンソンの下界　172
シルベスターの慣性則　7

スツルムの定理　52
スツルム列　51
スペクトラル分割統治法　74, 155
スペクトル分解　105

線形化　69

相似変換　3
疎行列　11, 15
疎行列格納形式　15

た　行

対角化　9
縦長行列　47

低ランク行列近似　145

特異値　4, 142
特異値分解　4, 141
特性多項式　2

な　行

2 分法　50
ニュートン下界　171
ニュートン反復　70

は　行

ハウスホルダー 2 重対角化　147
ハウスホルダー 3 重対角化　36
ハウスホルダー QR 分解　37
ハウスホルダー変換　36
ハバードモデル　100
ハミルトニアン　100
ハンケル行列　111
反復改良法　127

非線形固有値問題　69
左固有ベクトル　106
左特異ベクトル　4, 143
標準固有値問題　1

ブロック櫻井–杉浦法 (Block SSM)　120
ブロックハウスホルダー変換　47
分割統治法　57, 153

べき乗法　23
ヘッセンベルグ行列　40, 80
ヘッセンベルグ標準形　40

ま　行

右固有ベクトル　106
右特異ベクトル　4, 143
密行列　11, 12

や　行

ヤコビ–ダビッドソン法　83
ヤコビ法　28

融合積和演算　168

陽的シフトつき QD 法　164
　　DQDS　72, 166
　　OQDS　165, 176
　　PQDS　164

ら　行

ラゲール下界　170

ランク 1 更新　39
ランク 2 更新　44
ランチョス反復　86
ランチョス法　85

リフレクター　37

レイリー商　8, 93
レイリー–リッツ近似　16
レイリー–リッツ法　77

著者の紹介

長谷川秀彦（はせがわ・ひでひこ）
筑波大学 図書館情報メディア系

山田 進（やまだ・すすむ）
国立研究開発法人日本原子力研究開発機構
システム計算科学センター

荻田武史（おぎた・たけし）
東京女子大学 現代教養学部 数理科学科

木村欣司（きむら・きんじ）
福井大学 工学部 電気電子情報工学科

今村俊幸（いまむら・としゆき）
国立研究開発法人理化学研究所
計算科学研究センター

櫻井鉄也（さくらい・てつや）
筑波大学 システム情報系
人工知能科学センター

相島健助（あいしま・けんすけ）
法政大学 情報科学部 コンピュータ科学科

中村佳正（なかむら・よしまさ）
京都大学大学院 情報学研究科
数理工学専攻

計算力学レクチャーコース
固有値計算と特異値計算

令和元年12月20日　発　行

編　者　　一般社団法人　日 本 計 算 工 学 会

発 行 者　　池　田　和　博

発 行 所　　丸善出版株式会社

〒101-0051 東京都千代田区神田神保町二丁目17番
編集：電話（03）3512-3266／FAX（03）3512-3272
営業：電話（03）3512-3256／FAX（03）3512-3270
https://www.maruzen-publishing.co.jp

ⓒ Hidehiko Hasegawa, Toshiyuki Imamura, Susumu Yamada,
Tetsuya Sakurai, Takeshi Ogita, Kensuke Aishima,
Kinji Kimura, Yoshimasa Nakamura, 2019

印刷・製本／三美印刷株式会社

ISBN 978-4-621-30473-0 C 3341　　　　　Printed in Japan

JCOPY〈（一社）出版者著作権管理機構　委託出版物〉
本書の無断複写は著作権法上での例外を除き禁じられています．複写
される場合は，そのつど事前に，（一社）出版者著作権管理機構（電話
03-5244-5088，FAX 03-5244-5089，e-mail：info@jcopy.or.jp）の許諾
を得てください．